"十二五"高职高专规划教材

公共基础课系列

大学计算机基础案例

实训教程

（Windows 7+Office 2010）

主　编　唐春林　刘三满　何　焱

副主编　戴　浩　徐海鹰　刘战雄　豆腾腾

编　委　杨　姝　王　钦　段相勇　查鹏翼

教育科学出版社

·北京·

出 版 人　所广一

责任编辑　张　静

责任校对　贾静芳

责任印制　叶小峰

图书在版编目(CIP)数据

大学计算机基础案例实训教程：Windows 7＋Office 2010 / 唐春林，刘三满，何焱主编. —北京：教育科学出版社，2015.12

"十二五"高职高专规划教材

ISBN 978-7-5191-0096-4

Ⅰ.①大…　Ⅱ.①唐…　②刘…　③何…　Ⅲ.①Windows 操作系统－高等职业教育－教材②办公自动化－应用软件－高等职业教育－教材　Ⅳ.①TP316.7②TP317.1

中国版本图书馆 CIP 数据核字(2015)第 297848 号

"十二五"高职高专规划教材

大学计算机基础案例实训教程(Windows 7＋Office 2010)

DAXUE JISUANJI JICHU ANLI SHIXUN JIAOCHENG (Windows 7＋Office 2010)

出版发行	教育科学出版社		
社　　址	北京·朝阳区安慧北里安园甲 9 号	**市场部电话**	010－64989009
邮　　编	100101	**编辑部电话**	010－64989394
传　　真	010－64891796	**网　　址**	http://www.esph.com.cn
经　　销	各地新华书店		
印　　刷	北京佳艺丰印刷有限公司		
开　　本	184 毫米×260 毫米　16 开	**版　　次**	2015 年 12 月第 1 版
印　　张	15.75	**印　　次**	2015 年 12 月第 1 次印刷
字　　数	338 千	**定　　价**	29.00 元

如有印装质量问题，请到所购图书销售部门联系调换。

前　言

信息社会的不断深化、全社会计算机普及水平的不断提高对大学计算机基础教育课程提出了更高的要求。伴随着计算机技术在生产、生活中得到越来越广泛的应用，计算机技术已成为人们最基本的技能需求。为了帮助学生了解和掌握与计算机相关的基本知识和技能，为今后学习、生活和工作奠定基础，我们结合多年从事教学及培训辅导的实际经验，参照教育部考试中心2013年颁布的《全国计算机等级考试大纲》的要求编写了这本《大学计算机基础案例实训教程(Windows 7＋Office 2010)》。

本书共分为4篇、15个项目。

第一篇【计算机的基本操作】主要讲解操作系统Windows 7的使用，包括设置Windows 7的显示属性、在Windows 7中创建文件夹、格式化优盘(或硬盘)、创建快捷方式、使用任务管理器、安装和删除中文输入法、Windows 7常用系统工具的使用、在Windows 7中对硬盘进行无损分区、Windows 7的"库"功能等。

第二篇【使用Office 2010办公软件组合】主要讲解Word 2010表格的制作、Word 2010邮件合并功能的应用、Word 2010的综合排版、Word 2010的长文档排版、Excel 2010复杂表格的制作、Excel 2010的公式与函数、Excel 2010的数据分析、Excel 2010的数据透视表、Excel 2010的图表制作、PPT的排版原则、PPT的放映技巧等。

第三篇【网络基础】主要讲解更改计算机名及工作组、测试本机网络运行情况、设置共享资源、映射网络驱动器、观察局域网接入互联网的设定、检索与阅读期刊论文、操作搜索引擎等。

第四篇【使用常用软件】主要讲解全力阅读信息、高效的笔记工具——思维导图、制作思维导图、思维导图制作软件——MindManager、了解Visio、绘制简单的网络图等。

本书可作为大学本科、高职各专业学生"大学计算机基础(计算机应用基础)"课程的教材，也可作为计算机初学者自学及培训班的教材。

由于时间仓促，本书不足之处在所难免。为便于以后教材的修订，恳请各位专家、教师及读者多提宝贵意见。

编　者

前言

目　　录

第一篇　计算机的基本操作

第二篇　使用 Office 2010 办公软件组合

第三篇　网络基础

第四篇　使用常用软件

第一篇
计算机的基本操作

任务导览

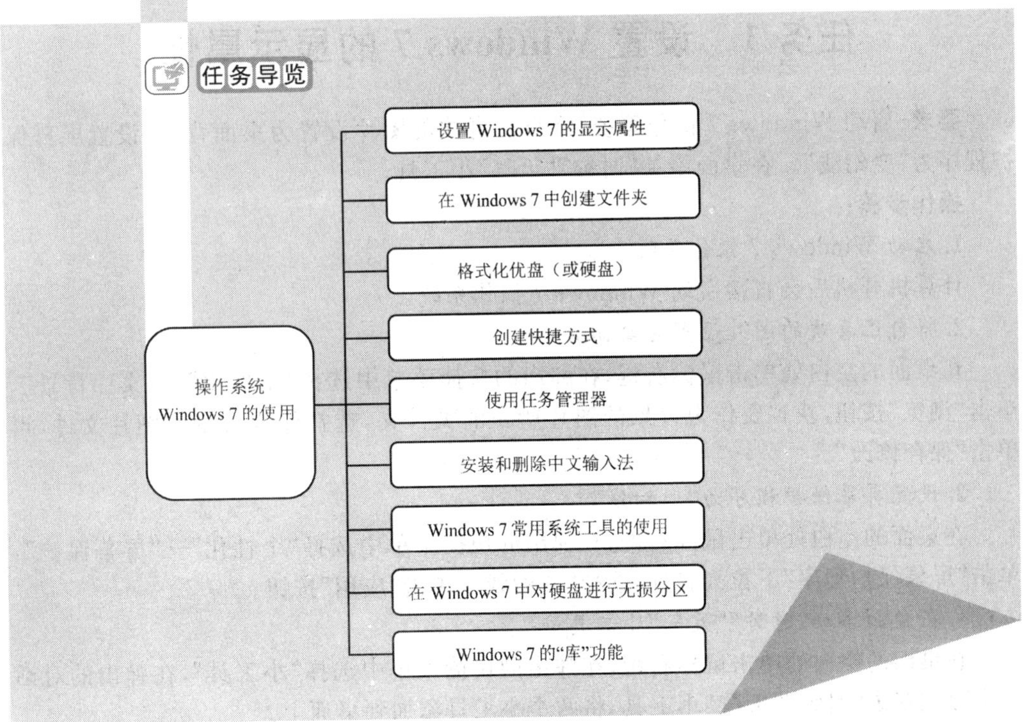

项目 1　操作系统 Windows 7 的使用

【项目目标】

(1)熟悉 Windows 7 中的基本操作。

(2)熟练地对文件和文件夹等对象进行创建、复制、移动、改名等。

(3)通过快捷方式的创建,理解快捷方式的作用及工作原理。

(4)了解任务管理器的使用,熟练安装和删除中文输入法。

(5)在 Windows 7 中对硬盘进行无损分区。

(6)熟悉 Windows 7 的"库"功能。

【项目内容】

(1)Windows 7 显示属性的设置:在 Windows 7 中创建文件夹;获取计算机操作项目原始材料;格式化优盘(或软盘)。

(2)创建快捷方式;任务管理器的使用;安装和删除中文输入法;Windows 7 常用系统工具的使用;在 Windows 7 中对硬盘进行无损分区;Windows 7 的"库"功能。

任务 1　设置 Windows 7 的显示属性

要求:启动 Windows 7 操作系统,将自己喜欢的图片设置为桌面背景,设置屏幕保护程序为"变幻线"。在桌面添加"时钟""天气"小工具。

操作步骤:

1. 启动 Windows 7 操作系统

计算机开机后会直接启动 Windows 7 操作系统。

2. 将自己喜欢的图片设置为桌面背景

在桌面的空白处单击鼠标右键,在弹出的快捷菜单中选择"个性化"→"桌面背景",单击"浏览"按钮,找到要作为背景的图片所在的文件夹,选择作为背景的图片文件,再单击"保存修改"。

3. 设置屏幕保护程序为"变幻线"

在桌面的空白处单击鼠标右键,在弹出的快捷菜单中选择"个性化"→"屏幕保护",单击"屏幕保护程序"下拉列表框,选择"变幻线",单击"应用"按钮。

4. 在桌面添加"时钟""天气"小工具

在桌面的空白处单击鼠标右键,在弹出的快捷菜单中选择"小工具",在弹出的对话框中分别双击"时钟""天气"小工具,将两个小工具添加到桌面上。

任务 2　在 Windows 7 中创建文件夹

要求:在 D 盘(或其他磁盘、桌面)的根目录下建立项目用文件夹(以下提到该文件夹时,统一称为“项目文件夹”),用以存放本课程学习过程中所生成的文件和原始材料。文件夹的命名格式为“班级—学号—姓名”(如“软件 1318—00—张三”,每位同学根据自己的实际情况,按此格式建立自己的文件夹),其下有子文件夹“项目 1　操作系统 Windows 7 的使用”“项目 2　Word 2010 表格的制作”……“项目 15　用 Visio 2010 作图”,如图 1-1 所示。

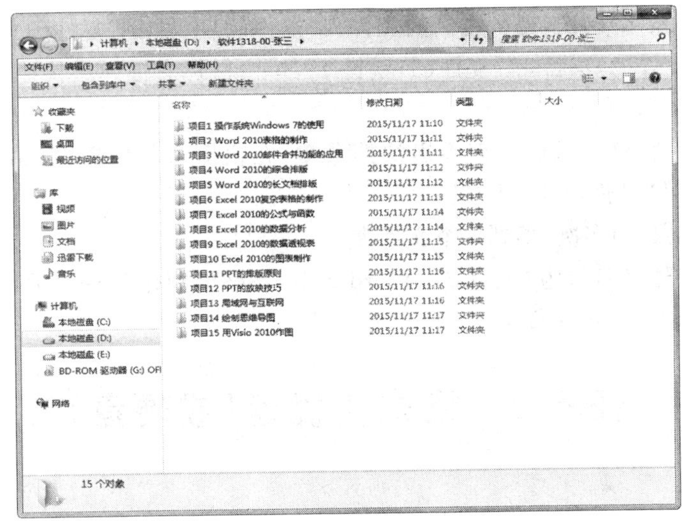

图 1-1

操作步骤:

1. 在 D 盘建立新文件夹“班级—学号—姓名”

(1)在“资源管理器”的左窗格中,单击 D 盘,在窗口空白处右击鼠标,弹出快捷菜单。

(2)在快捷菜单中选择“新建”选项;并在其级联菜单中选“文件夹”。

(3)产生文件夹图标,按退格键删除“新文件夹”,重新输入名字[“班级—学号—姓名”(如“软件 1318—00—张三”),不用输入双引号],这样就在 D 盘建立了一个新文件夹“班级—学号—姓名”。若直接单击其他处,则文件夹名为系统默认的“新建文件夹”,就需要更改文件夹的名字。

2. 在文件夹“班级—学号—姓名”中建立子文件夹“项目 1　操作系统 Windows 7 的使用”

(1)在“资源管理器”的右窗格中,双击“班级—学号—姓名”,打开“班级—学号—姓名”文件夹。

(2)单击鼠标右键,弹出快捷菜单。

(3)在快捷菜单中,选择“新建”选项,并在其级联菜单中选择“文件夹”。

(4)输入子文件夹名字“项目1　操作系统 Windows 7 的使用”。

(5)这样就在项目文件夹中建立了项目1子文件夹。

3. 在文件夹“班级－学号－姓名”中建立其他子文件夹

(1)在“资源管理器”的左窗格中,单击D盘图标。

(2)在“资源管理器”的右窗格中,双击“班级－学号－姓名”文件夹。

(3)在“资源管理器”的右窗格中,选中子文件夹“项目1　操作系统 Windows 7 的使用”。

(4)按住“Ctrl”键,再按住鼠标左键拖动,此时屏幕上出现“＋”符号,到D盘的空白处放开鼠标,得到复制的文件夹“复件项目1”。

(5)重复步骤(4)两次,得到复制的文件夹“复件(2)项目1”“复件(3)项目1”。

(6)选中“复件(2)项目1”“复件(3)项目1”,单击鼠标右键弹出快捷菜单,在快捷菜单中选择“复制”选项。

(7)在空白处,单击鼠标右键弹出快捷菜单,在快捷菜单中选择“粘贴”选项,生成“复件(4)项目1”“复件(5)项目1”。

(8)重复步骤(7)多次,得到多个文件夹。

(9)更改文件夹名字为“项目2　Word 2010 表格的制作”……“项目15　用 Visio 2010 作图”,删除多余的文件夹。

任务3　格式化优盘(或硬盘)

操作步骤:

(1)打开“计算机”窗口。

(2)右击优盘图标(或磁盘图标),弹出快捷菜单。

(3)在快捷菜单中选择“格式化”命令,弹出“格式化”对话框。

(4)在对话框中选择容量、格式化类型及其他信息。

(5)单击对话框中“开始”按钮,开始进行格式化。

(6)格式化完毕,产生磁盘状态报告,单击“关闭”按钮,结束格式化操作。

任务4　创建快捷方式

1. 按住鼠标左键拖动在桌面和文件夹“项目1”中创建 Word 程序的快捷方式(见图1-2)

(1)单击“开始”按钮,打开“开始”菜单。

(2)在“开始”菜单的最底部出现了“搜索程序和文件”文本框。

(3)在“搜索程序和文件”文本框中输入:Winword。

(4)计算机即刻开始查找文件 Winword。

(5)查找的结果显示在开始菜单的顶端,用鼠标左键直接拖动“Winword”到桌面,

则在桌面上建立了以“快捷方式 Winword”为名称的快捷方式。

(6)重复上述步骤，在“项目文件夹”的子文件夹“项目 1”中建立以“快捷方式 Winword”为名称的快捷方式。

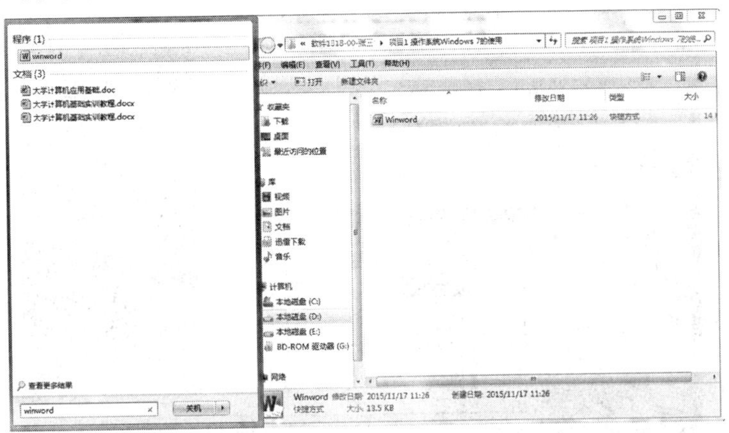

图 1-2

2. 用鼠标右键拖动在桌面和文件夹“项目 1”中创建 Excel 程序的快捷方式

(1)查找到程序文件“Excel”后，用鼠标右键直接拖动“Excel”到桌面，释放鼠标，此时弹出一个菜单，如图 1-3 所示。

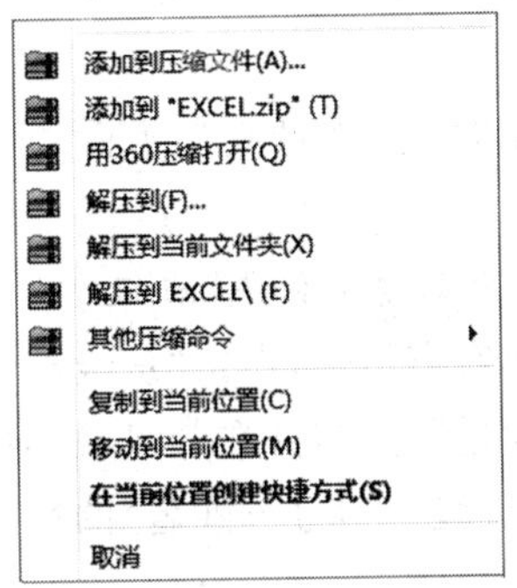

图 1-3

(2)在菜单中选择“在当前位置创建快捷方式”，则在桌面上建立了以“快捷方式 Excel”为名称的快捷方式。

(3)重复步骤(1)和(2)，在“项目文件夹”的子文件夹“项目 1”中建立以“快捷方式 Excel”为名称的快捷方式。

3. 利用向导在桌面和文件夹“项目 1”中创建 PowerPoint 程序的快捷方式

(1)在桌面上单击鼠标右键，弹出快捷菜单。

(2)选择“新建”级联菜单中“快捷方式”，弹出“创建快捷方式”向导。

(3)单击“浏览”按钮(或在命令行中直接输入程序文件名全称)，弹出“浏览”对话框。

(4)在“浏览”对话框中,双击“C:\Program Files (x86)\Microsoft Office\Office14”文件夹。

(5)选择“POWERPNT.EXE”文件图标,如图 1-4 所示。

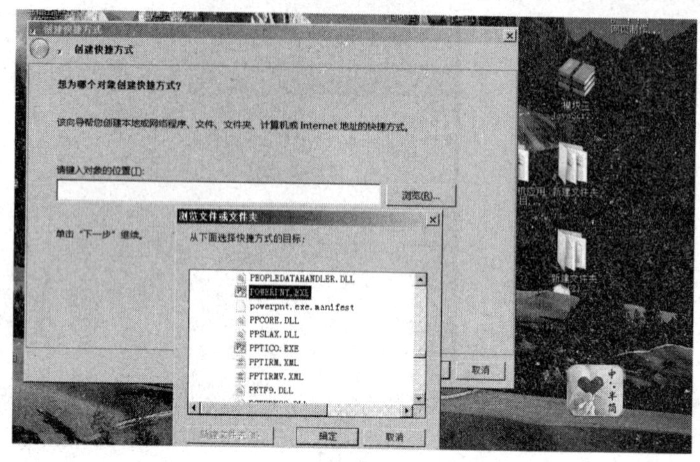

图 1-4

(6)单击“打开”命令按钮,产生“快捷方式向导之二”。

(7)单击“下一步”按钮,出现“快捷方式向导之三”。

(8)单击“完成”按钮,在桌面产生名为“POWERPNT”的快捷方式。然后,更改快捷方式的名称为“PowerPoint”。

(9)重复步骤(1)至(8),在“项目文件夹”的子文件夹“项目 1”中建立以“PowerPoint”为名称的快捷方式。

4. 利用“发送”命令在桌面上创建文件夹“班级—学号—姓名”的快捷方式

(1)在“计算机”的左窗格或右窗格中,右击“班级—学号—姓名”,弹出快捷菜单。

(2)在快捷菜单中,选择“发送”选项,并在其级联菜单中选择“桌面快捷方式”。

(3)在桌面上产生名称为“班级—学号—姓名”的快捷方式。

任务 5 使用任务管理器

Windows 的任务管理器提供了有关计算机性能的信息,并显示了计算机上所运行的程序和进程的详细信息等。如果连接到网络,还可以查看网络状态,并迅速了解网络是如何工作的。

1. 启动任务管理器

方法一:同时按下“Ctrl+Alt+Del”组合键(如果不小心接连按了两次键,可能会导致 Windows 系统重新启动),然后,单击“任务管理器”按钮。

方法二:这种方法更简单,就是右击任务栏的空白处,然后单击“启动任务管理器”命令。

方法三:按下“Ctrl+Shift+Esc”组合键,就可以打开任务管理器。

2. 认识任务管理器

启动认识任务管理器后，将出现如图 1-5 所示的任务管理器用户界面。

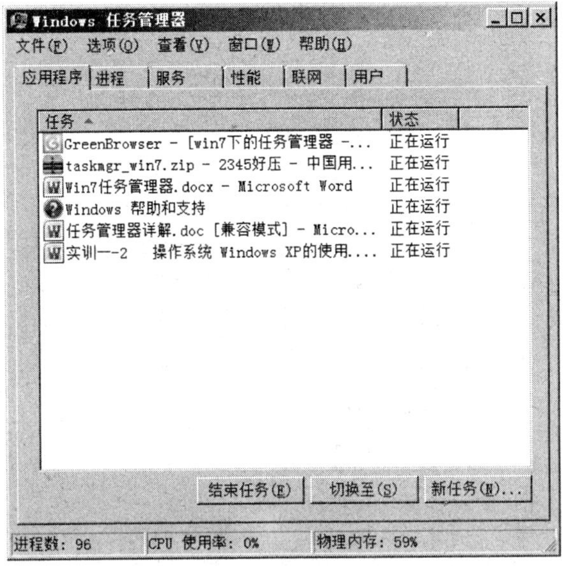

图 1-5

(1)应用程序。如图 1-6 所示，这里显示了所有当前正在运行的应用程序，不过它只会显示当前已打开窗口的应用程序，而 QQ 等最小化至系统托盘区的应用程序并不会显示出来。

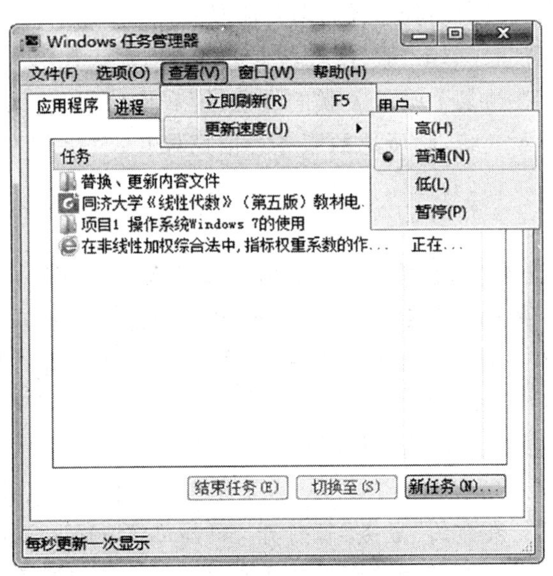

图 1-6

(2)进程。这里显示了所有当前正在运行的进程，包括应用程序、后台服务等，还有那些隐藏在系统底层深处运行的病毒程序或木马程序。找到需要结束的进程名后，执行右键菜单中的“结束进程”命令(见图 1-7),就可以强行终止。不过这种方式将丢失未保存的数据,而且如果结束的是系统服务,系统的某些功能还可能会无法继续正常使用。Windows 的任务管理器只能显示系统中当前进行的进程。

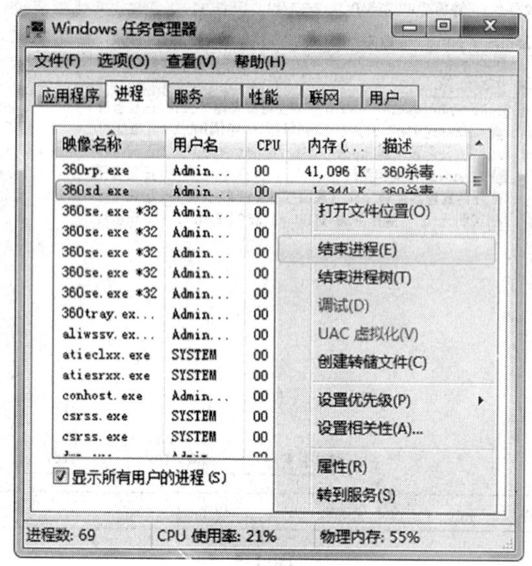

图 1-7

(3)服务。用户可以使用任务管理器查看计算机上正在运行的服务,还可以查找可能与特定服务关联的进程(进程是一个文件,如以文件扩展名.exe 结尾的可执行文件。计算机使用该文件可直接启动程序或启动其他服务)。

打开“任务管理器”后,单击“服务”选项卡可查看当前正在用户账户下运行的服务。

若要查看是否存在与某个服务关联的进程,请右击该服务,然后单击“转到进程”。如果“转到进程”的显示变暗,则所选的服务当前已停止。“状态”列表明服务是正在运行,还是已停止。

注意:

如果单击“转到进程”,“进程”选项卡上没有任何突出显示的进程,则该进程没有在用户账户下运行。若要查看所有进程,请单击“进程”选项卡,然后单击“显示所有用户的进程”。如果系统提示输入管理员密码或进行确认,请键入该密码或提供确认。单击“服务”选项卡,并再次尝试查看进程。

在“进程”选项卡上右击某个进程,并单击“转到服务”,若没有看到任何突出显示的服务,则表示无论是否显示所有用户的进程,该进程都没有与其关联的任何服务。

单击“服务”选项卡底部的“服务”可打开 Services Microsoft Management Console (MMC) 管理单元,其中的高级用户可以查看有关服务的详细信息并配置其他选项。

(4)性能。这里显示了计算机性能的动态概念,如 CPU 和各种内存的使用情况。

“性能”选项卡包括四个图表,如图 1-8 所示,其具体显示如图 1-9 所示。如果“CPU 使用记录”图表显示分开,则计算机具有多个 CPU,或者有一个双核的 CPU,或者两者

都有。较高的百分比意味着程序或进程要求使用大量 CPU 资源，这会使计算机的运行速度减慢。如果百分比冻结在 100% 附近，则程序可能没有响应。

图 1-8

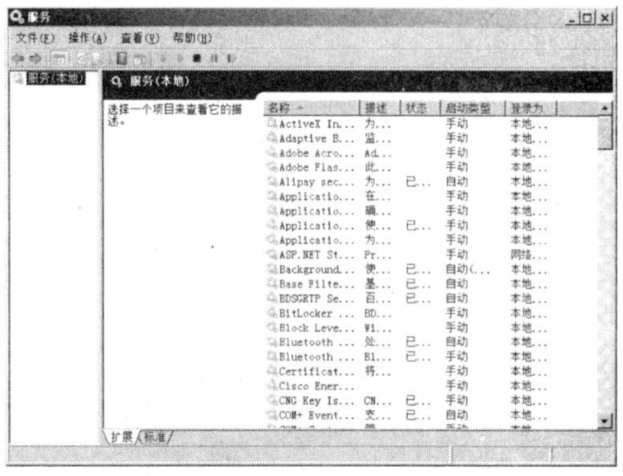

图 1-9

图 1-10 显示了当前以及过去数分钟内所使用的内存或物理内存的数量[以兆字节(MB) 为单位]。“任务管理器”窗口底部列出了正在使用的内存的百分比。如果内存的使用一直保持在较高状态或者明显降低了，请尝试减少同时打开的程序的数量，或者增加内存。

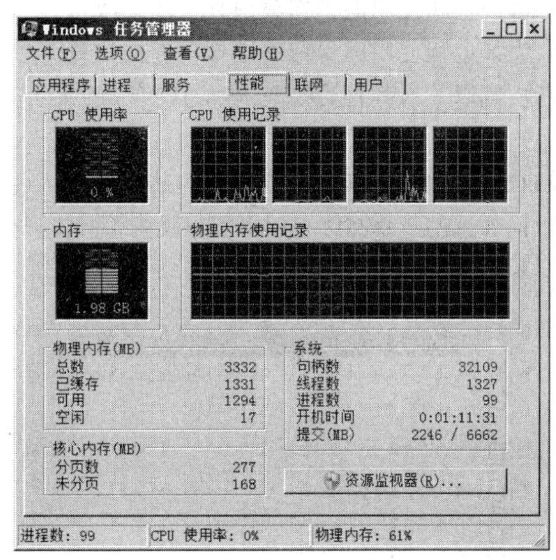

图 1-10

若要查看计算机上单独进程的内存使用情况，请单击“进程”选项卡。默认情况下，“内存(专用工作集)”列处于选中状态。“专用工作集”是“工作集”的一个子集，是描述每个进程所使用的内存数量的技术术语。“专用工作集”专门描述了某个进程正在使用的且无法与其他进程共享的内存数量。

如果用户有更高要求，可能希望查看“进程”选项卡上的其他高级内存值。若要执行此操作,请依次单击“查看”→“选择列”,然后选择一个内存值,如图 1-11所示。

图 1-11

内存—工作集:私人工作集中的内存数量和进程正在使用且可以由其他进程共享的内存数量的总和。

内存—高峰工作集:进程所使用的工作集内存的最大数量。

内存—工作集增量:进程所使用的工作集内存中的更改量。

内存—提交大小:为某进程使用而保留的虚拟内存的数量。

内存—页面缓冲池:可以写入其他存储媒体(如硬盘)的某个进程认可的虚拟内存数量。

内存—非页面缓冲池:无法写入其他存储媒体的某个进程认可的虚拟内存数量。

如图 1-12 所示,下面勾选的 3 个高级表列出了有关内存和资源使用的各种详细信息。

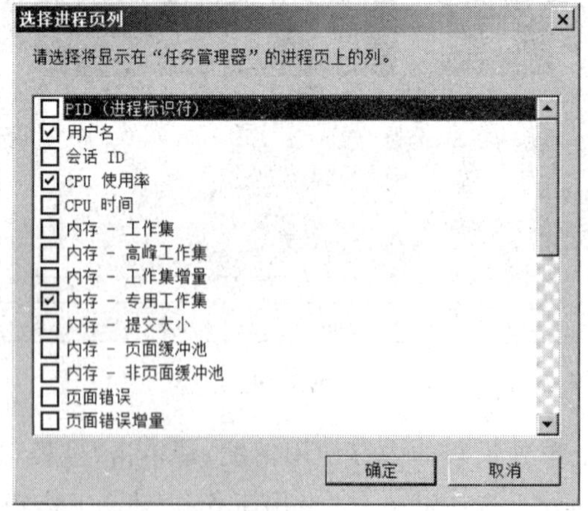

图 1-12

①“物理内存”(MB)包含以下 4 个字段。

“总数”表示计算机上所安装的随机存取存储器(Random Access Memory,RAM)

的数量[以兆字节(MB)为单位列出]。

“已缓存”指的是最近用于系统资源的物理内存数量。

“可用”是可由进程、驱动程序或操作系统立即使用的内存数量。

“空闲”表示当前未使用的或不包含有用信息(与包含有用信息的缓存文件不同)的内存数量。

②“核心内存”(MB)包含以下两个字段。

“分页数”指的是 Windows 的核心部分(称为“内核”)正在使用的虚拟内存数量。

“未分页”表示内核使用的 RAM 内存的数量。

③“系统”包含以下五个字段。

“句柄数”指的是进程正在使用的唯一对象标识符的数量。信息技术专业人员和程序员通常会关注此值。

“线程数”指的是较大型进程或程序内运行的对象或进程的数量。信息技术专业人员和程序员通常会关注此值。

“进程数”指的是计算机上运行的单独进程的数量(也可以在“进程”选项卡上查看此信息)。

“开机时间”指的是对计算机执行重新启动操作后所经过的时间量。

“提交”(MB)指的是对虚拟内存使用情况(也称分页文件使用情况)的描述。页面文件是硬盘上的空间,Windows 将其用于替代 RAM(在 RAM 不足的情况下)。第一个数字是当前正在使用的 RAM 和虚拟内存的数量;第二个数字是计算机上可用的 RAM 和虚拟内存的数量。

若要查看有关正在使用的内存和 CPU 资源的高级信息,请单击“资源监视器”。“资源监视器”显示像任务管理器中一样的图形摘要,但更详细。“资源监视器”还包含有关资源的详细信息,如磁盘使用和网络使用。

(5)联网。这里显示了本地计算机所连接的网络通信量的指示,使用多个网络连接时,用户可以在这里比较每个连接的通信量。当然,只有安装网卡后才会显示该选项,如图 1-13 所示。

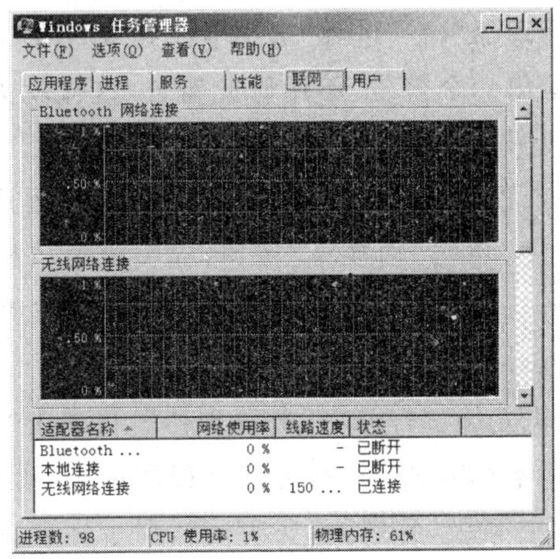

图 1-13

(6)用户。这里显示了当前已登录和连接到本机的用户数、标识(标识该计算机上的会话的数字 ID)、活动状态(正在运行、已断开)、客户端名。用户可以单击“注销”按钮重新登录,或者通过“断开”按钮断开与本机的连接。如果是局域网用户,还可以向其他用户发送消息,如图 1-14 所示。

图 1-14

3. 任务管理器的另类使用技巧

对于 Windows 7 系统的任务管理器,除了用到一些常用的技巧之外,还有一些鲜为人知的“另类”技巧,举例如下。

(1)隐藏桌面上的所有元素。一些配置比较低的计算机,往往其内存都很小,一般都在 512MB 以下,但它们却担负重任,所以经常会出现死机和蓝屏的情况。这时用户可以试试无桌面操作,即让桌面图标、任务栏和开始菜单全部消失,只剩下桌面图片,操作方法如下:打开“任务管理器”,在“进程”选项卡找到“EXPLORER. EXE”,单击“结束进程”按钮,这时系统会给出一个警告,不用管此警告,这样就关闭了桌面,此时桌面上的图标、工具栏都没有了,只能用任务管理器操作计算机。在“应用程序”选项卡中单击“新任务”按钮,可打开一个程序;单击“结束”按钮可关闭某程序;要想让某个程序显示在最前面,可以选中该程序,单击“切换至”按钮,在关机菜单栏中还可以完成待机、重启、关机、休眠、注销及锁定等操作。若要恢复桌面可以单击“应用程序”→“新任务”,在对话框中输入“C:Windowsexplorer. exe”,单击“确定”即可。

(2)手动设定程序的优先级。打开“任务管理器”,再单击“进程”选项卡,在这里可以看到目前正在运行的所有程序进程,右击任一程序进程,再把鼠标指针向下移动到“设置优先级”,这里有 6 个等级,分别为“实时、高、高于标准、标准、低于标准、低”,然后,选择这个程序处在哪个级别,就可以让这个程序强行调度到更高或更低的等级,同

时也为别的程序腾出了系统资源。如果不知道某个程序应用程序的具体进程，可以按如下操作：选择“应用程序”选项卡，右击该任务，选择“转到进程”，则会转到该程序的进程。

(3)同时最小化多个窗口。选择“应用程序”选项卡，按住“Ctrl”键选择需要同时最小化的应用程序项目，然后右击这些项目中的任意一个，从快捷菜单中选择“最小化”命令即可。在此操作中，用户还可以完成层叠、横向平铺和纵向平铺等任务。

(4)不经过启动画面直接切换用户。对于有多个用户的系统来说，经常要切换用户，可是切换时都要经过登录界面，不仅浪费时间，还容易打断现在正在进行的工作。此时，用户可以利用“任务管理器”，不经过启动画面也可以切换活动用户：选择“用户”选项卡，右击一个不活动的用户，选择“连接”，就可以切换到另一个用户。

(5)利用任务管理器发送信息。对于有多个用户的系统，当某用户有事需要暂时离开，这时可以通过“任务管理器”来给不同的用户发送信息，也可以起到留言的作用。选择“用户”选项卡，可以看到当前所有活动的用户，选择一个需要向其发送信息的用户，这时会看到“发送信息”按钮由不可用状态变为可用状态。单击“发送信息”按钮，弹出“发送信息”对话框，在“消息标题”框中输入标题，在“消息”框中输入消息内容，当切换到那个用户的时候，就会弹出对话框来提示这个用户，对话框中的内容就是刚才输入的文字信息。

任务 6　安装和删除中文输入法

1. 删除中文输入法“智能 ABC 输入法”

(1)打开“控制面板”并双击“区域和语言”选项，打开如图 1-15 所示的对话框。或者右击状态栏中右侧的输入法图标，选择“设置”，如图 1-16 所示。

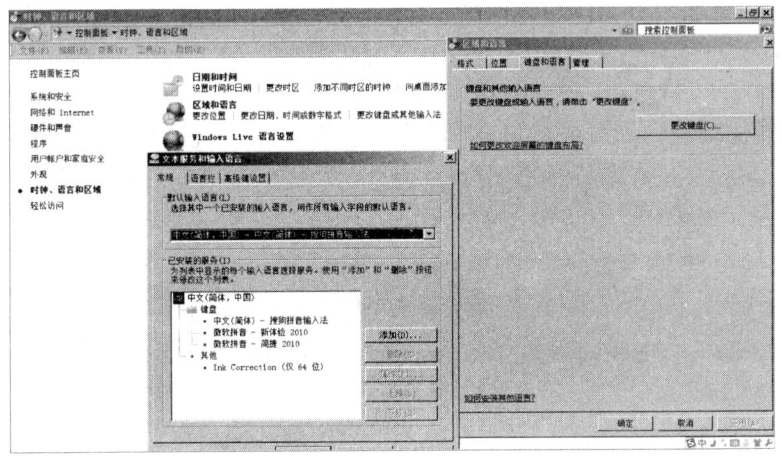

图 1-15

图 1-16

(2)在打开的"区域和语言"选项对话框中,选择"语言"选项卡。单击"详细信息"按钮,弹出"文本服务与输入语言"对话框,如图 1-15 所示。

(3)选择中文输入法"智能 ABC 输入法"。

(4)单击"删除"按钮,即可删除已有的"智能 ABC 输入法"。

2. 安装刚删除的"智能 ABC 输入法"

与删除"智能 ABC 输入法"步骤类似。

3. 下载搜狗拼音输入法安装文件并安装

(1)下载:自行上网搜索并下载搜狗拼音输入法,如图 1-17 所示。

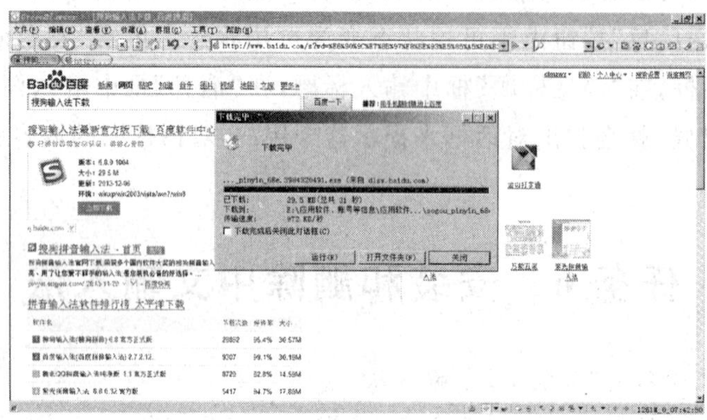

图 1-17

(2)安装:双击安装文件,开始安装,如图 1-18 至图 1-20 所示。

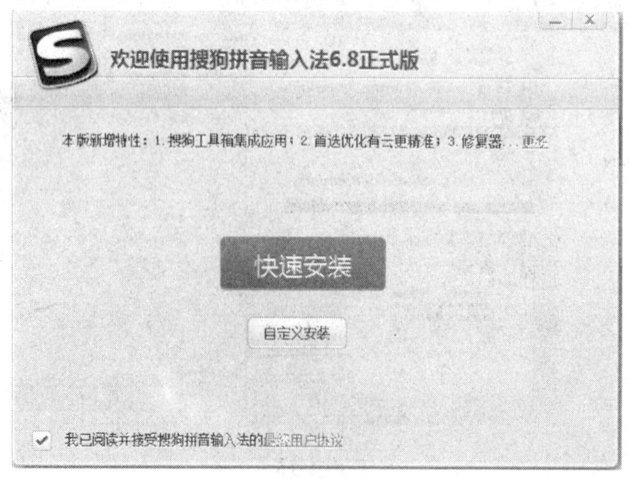

图 1-18

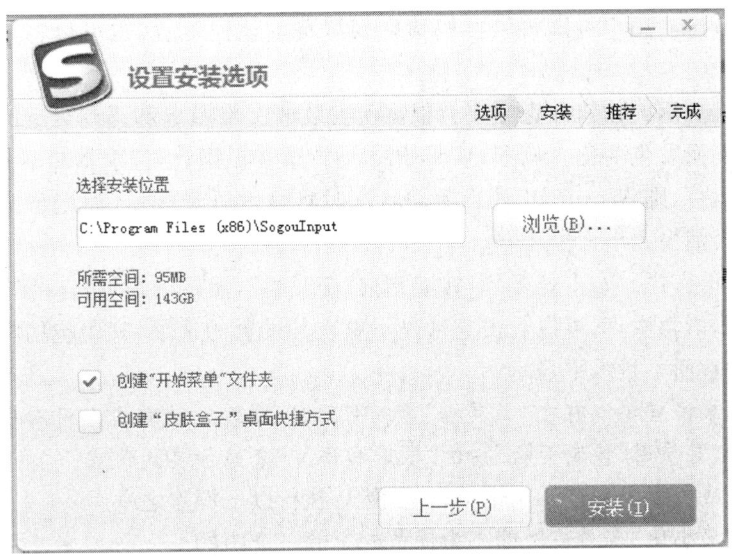

图 1-19

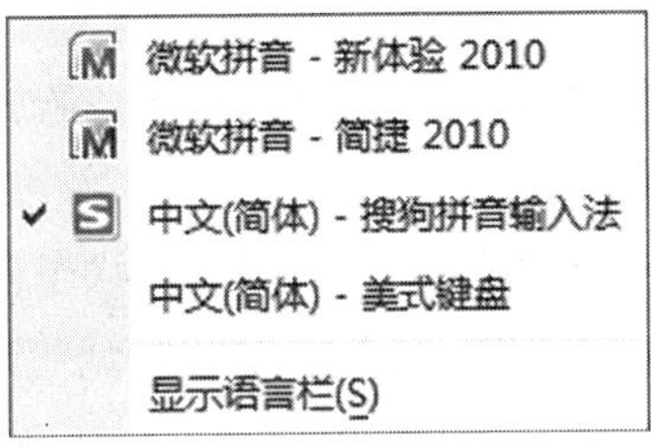

图 1-20

4. 中文输入法快捷键的设置

用户可以使用鼠标进行输入法的选择、全角/半角的切换等，但更快捷的方式是设置快捷键。设置输入法的快捷键有利于加快切换输入法、切换全角和半角以及关闭输入法的速度，从而提高文字输入的速度和工作效率。

一般输入法的快捷键如下(请务必记住，且将其应用到实际中去)。

Ctrl+Shift：在不同的输入法之间切换。

Ctrl+空格：在中文输入法与英文输入法之间切换。

Shift+空格：在全角与半角之间进行切换。

Ctrl+句号：在中文标点符号与英文标点符号之间切换。

此外，用户还可以自己设置相应的快捷键。请设置切换到“智能 ABC 输入法”的快捷键，并检验。

5. 认识语言栏

语言栏是一种工具栏，添加文本服务时，它会自动出现在桌面上，如输入语言、键盘布局、手写识别、语音识别或输入法编辑器。语言栏提供了从桌面快速更改输入语言或键盘布局的方法。用户可以将语言栏移动到屏幕的任何位置,也可以将其最小化到任务栏或隐藏。

语言栏上显示的按钮和选项集会根据所安装的文本服务和当前处于活动状态的软件程序的不同而发生变化。例如,WordPad 支持语音识别,但记事本却不支持。如果两个程序都在运行,则 WordPad 处于活动状态时将显示语音按钮,而记事本处于活动状态时此按钮会消失。

(1)显示语言栏。右击任务栏,接着指向“工具栏”,然后单击“语言栏”。

一旦显示语言栏,就可以右击它来显示更改其设置的选项,其中包括将它停放在任务栏上,或垂直而不是水平显示。

注意:如果语言栏没有在“工具栏”菜单中列出,则表示计算机上没有安装多个输入语言。用户需要使用“控制面板”中的“区域和语言”来添加其他语言。

(2)隐藏或关闭语言栏。右击语言栏,然后执行以下操作之一。

①单击“最小化”将语言栏缩小为任务栏上的一个图标。

②单击“关闭语言栏”关闭语言栏,然后从桌面上将其删除。关闭语言栏并不会删除任何文本服务。

6. 认识输入法状态条

(1)搜狗输入法的状态条。搜狗输入法的状态条有标准和 mini 两种,用户可以通过“设置属性”→“显示设置”修改。

搜狗输入法的标准状态条为,状态条上的分别代表“输入状态”“全角/半角符号”“中文/英文标点”“软键盘”“设置菜单”。

(2)微软拼音输入法的状态条。微软拼音输入法的状态条集成在系统的语言栏中,语言栏上的按钮是可以定制的。图 1-21 显示的语言栏集成了微软拼音输入法的全部按钮。

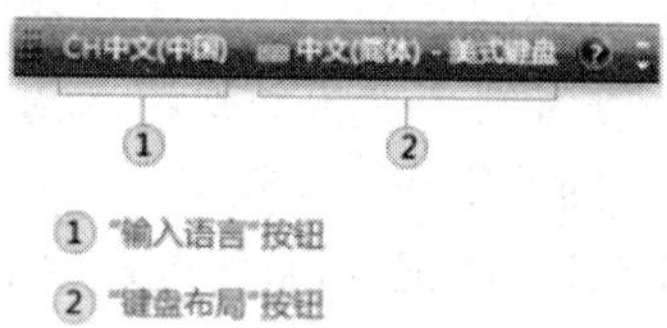

图 1-21

单击状态条上的按钮可以切换输入状态或者激活菜单。状态条上各图标的功能与前面搜狗输入法状态条的大同小异。

任务 7 Windows 7 常用系统工具的使用

1. 磁盘清理

计算机在使用一段时间后,由于频繁的读写操作,磁盘上会残留许多临时文件或安装文件等无用的文件,“磁盘清理”程序可以清除掉这些文件,以便释放磁盘空间。磁盘

清理的步骤具体如下。

(1)在“计算机”窗口中，右击需要进行磁盘清理的驱动器，在弹出的快捷菜单中选择“属性”命令，如图 1-22 所示。

图 1-22

(2)在“常规”卡中单击“磁盘清理”按钮，出现如图 1-23 所示的对话框。

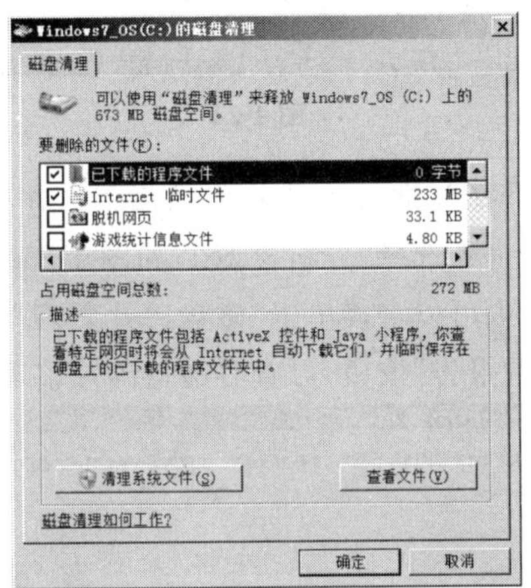

图 1-23

(3)在“要删除的文件”列表框中，选中相应的复选框来确认需要删除的文件类型。单击“确定”按钮，然后在要求确认的对话框中单击“是”按钮，系统开始自动清理磁盘。

2. *磁盘碎片整理程序*

计算机使用一段时间后，大量的读写操作会导致磁盘上的碎片文件或文件夹过多。系统在读写时，需要花费额外的时间来搜索这些被分割在不同位置的碎片或文件夹，因而系统的整体性能会有所下降。基于这个原因，用户应该定期运行磁盘碎片整理程序。

Windows 操作系统的各种版本都有磁盘碎片整理这一功能，只是人们印象中，以往的 Windows 操作系统的磁盘碎片整理过程都非常漫长，但是 Windows 7 却有所不同。其与之前的各种版本操作系统相比有着很大的提升。这主要是由于 Windows 7 中对磁盘整理命令行增加了全新的参数命令。整理步骤具体如下。

(1)在"计算机"窗口中,右击需要进行碎片整理的驱动器,在弹出的快捷菜单中选择"属性"命令(也可以从"开始"菜单中找到"磁盘碎片整理程序":选择"开始"→"所有程序"→"附件"→"系统工具"→"磁盘碎片整理程序",还可以直接在搜索栏中查找)。

(2)选择"工具"选项卡,在"碎片整理"框架中单击"立即进行碎片整理"按钮,如图1-24所示,出现"立即进行碎片整理"窗口。

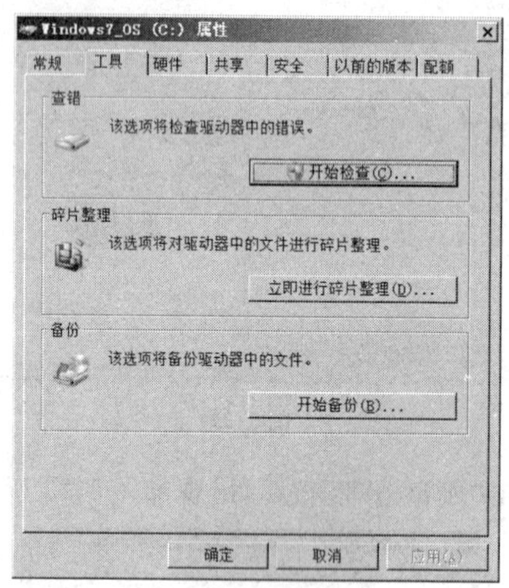

图 1-24

(3)在"当前状态"下,选择要进行碎片整理的磁盘。在这里,如果用户无法确定自己的磁盘上是否存在碎片,可先选择"分析磁盘",如图1-25所示。当然,如果用户确定某个磁盘上一定存在碎片,也可以直接单击"磁盘碎片整理"按钮,系统自动进行碎片整理。整理完毕后,单击"查看报告"按钮,可查看磁盘碎片整理结果。

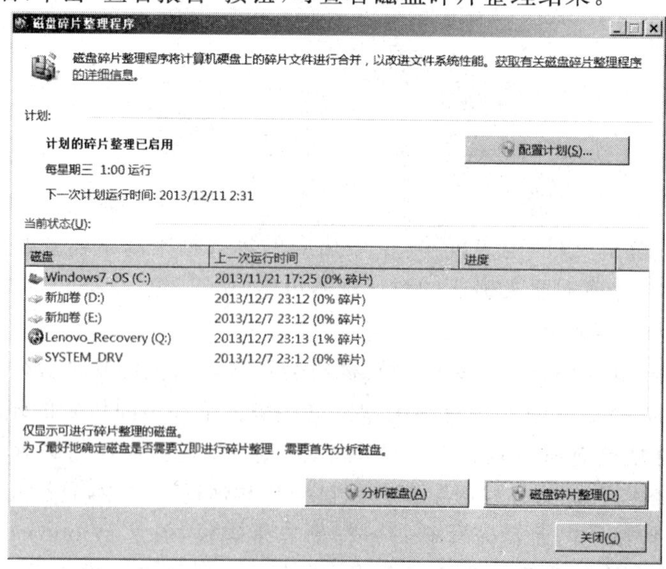

图 1-25

此外，也可以通过“配置计划”进行设置，使计算机每周自动进行“磁盘碎片清理”，以保证 Windows 7 的减负加速，如图 1-26 所示。

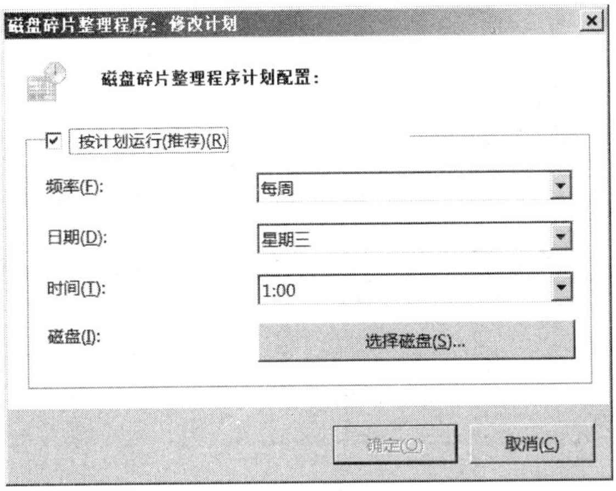

磁盘碎片整理程序：修改计划
磁盘碎片整理程序计划配置：
按计划运行(推荐)(R)
频率(F): 每周
日期(D): 星期三
时间(T): 1:00
磁盘(I): 选择磁盘(S)...
确定(O) 取消(C)

图 1-26

任务 8 在 Windows 7 中对硬盘进行无损分区

1. 了解 Windows 7 的分区功能

很多购买笔记本电脑的用户都会遇到这样一种情况，笔记本电脑虽然都自带一个正版 Windows 7 系统，但整个硬盘只有一个安装 Windows 7 的分区(磁盘 C)，或者还有一个看不到的 Windows 7 系统备份分区。在不删除硬盘分区的情况下，如何进行无损分区？

简单来说，如何从 C 盘把空间借出来，创建更多的 D、E、F 等磁盘分区。或者这样说，硬盘本来就只有一个分区，如何在不伤害硬盘数据的情况下创建更多的新分区。

此时，用户可以利用 Windows 7 本身自带的功能强大又非常有用的分区工具——磁盘管理。

(1)打开磁盘管理。单击任务栏上的 Windows “开始”图标，右击“计算机”，再单击“管理”，最后选择“磁盘管理”命令，步骤如图 1-27 所示。

(2)关于压缩基本卷。压缩基本卷可以减少用于主分区和逻辑驱动器的空间，方法是在同一磁盘上将主分区和逻辑驱动器收缩到邻近的连续未分配空间。例如，如果需要一个另外的分区却没有多余的磁盘，则可以从卷结尾处压缩现有分区，进而创建新的未分配空间，将这部分空间用于新的分区。但是，某些文件类型可能会阻止压缩操作。

压缩分区时，将在磁盘上自动重新定位一般文件以创建新的未分配空间。压缩分区无须重新格式化磁盘。

Backup Operators 或管理员中的成员身份或等效身份是完成这些过程所需的最低要求。注意：如果分区是包含数据(如数据库文件)的原始分区(即无文件系统的分区)，

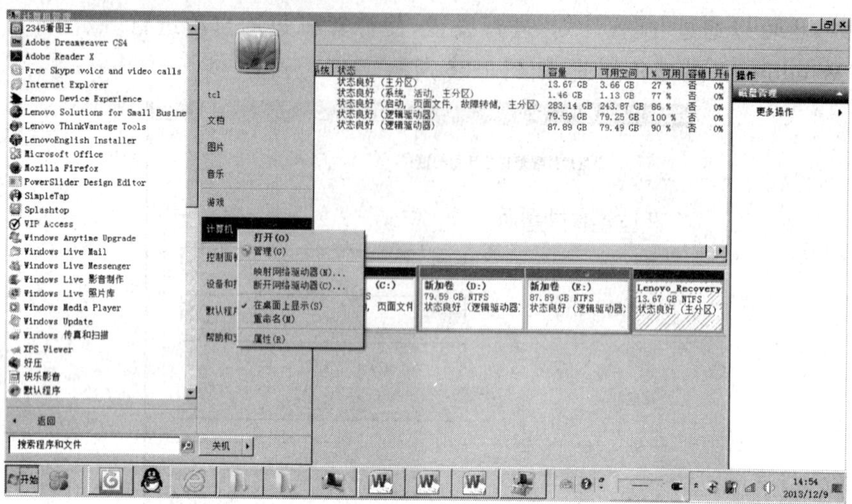

图 1-27

则压缩分区的操作可能会破坏数据。

(3)使用 Windows 界面压缩基本卷。

①在“磁盘管理器”中,右击要压缩的基本卷。

②单击“压缩卷”。

③按照屏幕上的说明进行操作。注意:只可以收缩无文件系统或使用 NTFS 文件系统的基本卷。

为了让大家能对 Windows 7 分区软件有全面的了解,下面介绍在 Windows 7 下进行无损分区的操作。

2. 将 C 盘的可用空间分割出来

下面我们把 C 盘的可用空间划分出来,变成 D、E、F 等分区。

操作步骤非常简单(见图 1-28)。

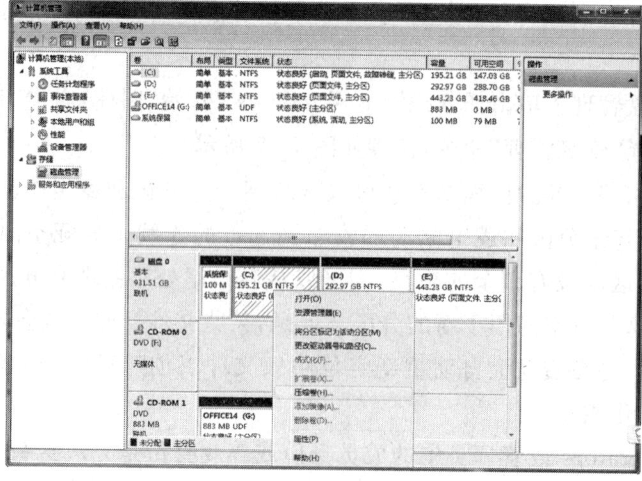

图 1-28

（1）右击磁盘 C（也就是俗称的 C 盘）。

（2）单击“压缩卷”命令，如图 1-29 所示。

图 1-29

Windows 7 系统自动查询功能可以计算出从 C 盘能够划分出多少空间。第一次查询时间会有点久，等待一会即可。

查询成功后，就可以开始压缩 C 盘。如图 1-30 所示，示例中 C 盘空间总大小约 199900MB，由于已经用了一部分，故目前可以划分出来的空间有 150516MB。

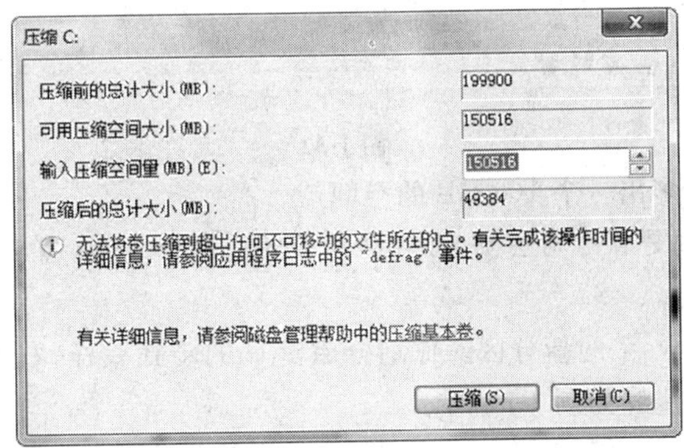

图 1-30

提示：对于刚买回来的笔记本电脑，第一次进行划分的空间应是硬盘大小的一半。例如，如果 C 盘是 300 GB，那么可以划分 150 GB 出来。如果想划出更多的空间，只需重复一次这样的操作就行。如图 1-31 所示，在“输入压缩空间量”中输入 102400，单击“压缩”按钮就能把 102400 MB 空间从 C 盘分割出来，如图 1-32 所示。

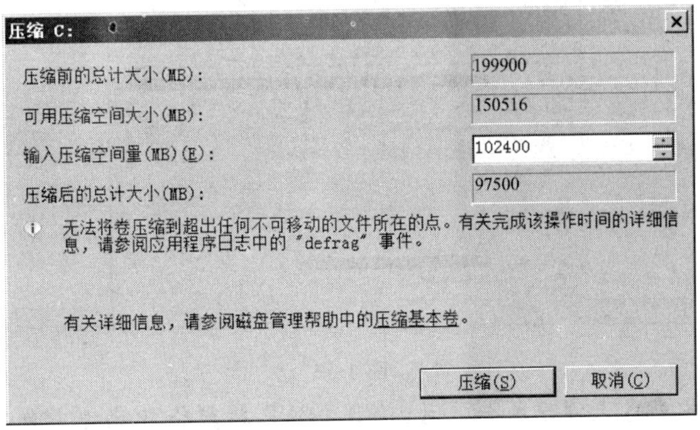

图 1-31

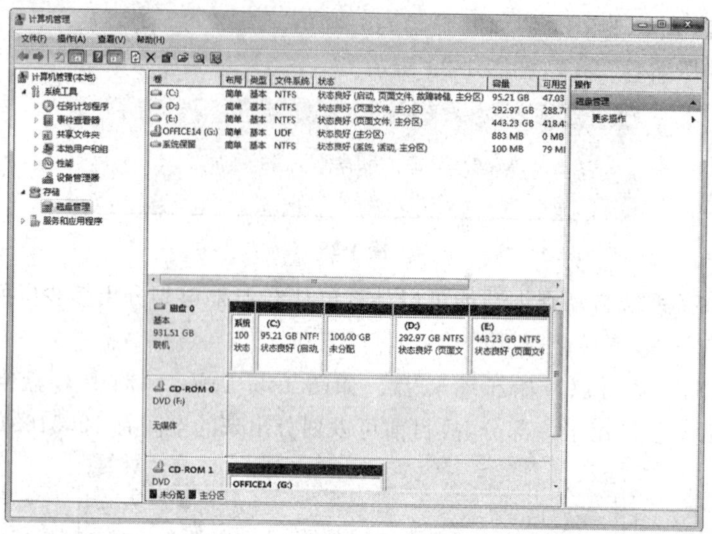

图 1-32

划分成功后,会多出一个 100 GB 的空间。

注意:此 100GB 是暂时无法使用的,要想激活此部分空间,需要将之创建为新分区并进行格式化。

(3)激活 Windows 7 的新分区。像划分磁盘 C 的步骤一样,右击这个新分区,然后单击“新建简单卷”,步骤如图 1-33 所示。

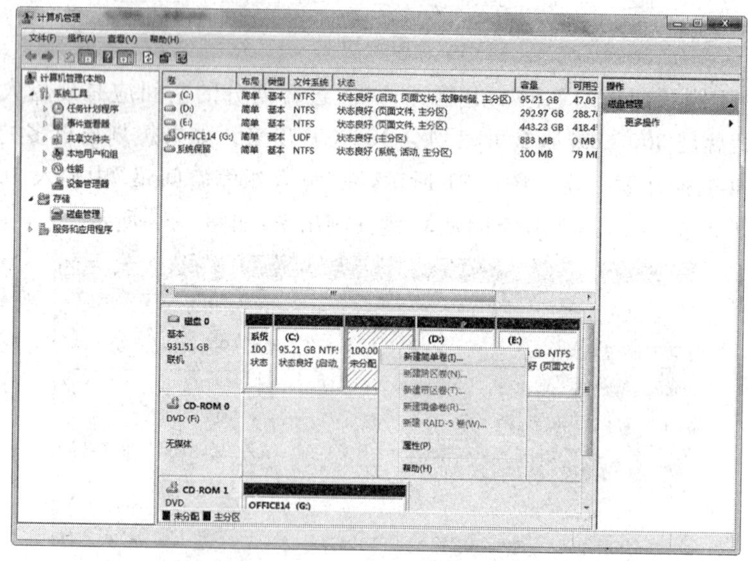

图 1-33

注意:在基本磁盘上创建新分区时,前 3 个分区将被格式化为主分区。从第 4 个分区开始,会将每个分区配置为扩展分区内的逻辑驱动器。如图 1-34 所示,单击“下一步”按钮。

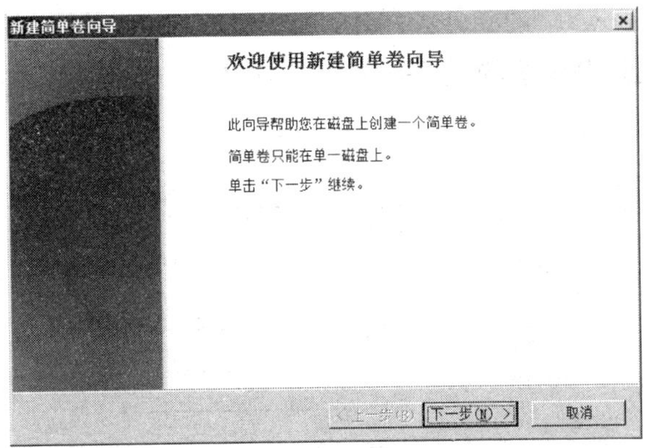

图 1-34

如果想创建多个分区，就要注意这里填入的“简单卷大小”，如果想创建 10 GB (1 GB=1024 MB)的空间，输入 10240 即可，如图 1-35 所示。

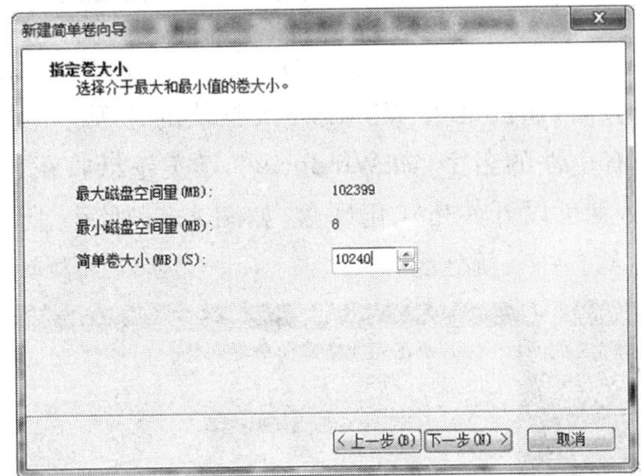

图 1-35

我们把可用的空间变成一个分区，将这个分区定义为 F 盘(以后还能自己调整盘符)，如图 1-36 所示。

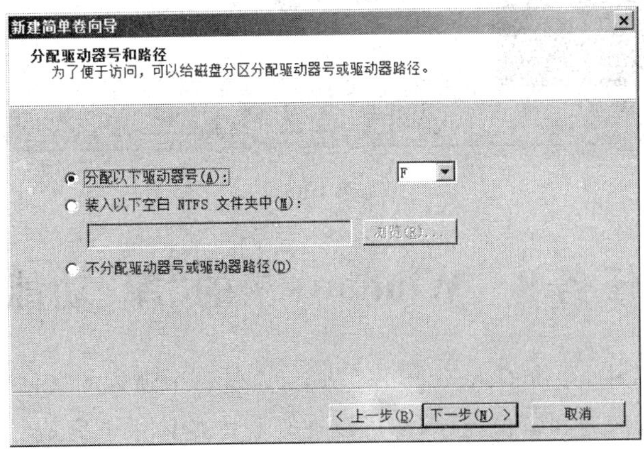

图 1-36

(4)格式化 Windows 7 的新分区,如图 1-37 所示。

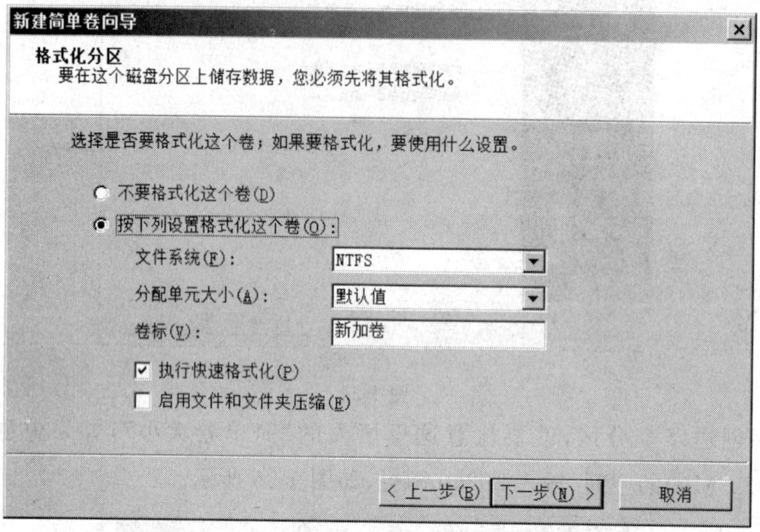

图 1-37

在格式化的选择方面,建议采用 Windows 7 默认的选项。用户可以为自己新创建的磁盘分区定义一个有个性的名字,如 Windows 7 精美壁纸收藏。

单击“完成”按钮,就可以开始格式化硬盘,如图 1-38 所示。当格式化硬盘完成后,在计算机上可以看到多了一个新分区“F”。

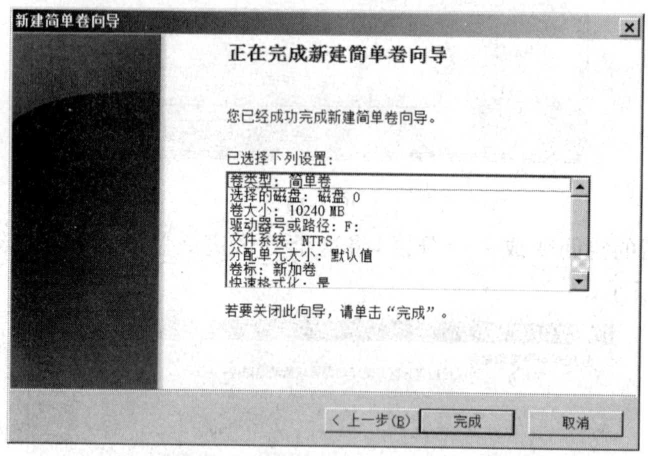

图 1-38

任务 9　Windows 7 的“库”功能

在 Windows 7 中,系统引入一个“库”功能,这是一个强大的文件管理器。从资源的创建、修改到管理、沟通和备份还原,都可以在基于库的体系下完成。通过这个功能,用户可以将越来越多的视频、音频、图片、文档等资料进行统一管理、搜索,大大提高工作

效率。

1. 了解库及库功能

如图 1-39 所示，Windows 7 的“库”其实是一个特殊的文件夹，不过系统并不是将所有的文件保存到“库”这个文件夹中，而是将分布在硬盘上不同位置的同类型文件进行索引，将文件信息保存到“库”中。简单来说，库里面保存的只是一些文件夹或文件的快捷方式，而没有改变文件的原始路径，这样可以在不改动文件存放位置的情况下集中管理，提高了用户的工作效率。

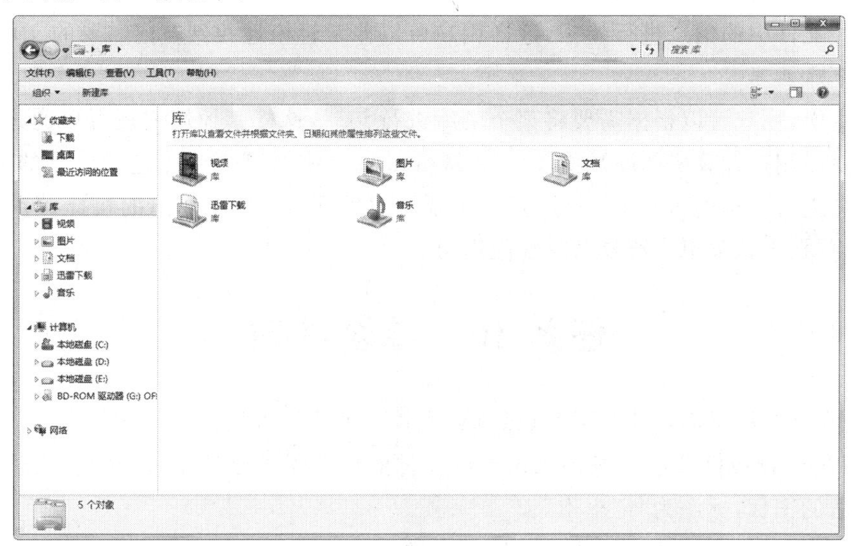

图 1-39

“库”的出现改变了传统的文件管理方式，即库具有把搜索功能和文件管理功能整合在一起进行文件管理的功能。“库”所倡导的是通过搜索和索引访问所有资源，而非按照文件路径、文件名的方式来访问。搜索和索引就是建立对内容信息的管理，让用户通过文档中的某条信息来访问资源，抛弃原先使用文件路径、文件名访问文件的方式，这样一来，用户并不需要知道这个文件的文件名和路径就能方便地找到它。

2. 创建个库

Windows 7 系统的“库”默认包括视频、音乐、图片、文档 4 个个库，用户可以根据需要创建其他个库。比如，用户为下载文件夹创建一个个库。

首先，在“计算机”窗口中单击“库”图标，打开“库”文件夹，在“库”中右击“新建”→“库”，创建一个新库并输入一个个库的名称。

随后，右击“个库”文件夹，选择“属性”命令，打开“库属性”对话框，在“库属性”对话框中单击“包含文件夹”，在此选择好下载文件夹即可。

与文件的图标不同的是个库可以在一个个库添加多个子个库，这样可以将不同文件夹中同一类型的文件放在同一个库中进行集中管理。在个库中添加其他子个库时，单击窗口右侧上方的“包含文件夹”项右侧的“个库位置”，随后打开一个添加对话框，在此可以添加多个文件夹到个库中。

3.在库中找文件

通过导入的方式用户可以将文件导入库中,为了让用户更方便地在“库”中查找资料,系统还提供了一个强大的“库”搜索功能,这样用户可以不用打开相应的文件或文件夹就能找到需要的资料。

搜索时,在“库”窗口上面的搜索框中输入需要搜索文件的关键字,再单击“Enter”键,系统自动检索当前库中的文件信息,随后在该窗口中列出搜索到的信息。库搜索功能非常强大,不但能搜索到文件夹、文件标题、文件信息、压缩包中的关键字信息外,还能对一些文件中的信息进行检索,这样用户可以非常轻松地找到自己需要的文件。

4.个库共享

在库中,用户可以根据需要将某个个库进行共享,这样其他用户就可以通过“网络”功能来使用用户计算机的库功能了。在 Windows 7 中对某个个库进行共享的方式,和对文件夹进行共享的方式是一样的:右击需要共享的个库,在弹出的快捷菜单中选择“共享”,并在下拉菜单中选择共享权限即可。

任务 10　综合练习

(1)在计算机桌面创建“C:\Windows”文件夹的快捷方式。

(2)在 C 盘根目录建立 Notepad.exe(文件的位置需自己搜索)的快捷方式,并为其设置合适的图标,标题为“记事本”。

(3)在 C 盘根目录建立“STUDENT”文件夹。

(4)按类型排列桌面上的图标。

(5)设置屏幕保护程序:三维文字,设置文本为“屏幕保护”。

(6)将窗口标题的字体改为“宋体”,大小为“14”。

(7)将桌面背景改为 Windows 7 示例图片中的“郁金香”,居中。

(8)将任务栏属性改为自动隐藏、总在最前。

(9)在“开始”菜单的“程序”子菜单中添加“Office 程序组”项,将 Office 组件的快捷方式移到该子菜单中。

第二篇
使用Office 2010办公软件组合

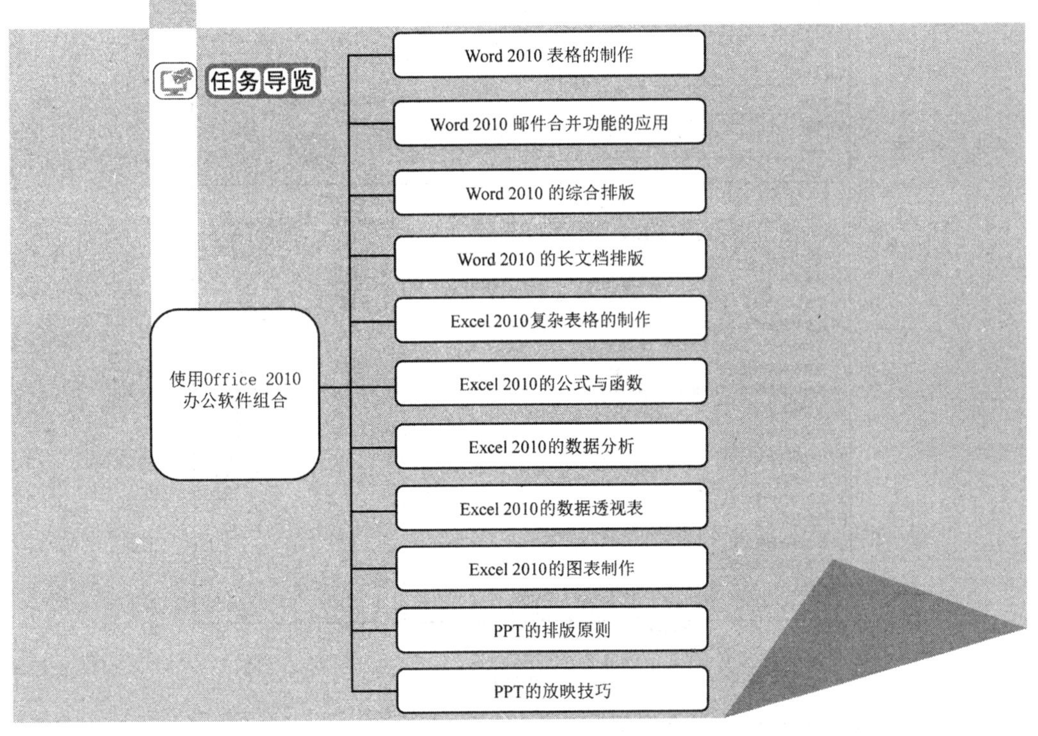

项目 2　Word 2010 表格的制作

【项目目标】

熟悉 Word 2010 中制作复杂表格方法。

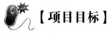

【项目内容】

(1)利用单元格拆分制作“建筑业企业基本情况”表,如图 2-1 所示。

建筑业企业基本情况

表　　号:建　施　101　表
制表机关:建　　设　　部
批准机关:国　家　统　计　局
批准文号:国统函【2002】149号
200　　年第　　季度

有效期至:2008年12月

<table>
<tr><td>01 法人企业代码
□□□□□□□□—□
02 法人企业名称:
法人企业曾用名称:
03 法定代表人(负责人):______
职务:______</td><td colspan="2" rowspan="2">05 企业所在地及行政区划
省(自治区、直辖市)　地(区、市、州、盟)
县(区、市、盟)　乡(镇)
街(村)、门牌号
行政区划代码 □□□□□□</td></tr>
<tr><td>04 企业资质证书编号 □□□□□□□□□□□□□□</td></tr>
<tr><td rowspan="2">06 通信情况
电话号码______
分 机 号
传真号码______
分 机 号
邮政编码 □□□□□□
E—mail______
网　址:</td><td>07 开业时间
□□□□ 年 □□ 月</td><td>08 行业类别
______
行业代码 □□□□</td></tr>
<tr><td>09 法人企业地方(系统)编码
□□□□□□□□□□</td><td>10 企业所属地
□ 是　□ 否</td></tr>
<tr><td colspan="2">11 登记注册类型
#内资
110 国有企业
120 集体企业
130 股份合作企业
141 国有联营企业
142 集体联营企业
143 国有与集体联营企业
149 其他联营企业
151 国有独资公司
159 其他有限责任公司
160 股份有限公司
170 私营企业
171 私营独资企业
172 私营合伙企业
173 私营有限责任公司
174 私营股份有限公司
190 其他企业

#港、澳、台商投资企业
210 合资经营企业
(港或澳、台资)
220 合作经营企业
(港或澳、台资)
230 港、澳、台商
独资经营企业
240 港、澳、台商投资
股份有限公司

#外商投资
310 中外合资经营企业
320 中外合作经营企业
330 外资企业
340 外商投资股份有限公司
□□□</td><td>12 企业资质等级
(1995 年标准)
1 一级
2 二级
3 三级
4 四级
9 其他
□

(2001 年标准)
10 施工总承包
11 特级
12 一级
13 二级
14 三级
20 专业承包
21 一级
22 二级
23 三级
29 不分等级
30 劳务分包
31 一级
32 二级
39 不分等级
40 其他
□□</td></tr>
</table>

单位负责人:　　统计负责人:　　填报人:　　报出日期:200　年　月　日

图 2-1

(2)利用单元格填充美化求职简历。

(3)综合制作绩效考核表。

任务 1　利用单元格拆分制作企业基本情况表

1. 生成表格标题(见图 2-2)

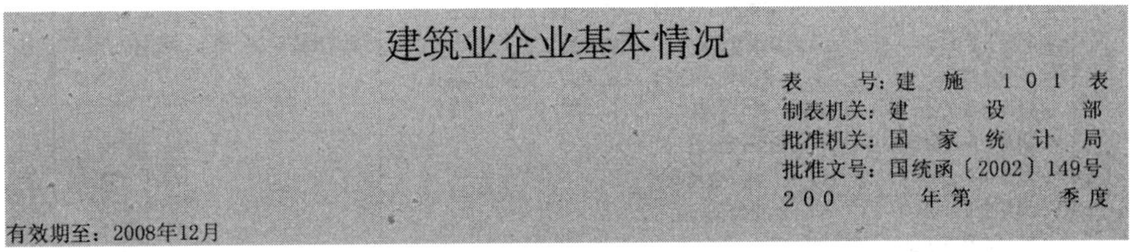

建筑业企业基本情况

表　　号：建　施　１０１　表
制表机关：建　　设　　部
批准机关：国　家　统　计　局
批准文号：国统函〔2002〕149号
２００　　年第　　季度

有效期至：2008年12月

图 2-2

字体分别为宋体三号字和小五号字。

2. 生成表格上半部分(见图 2-3)

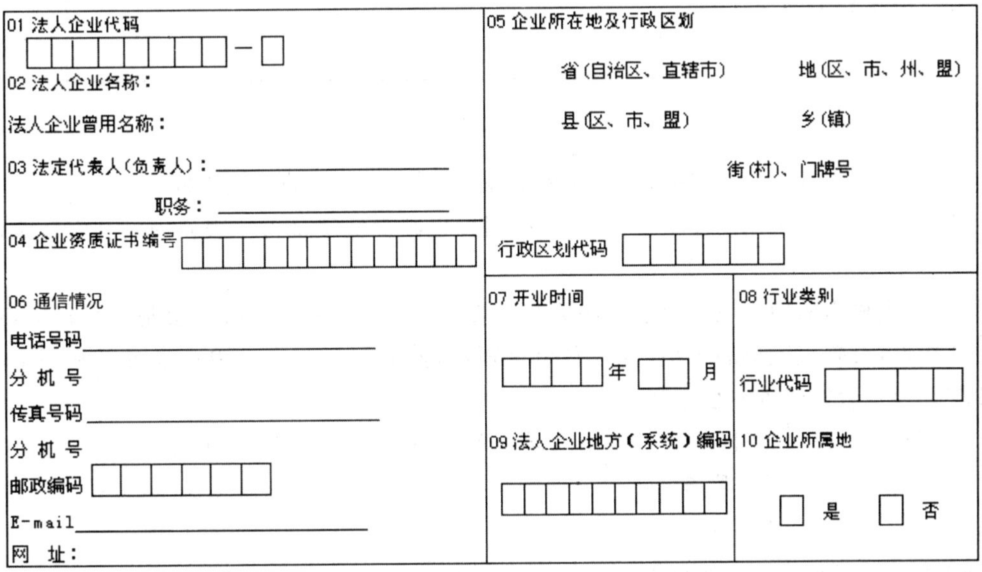

01 法人企业代码 □□□□□□□□—□ 02 法人企业名称： 法人企业曾用名称： 03 法定代表人(负责人)：＿＿＿＿＿＿ 职务：＿＿＿＿＿＿	05 企业所在地及行政区划 省(自治区、直辖市)　地(区、市、州、盟) 县(区、市、盟)　乡(镇) 街(村)、门牌号 行政区划代码 □□□□□□
04 企业资质证书编号 □□□□□□□□□□□□□□	
06 通信情况 电话号码＿＿＿＿＿＿ 分 机 号 传真号码＿＿＿＿＿＿ 分 机 号 邮政编码 □□□□□□ E-mail＿＿＿＿＿＿ 网　址：	07 开业时间 □□□□ 年 □□ 月 09 法人企业地方(系统)编码 □□□□□□□□□□
	08 行业类别 ＿＿＿＿＿＿ 行业代码 □□□□ 10 企业所属地 □ 是　□ 否

图 2-3

(1)插入两行两列的表格,第 1 行第 1 列的单元格拆分为 6 行,第 2 行第 1 列的单元格拆分为 8 行,但表格线为虚框;填入相应内容(练习时可用同样文字代替不同项目,以减少文字录入),表格内的文字为宋体小五号字。

(2)表格内的用来填写数字的小方格的制作方法:首先在空白处绘制一个矩形,选中该矩形,设置该矩形的大小;复制多个该矩形,然后组合起来。

(3)将组合后的不同的小方格用鼠标和光标移动键移到相应的位置。

3. 生成表格下半部分(见图 2-4)

11 登记注册类型			12 企业资质等级	
			(1995 年标准)	(2001 年标准)
#内资	#港澳台商投资企业	#外商投资	1 一级	10 施工总承包
110 国有企业	210 合资经营企业	310 中外合资经营企业	2 二级	11 特级
120 集体企业	（港或澳、台资）	320 中外合作经营企业	3 三级	12 一级
130 股份合作企业	220 合作经营企业	330 外资企业	4 四级	13 二级
141 国有联营企业	（港或澳、台资）	340 外商投资股份有限公司	9 其他	14 三级
142 集体联营企业	230 港、澳、台商			20 专业承包
143 国有与集体联营企业	独资经营企业			21 一级
149 其他联营企业	240 港、澳、台商投资			22 二级
151 国有独资公司	股份有限公司			23 三级
159 其他有限责任公司				29 不分等级
160 股份有限公司				30 劳务分包
170 私营企业				31 一级
171 私营独资企业				32 二级
172 私营合伙企业				39 不分等级
173 私营有限责任公司				40 其他
174 私营股份有限公司				
190 其他企业				

图 2-4

(1)插入 1 行 4 列的表格,前 3 列表格线为虚框;第 2 列的单元格拆分为 2 行。填入相应内容(练习时可用同样文字代替不同项目,以减少文字录入),表格内的文字为宋体小五号字。

(2)表格内的用来填写数字的小方格的制作方法:首先在空白处绘制一个矩形,选中该矩形,设置该矩形的大小;复制多个该矩形,然后组合起来。用户也可以利用上一步骤已经组合好的各种小方格。

(3)将组合后的不同的小方格用鼠标和光标移动键移到相应的位置。

4. 生成表格标题(见图 2-5)

字体为宋体小五号字。

单位负责人:　　　　统计负责人:　　　　填报人:　　　　　　报出日期: 200　年　月　日

图 2-5

5. 将以上各部分组合成样张所示的表格

删除以上表格各部分之间的空行即可。

任务 2　利用单元格填充美化求职简历

1. 制作求职简历初稿

制作如图 2-6 所示的大学生求职简历初稿。

个人简历						
姓　名	张美丽	性 别	女	籍 贯	湖南	
出生年月	89-1-06	电 话	13*********	Q　Q	1******	
E-mail	******@qq.com					
学习经历						
2007.09-2009.06	华中科技大学计算机科学与应用					
2007.09-2010.06	辅修软件教育（.net 方向）					
爱好特长						
2008.09-2009.06	声乐（美声方向）业余三级					
2009.09-2010.06	钢琴　业余三级					
兼职经验						
2008.07-2008.09 **职位：话务员**	**武汉**人力资源有限公司** 兼职收货：很幸运做人力资源方面工作，知道一个人在工作中该如何放低心态，认真工作努力的适应工作，而不是让工作适应我。 离开原因：第二学期开学后无法兼职。					
2009.10-2010.06 **职位：兼职导购**	**武汉**集成吊顶** 兼职收货：1.顾客永远是上帝，委屈再深都不能带任何情绪，还需理智分析以达到公司与顾客之间利益的平衡。 2.尽可能地去了解客户的喜好和需求不仅能帮助客户找到适合的产品也能促进产品的销售。 离开原因：工作本来就是企业临时性周末兼职。					
直销经历-如何把 BB 霜卖出去？						
2009.06进了一批 BB 霜卖，这款 BB 霜消费档次适合人群在25~34岁之间，首先我采取低价策略，定价比商店低廉30%。然后采用试用促销，先送给妈妈好友和我的朋友同学试用，三个月时间断断续续共卖出30瓶的销量，销售业绩是同批最好的。						
创意事件-不要钱能不能看世博？						
今年暑假我很想看世博，可是我没有钱，那可不可以不花钱就能看上世博呢？ 我想到世博肯定很多人去，上海酒店一定很缺人，只要我去应聘酒店服务员包吃包住，这个免费看世博的愿望不就可以实现了？ 就这样我带着500元钱就去了上海，然后我在上海整整呆了一个月，当然我看了世博也逛了一圈上海。 假如您对这个故事感兴趣，欢迎您给一个机会我会给您分享。						
自我评价						
性格开朗，曾在学校做过节目主持人，具备团队合作精神，喜欢总结做过的事情，朋友评价我对人对事的悟性不错。						

图 2-6

2. 重新排版求职简历

我们前面所制作的大学生求职简历的排版布局太过普通，若想要引起招聘经理的注意，需要在排版上下功夫。

如图 2-7 所示，对它进行简单排版后，还是一张表格，尽管还是黑白配色，也没有使用任何图形元素，但效果却完全不一样。可见，良好的设计可以使得一个普通文档的面貌焕然一新。

<table>
<tr><td colspan="5">个 人 简 历</td></tr>
<tr><td>姓 名</td><td></td><td>性 别</td><td></td><td rowspan="4"></td></tr>
<tr><td>籍 贯</td><td></td><td>年 龄</td><td></td></tr>
<tr><td>电 话</td><td></td><td>学 历</td><td></td></tr>
<tr><td>E-mail</td><td></td><td>Q Q</td><td></td></tr>
<tr><td>3 次实践经历</td><td colspan="4">• 实践经历：08 年暑假在**人力资源公司辅助就业推荐工作
• 实践心得：简历不在长，有创意的简历才可能被更多关注
• 实践经历：09.9-10.6**集成吊顶做促销，是时间最长的兼职员工
• 实践心得：主动学习相关知识，快速了解客户需求，做好家居顾问
• 实践经历：2010 年尝试直销 BB 霜，短期业绩非常不错
• 实践心得：采取低价策略，实施试用促销，转向口碑营销</td></tr>
<tr><td>3 种职场能力</td><td colspan="4">• 熟练运用 office 办公软件以及打印等办公工具
• 熟知办公电话礼仪以及出差订票流程
• 07 年在团委独立组织策划过感恩节大型文艺活动</td></tr>
<tr><td>3 大性格特点</td><td colspan="4">• 外向： 08 年担任系文艺汇演出主持人
• 吃苦：每年假期帮母亲做每天 6 栋楼道的垃圾清理工作
• 坚韧：2010 年在上海做客房服务员，同伴都离职，我坚持下来</td></tr>
<tr><td>3 样兴趣特长</td><td colspan="4">• 辅修 IT 软件教育（.net 方向），懂计算机编程
• 钢琴业余三级
• 声乐（美声方向）业余三级（可现场清唱）</td></tr>
<tr><td>3 句人生格言</td><td colspan="4">• 任何的限制，都是从心开始的
• 努力未必有机会，但不努力一定没机会
• 给我一扇窗，我能走进这扇门</td></tr>
<tr><td>1 个创意故事</td><td colspan="4">• 今年暑假我想去看看世博，可是我没有钱，于是我借了 500 块钱去了上海，一个月后我带着 1400 块钱回了家并游玩了世博。如果您有兴趣听这个故事，让我有机会当面告诉您吧！</td></tr>
<tr><td>应聘岗位说明</td><td colspan="4">• 我应聘的是客户代表岗位，我认为这个岗位必须具有良好的客户沟通能力，还要了解公司的主导产品，我在网上了解下了，PDM 产品是一种成熟项目管理功能以及集成其他应用软件的系统，可满足客户研发业务个性化管理需求，不知道这种理解对不对？</td></tr>
</table>

图 2-7

请按照图 2-7 对前面所做的求职简历进行修改。

这里的操作用到了排版的六个原则：对齐、聚拢、重复、对比、强调、留白。我们将在 PPT 训练部分具体介绍这些排版原则。

任务 3　综合制作绩效考核表

运用前面的知识，综合制作如图 2-8 所示的绩效考核表。

××有限公司

____年____月____部门经理月度绩效考核表

姓 名		部 门		职 务		填表日期	

第一部分：工作目标（述职报告）（权重 30%）

部门工作任务/目标		工作计划完成率	下月主要工作计划			
该月份主要完成任务目标			下月主要工作计划目标			
临时性工作			改善性计划			
评分说明	月份完成任务目标、工作计划、改善计划各 10 分，复核对比上月份工作成效	第一部分自评得分	分	实际复核得分	分	

第二部分：岗位职责（权重 30%）

考核内容	考核合格标准	考核分值	自评	复评
贯彻落实本岗位责任及成员工作标准	维护日常办公秩序，检查各单元工作执行情况	0～10 分		
合理有效地解决本部门出现的各类问题	具备相关的业务知识和技能并能及时有效的解决问题	0～10 分		
有条理有步骤地进行部门管理水平的提升与改进	提升部门工作和管理水平，提高部门的企业贡献价值	0～10 分		

第二部分小计得分：自评分_______×60% +复评分______×40% =　　　分

第三部分：行为表现（权重 20%）

考核内容	考核标准	分值	自评（60%）	复评（40%）
领导力	具备领导能力，善于领导下属提高工作效率，带领团队积极达成工作计划和目标	0~10 分		
综合素质	良好的人格魅力和精神风貌，在员工中有一定的威望	0~10 分		

第三部分小计得分：自评分_______×60% +复评分______×40% =　　　分

第四部分：工作配合（权重 10%）

考核内容	考核标准	分值	自评（60%）	复评（40%）
部门间工作协调配合	是否按时、符合工作质量要求完成需配合的工作任务	0～5 分		
	是否积极支持配合其他部门工作，具备协调沟通能力，使沟通顺畅、高效	0～5 分		

第四部分小计得分：自评分_______×60% +复评分______×40% =　　　分

第五部分：其他考核（权重 10%）

考核内容	考核标准	分值	自评（60%）	复评（40%）
部门员工考评公正度及准确度	客观公正评价下属员工工作绩效及表现；考评有依据、无差错	0～10 分		

第五部分小计得分：自评分_______×60% +复评分______×40% =　　　分

自评：______________；　复评：_______________；　终评：_________________。日期：　年　月　日

其他加/扣分项	旷工：次/–20 分	分	事假：次/–2 分	分	迟到/早退：次/–5 分	分	满勤：月/+5 分	分

说明：1.最终得分=自评分+复评分；连续三个月最终绩效考核得分在 60 分以下者，将给予相应处理；

2.35 分以下为差，60 分以下为不合格，60～80 分为合格，81～95 分为优良，96～100 分为优秀。

第六部分：绩效面谈

绩效改进/发展计划（此栏由直接上级与被考核者在进行绩效面谈时共同讨论后制定，如没有可不填写）

改进或发展领域	具体行动计划/建议学习课程	期望结果

绩效面谈记录

请直接上级将绩效考核状况及绩效面谈做出简单综述：

被考核人签名：　　日期：	复评人员签名：　　日期：
总经理依据部门或部门经理当月表现调整分值（1—10 分），该员工最终评分：______ 分	考核结果判断：☐ 差 ☐不合格 ☐ 合格 ☐ 优良 ☐ 优秀
被考核人签名确认：　　日期：　年　月　日	总经理审批：

图 2-8

项目 3 Word 2010 邮件合并功能的应用

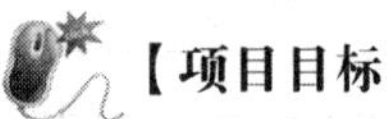

【项目目标】

(1)掌握 Word 中邮件合并功能的应用。

(2)掌握 Office 的综合应用。

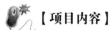

【项目内容】

(1)成批生成“期末考试成绩单”。

(2)通过邮件合并的“目录”批量生成工资单。

(3)批量处理电子邮件和标签。

【相关知识】

1.“邮件合并”

“邮件合并”这个名称最初是在批量处理“邮件文档”时提出的。具体地说，就是在邮件文档(主文档)的固定内容中，合并与发送信息相关的一组通信资料(数据源：如 Excel 表、Access 数据表等)，从而批量生成需要的邮件文档，可大大提高工作的效率。

2.“邮件合并”的适用范围

当需要制作的文档数量比较大且文档内容可以分为固定不变的部分和变化的部分时(如打印信封，寄信人信息是固定不变的，而收信人信息是变化的部分)，可以应用“邮件合并”功能，变化的内容来自数据表中含有标题行的数据记录表。

“邮件合并”功能除了可以批量处理信函、信封等与邮件相关的文档外，还可以轻松地批量制作标签、工资条、成绩单等。

任务 1 成批生成“期末考试成绩单”

要求：以“期末考试成绩单.doc”和“学生成绩统计表(计算数据).xls”成批生成“期末考试成绩单”。

1. 建立主文档

主文档是指邮件合并内容中固定不变的部分，如信函中的通用部分、信封上的落款等。建立主文档的过程和平时新建一个 Word 文档一样，在进行邮件合并之前它只是一个普通的文档，唯一不同的是，如果用户正在为邮件合并创建一个主文档，则可能需要花点心思考虑一下，这份文档要如何写才能与数据源更完美地结合，满足用户的要求(最基本的一点，就是在合适的位置留下数据填充的空间)；另外，写主文档的时候也可以反过来

提醒用户，是否需要对数据源的信息进行必要的修改，以符合书信写作的习惯。

此例的主文档是“期末考试成绩单.doc”，如图 3-1 所示。

广东邮电职业技术学院

期末考试成绩单

尊敬的家长：

在过去的一学期里感谢您对学校和我们老师的理解和大力支持，使我们能共同完成上一学期的教学任务。您的孩子　　在班上的排名是第　　名，同时李华在学校获得　　奖学金。

李华同学的各科成绩以及总分和平均分如下：

英语	应用数学	电子技术	微机原理	计算机操作训练	总分	平均分	名次

新学期注意事项：

1. 寒假从 2007 年 1 月 25 日开始，到 2007 年 3 月 9 日结束，3 月 10 至 3 月 11 日两天时间内可以报名，3 月 12 日正式上课。
2. 报名时请带上寒假社会调查表。
3. 寒假期间同学们应注意安全。

2007 年 2 月 1 日

广东邮电职业技术学院

图 3-1

2. 准备数据源

数据源就是数据记录表，其中包含相关的字段和记录内容。一般情况下，用户考虑使用邮件合并来提高效率正是因为用户手上已经有了相关的数据源，如 Excel 表格、Outlook 联系人或 Access 数据库。如果没有现成的数据源，用户也可以重新建立一个。

需要特别注意的是，在实际工作中，用户可能会在 Excel 表格上加一行标题。如果要用数据源，应该先将其删除，得到以标题行（字段名）开始的一张 Excel 表格，因为用户将使用这些字段名来引用数据表中的记录。

此例的数据源是“学生成绩统计表（计算数据）.xls”，如图 3-2 所示。

学号	姓名	性别	英语	应用数学	电子技术	微机原理	计算机操作训练	总分	平均分	名次	奖学金等级
01	李小玲	女	93.0	93.0	93.0	93.0	85.0	457.00	91.40	1	1等
09	王永恒	男	96.0	84.0	79.0	86.0	87.0	432.00	86.40	2	2等
05	黄研	男	89.0	76.0	80.0	79.0	86.0	410.00	82.00	3	2等
20	胡小亮	男	90.0	85.0	70.0	72.0	90.0	407.00	81.40	4	2等
18	江涛	男	78.0	72.0	88.0	82.0	84.0	404.00	80.80	5	2等
04	张可安	女	48.0	91.0	76.0	91.0	85.0	391.00	78.20	6	
17	石磊	男	66.0	80.0	80.0	78.0	86.0	390.00	78.00	7	
11	杨阳	女	76.0	81.0	67.0	63.0	95.0	382.00	76.40	8	
13	刘奇	男	73.0	75.0	63.0	79.0	88.0	378.00	75.60	9	
08	黄山	男	64.0	58.0	84.0	83.0	87.0	376.00	75.20	10	
10	白杨柳	女	71.0	79.0	78.0	59.0	88.0	375.00	75.00	11	
07	黄莲花	女	39.0	83.0	86.0	76.0	86.0	370.00	74.00	12	
06	黄河	男	38.0	86.0	81.0	79.0	85.0	369.00	73.80	13	
14	刘希望	女	63.0	57.0	81.0	78.0	86.0	365.00	73.00	14	
03	张强	男	81.0	79.0	38.0	78.0	88.0	364.00	72.80	15	
12	李平	男	48.0	83.0	68.0	77.0	86.0	362.00	72.40	16	
02	王民	男	8.0	89.0	87.0	92.0	85.0	361.00	72.20	17	
15	白灵	女	68.0	78.0	78.0	25.0	85.0	334.00	66.80	18	
19	江河	女	55.0	73.0	78.0	19.0	85.0	310.00	62.00	19	
16	古籍	女	46.0	28.0	70.0	38.0	86.0	268.00	53.60	20.00	

图 3-2

3. 将数据源合并到主文档中

利用邮件合并工具,用户可以将数据源合并到主文档中,得到用户的目标文档。合并完成文档的份数取决于数据表中记录的条数。

如图 3-3 所示,打开主文档,单击菜单功能区的“邮件”→“开始邮件合并”→“邮件合并分布向导”,在 Word 工作区的右侧将会出现邮件合并的任务窗格,如图 3-4 所示。

它将引导用户一步一步、轻松地完成邮件合并。在同功能区,用户还可以看到邮件合并的其他工具按钮,方便用户操作。

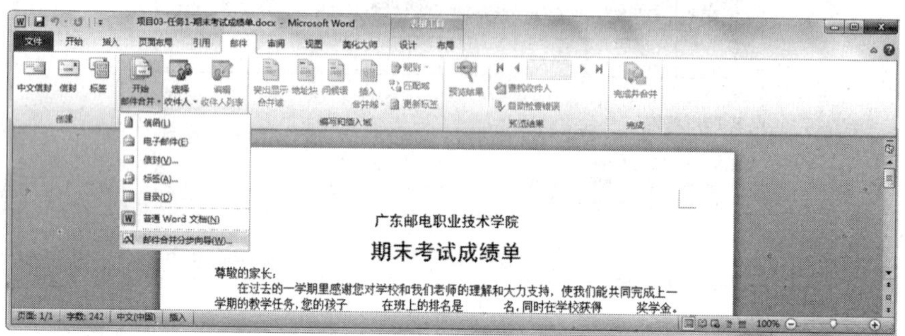

图 3-3

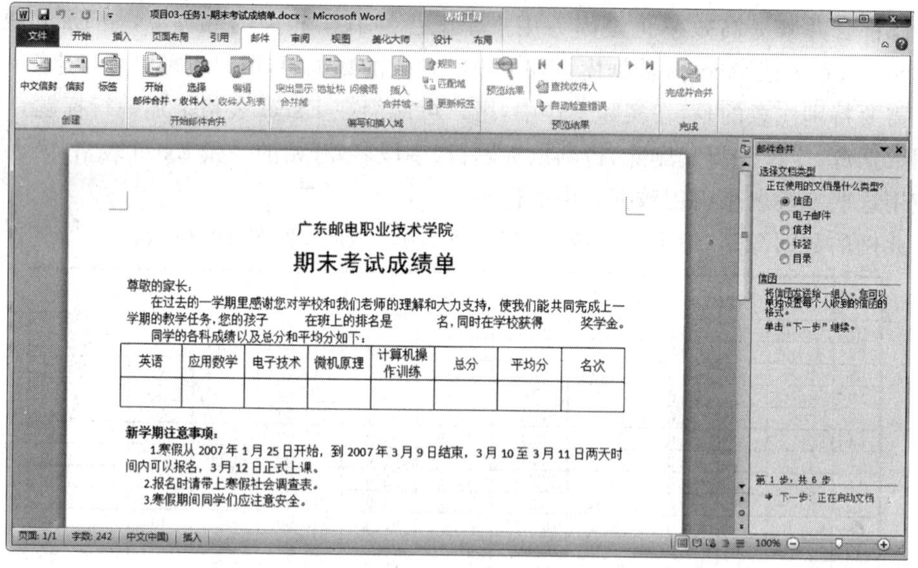

图 3-4

(1)选择文档的类型,使用默认的“信函”即可,之后在任务窗格的下方单击“下一步:正在启动文档”,如图 3-5 所示。

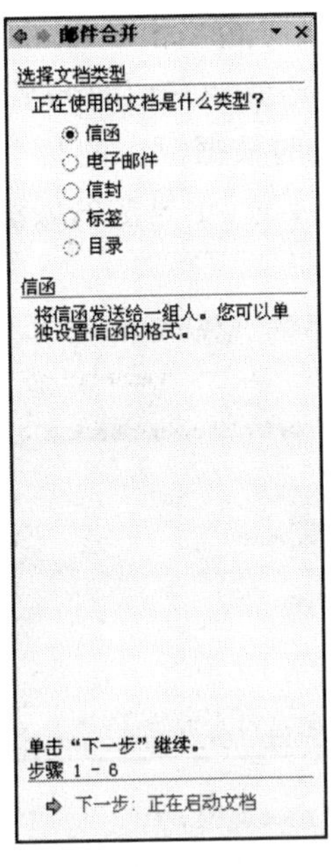

图 3-5

(2)由于主文档已经被打开,选择“使用当前文档”作为开始文档即可,进入下一步。

(3)选择收件人,即找到数据源。这里使用的是现成的数据表,选择“使用现有列表”,并单击下方的“浏览”,选择数据表所在位置并将其打开(如果工作簿中有多个工作表,选择数据所在的工作表并将其打开)。在随后弹出的“邮件合并收件人”对话框中,用户可以对数据表中的数据进行筛选和排序,具体操作方法与 Excel 表格类似,这里不再赘述。在这个例子中,我们对“答复情况”这个字段进行筛选,只选择其值为“接受”的。当然,我们也可以在准备数据源的过程中直接完成这一步,将多余的记录删除。筛选之后得到信函的份数将是筛选结果的记录条数,而不再是整个表的记录条数,如图 3-6 所示,完成之后进入下一步。

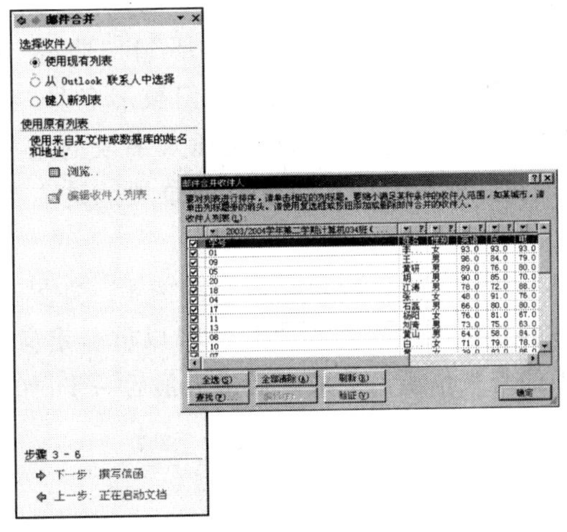

图 3-6

(4)撰写信函,这是最关键的一步。这时任务窗格上显示了"地址块""问候语""电子邮资"和"其他项目"四个选项。前三个的用途就如它们的名字一样显而易见,是用户常用到的一些文档规范,这里可以将用户自己的数据源中的某个字段映射到标准库中的某个字段,从而实现按规范自动进行设置。不过,更灵活的做法是自己进行编排。在这个例子中选择的就是"其他项目",如图 3-7 所示。

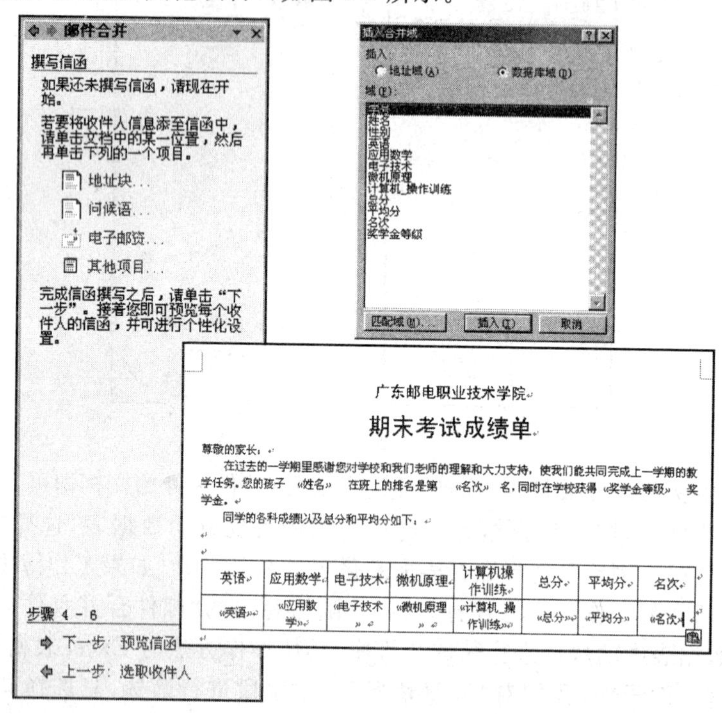

图 3-7

选中主文档中要被替换的部分,将其删除。单击任务窗格的"其他项目",在弹出的"插入合并域"对话框中,选择"姓名"这个字段,并选择"插入",继续选择"性别"这个字段并插入。重复这些步骤,填入"系部"和"职称"的信息。我们可以看到,合并之后的文档中出现了四个引用字段,他们被书名号"包围"了。用户可以像编辑普通文字一样编辑这些引用字段,因此在插入字段的过程中,用户也可以一次性把需要的所有字段取出,再将它们放到合适的位置。这看起来很简单,下面进入下一步来看一下成果。

(5)预览信函,可以看到一封封已经填写完整的信函。如果在预览过程中发现了什么问题,还可以进行更改,如对收件人列表进行编辑以重新定义收件人范围,或者排除已经合并完成的信函中的若干信函。完成之后进入最后一步,如图 3-8 所示。

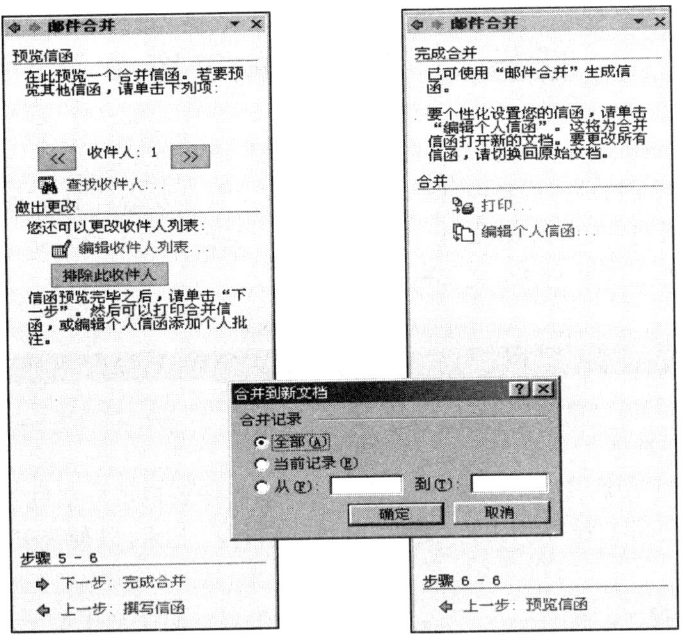

图 3-8

(6)现在可以直接将这一批信件打印出来了，当然，也许其中有一些信函，用户觉得还需要再加一些个性化的内容，可以单击“编辑个人信函”，其作用是将这些信函合并到新文档。用户可以根据实际情况选择要合并的记录的范围，之后可以对这个文档进行编辑，也可以将它保存下来备用，如图 3-9 所示。

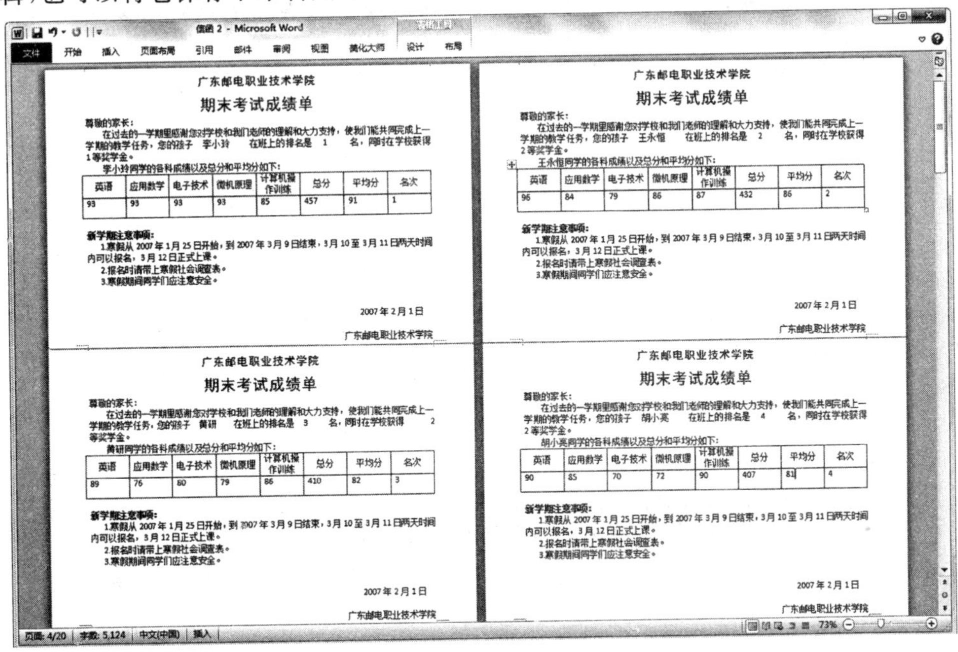

图 3-9

任务2 批量生成工资单

要求:将“工资表”通过邮件合并的“目录”批量生成工资单。

前面生成的文档一份就是一页纸,如果要生成工资单发给员工未免太浪费,因为工资单一般是只有两行的一个表格,如图 3-10 所示。怎样避免浪费纸张?可以通过邮件合并的“目录”批量生成工资单来达到这个目的。

广东邮电学院工程公司工资单

编号	月份	姓名	部门	基本工资	住房补贴	奖金	应发工资	保险扣款	住房公积金	其他扣款	应纳税所得额	所得税	实发工资

图 3-10

(1)设计好工资条表格。新建一个 Word 文档,画好表格填好项目,并保存为“广东邮电学院工程公司工资单. doc”。注意:留两个空行在下面,以便隔开不同员工的工资单。

(2)建立数据库。新建一个 Excel 电子表格,将每个职工的工资结构输入表格(注意:不要省略表格中的标题行,以免邮件合并时找不到合并域名,但要删除 Excel 表格上的标题行)。此处,我们使用的“工资表. xls”如图 3-11 所示。

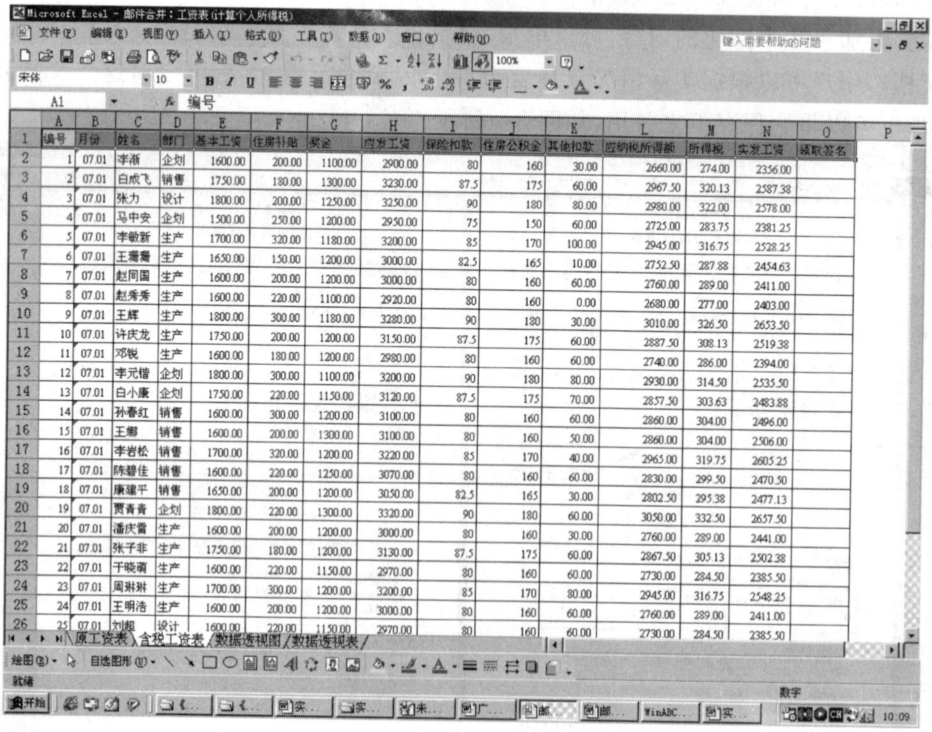

	A	B	C	D	E	F	G	H	I	J	K	L	M	N	O
1	编号	月份	姓名	部门	基本工资	住房补贴	奖金	应发工资	保险扣款	住房公积金	其他扣款	应纳税所得额	所得税	实发工资	领取签名
2	1	07.01	李渐	企划	1600.00	200.00	1100.00	2900.00	80	160	30.00	2660.00	274.00	2356.00	
3	2	07.01	白成飞	销售	1750.00	180.00	1300.00	3230.00	87.5	175	60.00	2967.50	320.13	2587.38	
4	3	07.01	张力	设计	1800.00	200.00	1250.00	3250.00	90	180	80.00	2980.00	322.00	2578.00	
5	4	07.01	马中安	企划	1500.00	250.00	1200.00	2950.00	75	150	60.00	2725.00	283.75	2381.25	
6	5	07.01	李敏新	生产	1700.00	320.00	1180.00	3200.00	85	170	100.00	2945.00	316.75	2528.25	
7	6	07.01	王珊珊	生产	1650.00	150.00	1200.00	3000.00	82.5	165	10.00	2752.50	287.88	2454.63	
8	7	07.01	赵同国	生产	1600.00	200.00	1200.00	3000.00	80	160	60.00	2760.00	289.00	2411.00	
9	8	07.01	赵秀秀	生产	1600.00	220.00	1100.00	2920.00	80	160	0.00	2680.00	277.00	2403.00	
10	9	07.01	王辉	生产	1800.00	300.00	1180.00	3280.00	90	180	30.00	3010.00	326.50	2653.50	
11	10	07.01	许庆龙	生产	1750.00	200.00	1200.00	3150.00	87.5	175	60.00	2887.50	308.13	2519.38	
12	11	07.01	邓锐	生产	1600.00	180.00	1200.00	2980.00	80	160	60.00	2740.00	286.00	2394.00	
13	12	07.01	李元锴	企划	1800.00	300.00	1100.00	3200.00	90	180	80.00	2930.00	314.50	2535.50	
14	13	07.01	白小康	企划	1750.00	220.00	1150.00	3120.00	87.5	175	70.00	2857.50	303.63	2483.88	
15	14	07.01	孙春红	销售	1600.00	300.00	1200.00	3100.00	80	160	60.00	2860.00	304.00	2496.00	
16	15	07.01	王娜	销售	1600.00	200.00	1300.00	3100.00	80	160	50.00	2860.00	304.00	2506.00	
17	16	07.01	李岩松	销售	1700.00	320.00	1200.00	3220.00	85	170	40.00	2965.00	319.75	2605.25	
18	17	07.01	陈碧佳	销售	1600.00	220.00	1250.00	3070.00	80	160	60.00	2830.00	299.50	2470.50	
19	18	07.01	康建平	销售	1650.00	200.00	1200.00	3050.00	82.5	165	30.00	2802.50	295.38	2477.13	
20	19	07.01	贾青青	企划	1800.00	220.00	1300.00	3320.00	90	180	60.00	3050.00	332.50	2657.50	
21	20	07.01	潘庆雷	生产	1600.00	200.00	1200.00	3000.00	80	160	30.00	2760.00	289.00	2441.00	
22	21	07.01	张子非	生产	1750.00	180.00	1200.00	3130.00	87.5	175	60.00	2867.50	305.13	2502.38	
23	22	07.01	于晓萌	生产	1600.00	220.00	1150.00	2970.00	80	160	60.00	2730.00	284.50	2385.50	
24	23	07.01	周琳琳	生产	1700.00	300.00	1200.00	3200.00	85	170	80.00	2945.00	316.75	2548.25	
25	24	07.01	王明浩	生产	1600.00	200.00	1200.00	3000.00	80	160	60.00	2760.00	289.00	2411.00	
26	25	07.01	刘超	设计	1600.00	220.00	1150.00	2970.00	80	160	60.00	2730.00	284.50	2385.50	

原工资表 含税工资表 数据透视图 数据透视表

图 3-11

(3)邮件合并。

①在刚建立的“广东邮电学院工程公司工资单.doc”文档中，选择菜单栏的“工具”→“信函和邮件”→“邮件合并向导”，则在 Word 工作区的右侧将会出现邮件合并的任务窗格，它将引导我们一步一步、轻松地完成邮件合并。

②选择文档的类型，这里需要选择“目录”，之后，在任务窗格的下方单击“下一步：正在启动文档”，后面的步骤与上一个实训操作类似，此处省略。完成后如图 3-12 所示。

广东邮电学院工程公司工资单

编号	月份	姓名	部门	基本工资	住房补贴	奖金	应发工资	保险扣款	住房公积金	其他扣款	应纳税所得额	所得税	实发工资
《编号》	《月份》	《姓名》	《部门》	《基本工资》	《住房补贴》	《奖金》	《应发工资》	《保险扣款》	《住房公积金》	《其他扣款》	《应纳税所得额》	《所得税》	《实发工资》

图 3-12

③最后单击“合并至新文档”按钮，每位员工的工资记录按顺序生成在了一个新文档中，如图 3-13 所示。

广东邮电学院工程公司工资单

编号	月份	姓名	部门	基本工资	住房补贴	奖金	应发工资	保险扣款	住房公积金	其他扣款	应纳税所得额	所得税	实发工资
1	07.01	李渐	企划	1600	200	1100	2900	80	160	30	2660	274	2356

广东邮电学院工程公司工资单

编号	月份	姓名	部门	基本工资	住房补贴	奖金	应发工资	保险扣款	住房公积金	其他扣款	应纳税所得额	所得税	实发工资
2	07 01	白成飞	销售	1750	180	1300	3230	87.5	175	60	2967.5	320.13	2587.38

广东邮电学院工程公司工资单

编号	月份	姓名	部门	基本工资	住房补贴	奖金	应发工资	保险扣款	住房公积金	其他扣款	应纳税所得额	所得税	实发工资
3	07.01	张力	设计	1800	200	1250	3250	90	180	80	2980	322	2578

广东邮电学院工程公司工资单

编号	月份	姓名	部门	基本工资	住房补贴	奖金	应发工资	保险扣款	住房公积金	其他扣款	应纳税所得额	所得税	实发工资
4	07.01	马中安	企划	1500	250	1200	2950	75	150	60	2725	283.75	2331.25

广东邮电学院工程公司工资单

编号	月份	姓名	部门	基本工资	住房补贴	奖金	应发工资	保险扣款	住房公积金	其他扣款	应纳税所得额	所得税	实发工资
5	07.01	李敏新	生产	1700	320	1180	3200	85	170	100	2945	316.75	2528.25

图 3-13

项目 4　Word 2010 的综合排版

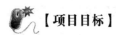

【项目目标】

(1)掌握页面设置、图片的插入和图形格式的设置;掌握表格的制作、修改与调整。

(2)熟练进行图片、文字、图形的混排。

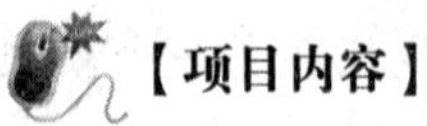

【项目内容】

制作"掩耳盗铃""计算 N! 的算法""陋室铭"等文档。

任务 1　利用文本框排版"掩耳盗铃"

要求:建立如图 4-1 所示样张的文档,将结果以"掩耳盗铃.docx"为文件名存入子文件夹"项目 4　Word 2010 的综合排版"中。

(1)新建文档,在文档中录入样张所示文字。

(2)将标题文字"掩耳盗铃"的字体设置为楷体小二号,居中显示,并为文字"掩耳盗铃"设置蓝色阴影边框和淡蓝色底纹。

(3)将"春秋时期"所在段落设置为首字下沉,下沉行数 3 行,字体隶书。

(4)将"小偷找来一把大锤"所在段落设置为左缩进 2 字符,右缩进 2 字符,首行缩进 2 字符,并加黑色边框线。

(5)将"他越听越害怕"所在段落的行间距设置为 1.5 倍行距,首行缩进 2 字符。

(6)在"他越听越害怕"所在段落中插入图片(图片可以任意指定),将图片大小缩放为原图的 40%,并将图片的版式设置为紧密型,将图片放置在段落的中间。

(7)将"他越听越害怕"中的"他"设置为带圈字体,如样张所示。

(8)在页眉处加入文字"寓言故事"(不包括引号),宋体小五号字,并居中。

(9)在结尾处加入表格。表格宽度为 14cm,四列宽度分别为 2.5、4.5、2.5、4.5cm,并将表格居中显示。标题加粗,居中显示,单元格设置为浅绿色底纹。所有成语居中显示,所有出处为左对齐显示。上下边框线为 1.5 磅,内部边框线为 0.5 磅,具体样式如样张所示。

(10)将结果以指定的文件名存入指定的文件夹中。

掩耳盗铃

春秋时期，一个小偷跑到范氏家里想偷东西。看见院子里吊着一口大钟，小偷想把这口大钟背回自己家去。可是钟又大又重，他想来只有一个办法，就是把钟敲碎。

小偷找来一把大锤，拼命朝钟砸去，咣的一声巨响，把他吓了一跳。小偷心想这下糟了，这样别人就知道是我在偷钟啊？他一着急，扑到了钟上，想捂住钟声，可钟声又怎么捂得住呢！

他越听越害怕，不由自主地抽回双手，使劲捂住自己的耳朵，这下声音小了很多。他立刻找两个布团，把耳朵塞住，于是就放手砸起钟来。钟声响亮地传到很远的地方，人们听到钟声蜂拥而至，把小偷捉住了。

成语	出处	成语	出处
掩耳盗铃	《吕氏春秋》	望洋兴叹	《庄子》

图 4-1

任务 2　利用自选图形排版“计算 N！的算法”

要求：建立如图 4-2 所示样张的文档，将结果以“计算 N！的算法.docx”为文件名存入子文件夹“项目 4　Word 2010 的综合排版”中。

(1)录入文字，如样张所示。

(2)将“计算 N！的算法”设置为艺术字，楷体 40 号，加粗，居中，如样张所示。

(3)将 Step 1 至 Step 5 设置为项目符号，项目符号缩进 2 字符，文字的起始位置为 4 字符，字体设置为黑体小四号。

(4)在文中插入自选图形，如样张所示。

①“开始”和“结束”为圆角矩形，宽 2cm、高 0.8cm，填充颜色为浅绿色，透明度 50％，边框线为 1 磅、绿色；

②平行四边形宽 3cm、高 0.8cm，边框线为 3 磅、蓝色双线；

③其他矩形宽 3cm、高 0.8cm；

④菱形宽 4cm、高 1cm，其内部文本框上下内部边距为 0。

所有自选图形中的文字居中对齐。使用连接符在自选图形中进行连接，箭头使用箭头 1(最小的箭头)，粗细 1 磅。

(5)将自选图形的圆角矩形、矩形、菱形和平行四边形水平居中对齐(图形的中心线

计算N!的算法

- ♥ Step1：输入正整数 N
- ♥ Step2：1⇒t，1⇒i
- ♥ Step3：t*i⇒t，i+1⇒i
- ♥ Step4：如果 i>N 则转到 Step5 执行，否则转到 Step3 执行
- ♥ Step5：输出 t 的值，并结束

其中，Step1 - Step2 称为初始化

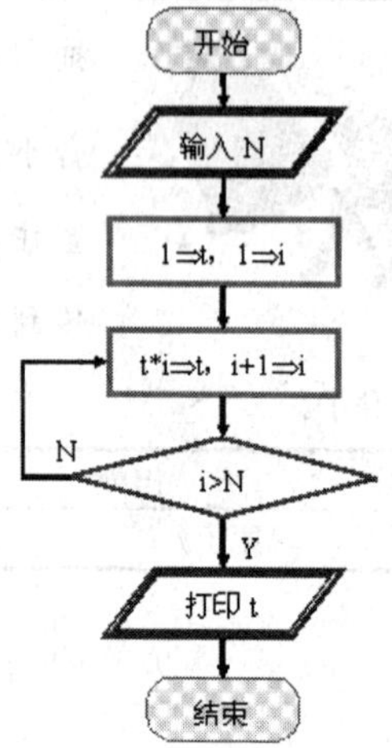

N	N 的阶乘
1	1
2	2
3	6
4	24
5	120
(1!+2!...+5!)	153

图 4-2

在一条直线上)，并将该图形组合为一个整体。

(6)将画布的版式设置为四周型。

(7)加入如样张所示的表格，表格宽度为 6cm，将表格的版式设置为环绕型，使表格置于流程图右侧。第一行和最后一行的单元格填充色为浅绿色，与相邻行的分割线为双线。第一行中的文字加粗。

(8)将结果以指定的文件名存入指定的文件夹中。

任务 3　利用剪贴画排版“陋室铭”

要求：建立如图 4-3 所示样张的文档，将结果以“陋室铭.docx”为文件名存入子文件夹“项目 4　Word 2010 的综合排版”中。

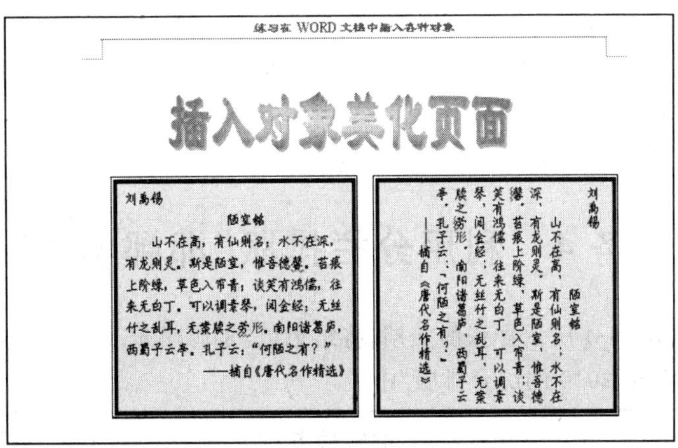

图 4-3

(1)先插入一个横版文本框，然后，在文本框中录入下列文字。

陋室铭

刘禹锡

山不在高，有仙则名；水不在深，有龙则灵。斯是陋室，惟吾德馨。苔痕上阶绿，草色入帘青；谈笑有鸿儒，往来无白丁。可以调素琴，阅金经；无丝竹之乱耳，无案牍之劳形。南阳诸葛庐，西蜀子云亭。孔子云："何陋之有?"

——摘自《唐代名作精选》

(2)设置文本字体为楷体 5 号；文本框高 6cm，宽 7cm，如样张所示；填充色为淡蓝色；边框为深蓝色双线、粗细 5 磅。

(3)将文本框复制，放在右侧，文字方向设为竖排版。

(4)将两个文本框"组合"在一起。

(5)插入页眉"练习在 Word 文档中插入各种对象"，字体为"隶书"、5 号、加粗，位置居中。页脚"计算机操作实训"，字体为"宋体"、5 号，位置在左，右侧插入页码。

(6)插入艺术字"插入对象美化页面"，做标题，如样张所示。

(7)插入自选图形(笑脸、云形标注、五角星)，如样张所示。

(8)插入剪贴画(提示：搜索文字"树"可快速找到所需图片)，排列与形状如样张。

(9)插入图片"flower1. gif""flower2. gif"，排列与形状如样张。

(10)画一条曲线(提示:自选图形中"曲线")。

(11)插入"横卷形"旗帜自选图形,设置填充色、边框线颜色及粗细、添加文字,给图形设置阴影如样张。

(12)将结果以指定的文件名存入指定的文件夹中。

任务 4　利用分栏排版"邯郸学步"

要求:建立如图 4-4 所示样张的文档,将结果以"邯郸学步.docx"为文件名存入子文件夹"项目 4　Word 2010 的综合排版"中。

邯郸学步

邯郸是春秋时期赵国的首都。那里的人非常注意礼仪,无论是走路、行礼,都很注重姿势和仪表。因此,当地人走路的姿势便远近闻名。

燕国的一个少年人很羡慕邯郸人走路的姿势,他不顾路途遥远,来到邯郸。他天天模仿着当地人的姿势学习走路,准备学成后传授给燕国人。

但是,这少年原来的步法就不熟练,如今又学上新的,结果不但没学会,反而连自己以前的步法也搞乱了。最后他竟然弄到不知怎样走路才是,只好垂头丧气地爬回燕国。

学习一定要扎扎实实,打好基础,循序渐进,万万不可贪多求快,好高骛远。

成语	出处
指鹿为马	《史记》
闻鸡起舞	《晋书》

图 4-4

(1)新建文档,在文档中录入样张所示文字。

(2)将标题"邯郸学步",字体设置为黑体三号,并居中。其他正文为首行缩进 2 字符。

(3)将"邯郸是春秋时期赵国的首都"所在的段落设置为首字下沉,下沉行数 2 行,字体楷体。

(4)将"邯郸是春秋时期赵国的首都"中的文字"赵国"的字体设置为红色、加粗、带重点号。

(5)将"燕国的一个少年人很羡慕邯郸人走路的姿势"所在段落,设置为分 2 栏,加分割线。

(6)将"但是"所在段落设置浅绿色底纹。

(7)将"学习一定要扎扎实实"所在段落的行间距设置为 2 倍行距。

(8)在文中插入一个图片(图片可以任意指定),将图片大小缩放为原图的 60%,并将图片的版式设置为四周型,并放置在如样张所示的位置上。

(9)在页眉处加入文字"寓言故事"(不包括引号),宋体小五号字,并居中。

(10)在结尾处加入表格,样式如样张所示。表格宽度为 10cm,表格居中显示。表格第一行标题加粗并居中显示，单元格设置为浅绿色底纹。成语均居中显示，出处均左对齐显示。

（11）将结果以指定的文件名存入指定的文件夹中。

任务 5　综合排版“文摘周报”

制作如图 4-5 所示效果（没有具体要求，请按效果图操作），以文件名“文摘周报.docx”保存。

图 4-5

项目5　Word 2010的长文档排版

【项目目标】

(1)熟悉大学毕业论文的排版规范;编辑毕业论文。

(2)掌握长文档编辑的要点;整理排版长文档。

【项目内容】

(1)编辑毕业论文。

(2)整理排版长文档。

任务1　大学毕业论文撰写规范

要求:了解大学毕业论文的撰写规范,以下内容是从广东邮电职业技术学院毕业设计管理文档之一"22毕业设计(论文)实施细则.pdf"中摘录下来的有关编辑毕业论文的撰写规范,请同学们仔细阅读。

4.3.2　撰写规范

4.3.2.1　页面设置

4.3.2.1.1　纸张

毕业设计说明书或论文一律打印,用A4纸张;页边距上、下、左、右各2.5cm,装订线在左0.5cm,行间距取多倍行距(设置值为1.25),字符间距为默认值(缩放100%,间距:标准);正文中的任何部分不得写到空白边,文稿纸不得随意接长或截短;汉字必须使用国家公布的规范字。

4.3.2.1.2　字体

普通中文字体要求为宋体,英文字体要求为Times New Roman,物理量、公式等特殊要求的字体按国标规定。

4.3.2.1.3　字号

第一层次题序和标题用小三号黑体字,第二层次及以下题序和标题用四号宋体字,正文用小四号宋体字。

4.3.2.1.4　页眉及页码

除封面外各页均加页眉,采用五号宋体字居中,页眉1.7cm,内容为"广东邮电职业技术学院××××届毕业设计(论文)";页码从正文开始在页脚按阿拉伯数字(宋体五号)连续编排,居中,页脚1.7cm。

4.3.2.2 摘要及关键词

中文摘要及关键词：

“摘要”二字采用三号黑体字居中书写，“摘”与“要”之间空两格（本规范所指空格皆为英文状态下的空格），内容采用小四号宋体字。“关键词”三字采用小四号黑体字，顶格书写，关键词用小四号宋体字。英文摘要应与中文摘要相对应，字体为小四号 Times New Roman。

4.3.2.3 目录

“目录”二字采用三号黑体字居中，“目”与“录”之间空两格，层次统一采用小四号宋体字。

4.3.2.4 正文标题

4.3.2.4.1 中文标题在 30 字以内，正文中各级标题下的内容应与各自的标题对应，不应有与标题无关的内容。

4.3.2.4.2 编号方法采用分级阿拉伯数字编号方法，第一级为“1”“2”“3”等，第二级为“2.1”“2.2”“2.3”等，第三级为“2.2.1”“2.2.2”“2.2.3”等，分级阿拉伯数字的编号一般不超过四级，两级之间用英文半角圆点隔开，每一级的末尾不加标点。

4.3.2.4.3 各层标题均单独占行书写，标题序数顶格书写，后空一格接写标题，末尾不加标点。

4.3.2.4.4 第四级以下单独占行的标题顺序采用 A.、B.、C.…和 a.、b.、c.…两层，标题均空四格书写序数，后空一格写标题。

4.3.2.4.5 正文中对总项包括的分项采用(1)(2)(3)…单独序号，对分项中的小项采用①②③…的序号或数字加半括号，括号后不再加其他标点。

4.3.2.5 标点符号

普通中文标点符号统一采用中文全角标点符号，英文段落、物理量、计算公式中的标点符号采用英文标点或国标符号。注意中英文标点符号的区别，不能混用。

4.3.2.6 名词和名称

科学技术名词术语应采用全国自然科学名词审定委员会公布的规范词或国家标准、部标准中规定的名称，尚未统一规定或叫法有争议的名称术语，可以采用惯用的名称。使用外文缩写代替某一名词术语时，首次出现时应在括号内注明其含义。

外国人名一般采用英文原名，按名前姓后的原则书写。一般熟知的外国人名(如牛顿、达尔文、马克思等)可按通常标准译法写译名。

4.3.2.7 量和单位

量和单位必须采用中华人民共和国的国家标准 GB 3100～GB 3102-93，它是以国际单位制(SI)为基础的。非物理量的单位，如件、台、人、元等，可用汉字与符号构成组合形式的单位，如件/台、元/km。

4.3.2.8 数字

年代、年、月、日、时刻和各种计数与计量，均用阿拉伯数字。年份不能简写，如 2006

年不能写成 06 年。测量统计数据一律用阿拉伯数字,但在叙述不超过十的数目时,一般不用阿拉伯数字,如“发现两颗小行星”“三力作用于一点”,不宜写成“发现 2 颗小行星”“3 力作用于 1 点”。大约的数字可以用中文数字,也可以用阿拉伯数字,如“约一百五十人”,也可写成“约 150 人”。表示概数时,数字间不加顿号,如五六项、十六七岁等。

4.3.2.9 注释

毕业设计(论文)中有个别名词或情况需要解释时,可加注说明,注释统一采用页末注(将注文放在加注页的下端),页末注只限于写在注释符号出现的同页,一般不隔页,用五号宋体字。不允许用行中注(夹在正文中的注)。

4.3.2.10 公式

4.3.2.10.1 公式应居中书写,公式的编号用圆括号括起放在公式右边行末,公式和编号之间不加虚线。公式中的英文字母和数字可以采用默认的字体和字号。公式与正文之间不需空行。

4.3.2.10.2 公式一律采用阿拉伯数字,按第一层标题分别编号,如公式编号:(3-1)等。

4.3.2.11 表格

4.3.2.11.1 每个表格应有自己的表序和表题,表序和表题应写在表格上方正中,表序后空一格书写表题。表序、表题和表内内容采用五号宋体字。表序一律采用阿拉伯数字按第一层标题分别编号,如表序:表 3-2 等。若表中有附注,采用英文小写字母顺序编号。

4.3.2.11.2 表格允许下页接写,表题可省略,表头应重复写,并在右上方写“续表××”。表格与正文之间空一行。

4.3.2.11.3 表序应连续编号,表的结构应简洁,全文采用统一的表格形式。表中各栏都应标注量和相应的单位。表内数字需上下对齐。相邻栏内的数字或者内容相同,不能用“同上”“同左”、省略号和其他类似用词,应重新标注。表内“空白”代表未测或者无此项,“0”代表实测结果为零。

4.3.2.12 插图

4.3.2.12.1 每幅插图应有图序和图题,图序和图题应放在图位下方居中处,用五号宋体字,与正文之间空一行。图序应连续编号,仅有一图时可在图题前加“附图”字样。

4.3.2.12.2 图序一律采用阿拉伯数字按第一层标题分别编号,如图 2-5 等。若图中有附注,采用英文小写字母顺序编号。

4.3.2.13 参考文献

参考文献的著录方法采用“顺序编码制”,按文中出现的先后统一用阿拉伯数字进行自然编号,序码统一用方括号括起并在文献的右上角标注。参考文献按出现的文献序号顺序一律放在文后,用五号宋体字。各参考文献书写格式要按照《文后参考文献著录规则》(GB/T 7714-2005)书写。

4.3.3　文档材料组成

4.3.3.1　文本文档部分

4.3.3.1.1　设计说明书或论文正本，按顺序包括：封面、论文摘要（或设计总说明）及关键词、目录、正文、致谢、参考文献、附录、诚信承诺书、封底。统一用 Word 制作，用 A4 纸依次单面打印，使用统一的封面、诚信承诺书，装订成册。

诚信承诺书必须由学生本人用黑色钢笔或签字笔填写并签名。

4.3.3.1.2　相关附件包括调查记录，试（实）验记录或报告，图纸、作品、样品等。原则上，设计图纸必须采用计算机绘图。

任务 2　编辑排版毕业论文

请利用论文原稿，按项目 5-1 的要求进行编辑，结果如图 5-1 至图 5-5 所示。

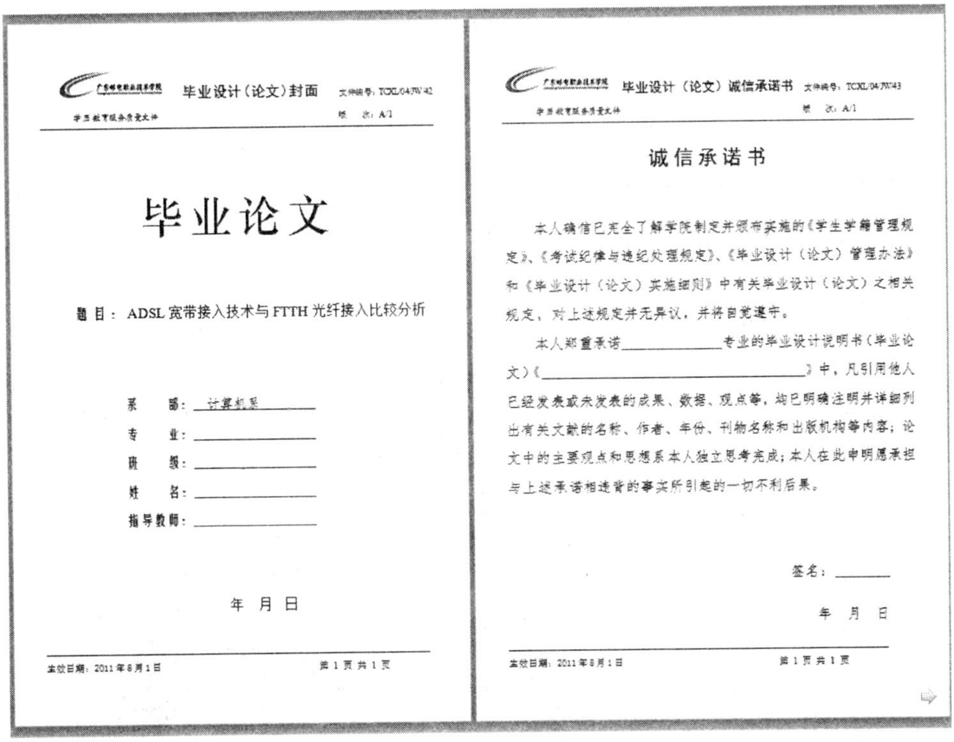

广东邮电职业技术学院　毕业设计（论文）封面　文件编号：TCXL/04/JW42

学历教育服务质量文件　版　次：A/1

毕业论文

题目：ADSL 宽带接入技术与 FTTH 光纤接入比较分析

系　　部：计算机系

专　　业：____________

班　　级：____________

姓　　名：____________

指导教师：____________

年　月　日

生效日期：2011 年 8 月 1 日　　第 1 页 共 1 页

广东邮电职业技术学院　毕业设计（论文）诚信承诺书　文件编号：TCXL/04/JW43

学历教育服务质量文件　版　次：A/1

诚信承诺书

本人确信已完全了解学院制定并颁布实施的《学生学籍管理规定》、《考试纪律与违纪处理规定》、《毕业设计（论文）管理办法》和《毕业设计（论文）实施细则》中有关毕业设计（论文）之相关规定，对上述规定并无异议，并将自觉遵守。

本人郑重承诺____________专业的毕业设计说明书（毕业论文）《____________________》中，凡引用他人已经发表或未发表的成果、数据、观点等，均已明确注明并详细列出有关文献的名称、作者、年份、刊物名称和出版机构等内容；论文中的主要观点和思想系本人独立思考完成；本人在此申明愿承担与上述承诺相违背的事实所引起的一切不利后果。

签名：________

年　月　日

生效日期：2011 年 8 月 1 日　　第 1 页 共 1 页

图 5-1

广东邮电职业技术学院毕业设计

摘 要

随着 Internet 的迅速发展，各种宽带接入技术也不断出现，网络游戏、电子商务、视讯点播、远程教学、下载等宽带业务应用已经深入到千家万户，成为人们生活不可少的一部分。然而，与 Internet 突飞猛进的惊人速度相比，用户端却一直饱受接入速度低的困扰，网络“瓶颈”现象日趋严重 ……

通过分析比较 ADSL 和 FTTH 技术的发展，目的是在进行网络规划和应用中，既要考虑到接入网的技术和宽带、现状与发展等因素，又要选择适合目前需求，而易于升级改造的接入网设备和技术，以免重复投资……

关键词： ADSL FTTH 宽带业务 网络规划

广东邮电职业技术学院毕业设计

abstract

With the rapid development of Internet, all kinds of broadband access technology is also appear constantly, network game, e-commerce, video on demand, a remote teaching, such as broadband business application download to have in-depth thousands, and become part of the people living cannot little. However, with the Internet by leaps and bounds astonishing than speed, client but had been under access speed with low, the network "bottleneck" phenomenon becomes more and more serious. Early telephone dial-up Internet way already far can't meet the actual demand, therefore, ADSL, FTTH, etc. Various kinds of broadband access technology arises at the historic moment, in the long run, fiber to the home (FTTH) is an ideal choice for broadband access, but because the present fiber to the home costs remain high, in the next few years the communication operators still dominant ADSL broadband technology, to meet the growing broadband business application requirements.

Through the analysis and comparison of the development of the technology FTTH ADSL, the purpose is in the network planning and application, both must consider to access network technology and broadband, present situation and the development and other factors, and to choose suitable for the current demand, and easy to upgrade the access network equipment and technology transformation, in order to avoid the repeated investment.

Keywords: ADSL FTTH

Broadband business more network planning

图 5-2

广东邮电职业技术学院毕业设计

目录

广东邮电职业技术学院毕业设计

1. ADSL 与 FTTH 的定义

1.1 背景知识

在开始分析两者异同之前，我们知道，通常所说的 ADSL 是一种通过现有普通电话线为家庭、办公室提供宽带数据传输服务的技术。…… （正文）

1.2 ADSL 的技术研究

ADSL 是一种异步传输模式，由于受到传输高频信号的限制，ADSL 用户的电话线连到电话局的距离不能超过 5 千米。……… （正文）

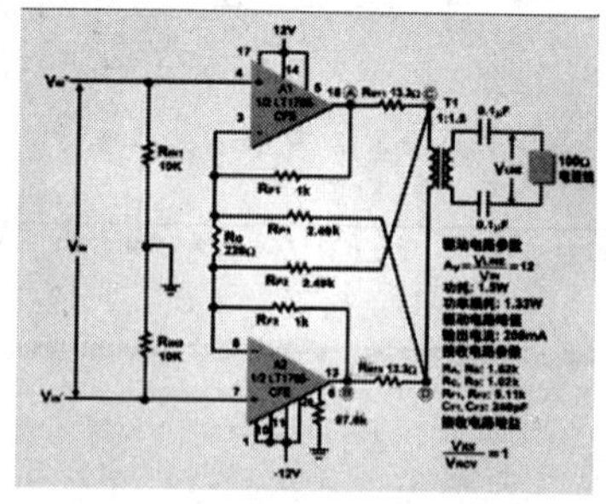

DTM 示意图（例：图片说明）

1.3 ADSL 的特点

1.一条电话线可同时接听，拨打电话并进行数据传输。…… （正文）

2.虽然使用的还是原来的电话线。…… （正文）

3.adsl 的数据传输速率是根据线路的情况自动调整的。…… （正文）

第 1 页 共 13 页

图 5-3

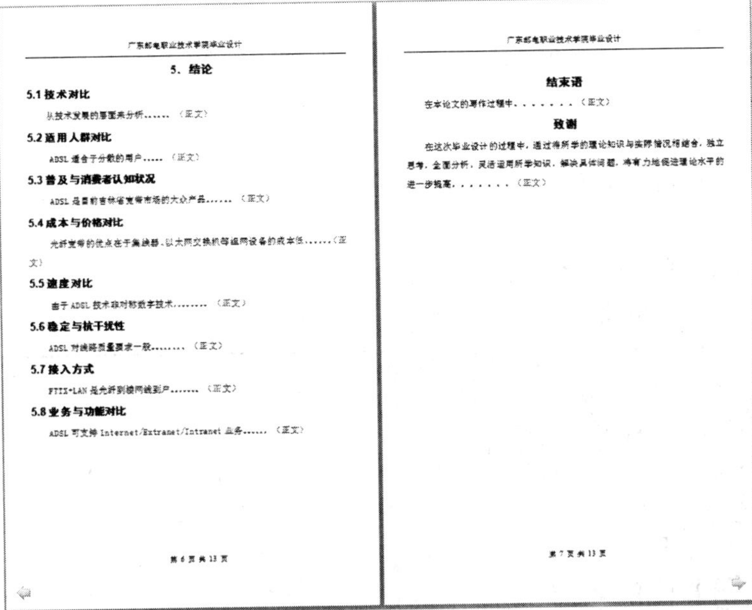

广东邮电职业技术学院毕业设计

5、结论

5.1 技术对比

从技术发展的层面来分析……（正文）

5.2 适用人群对比

ADSL 适合于分散的用户……（正文）

5.3 普及与消费者认知状况

ADSL 是目前吉林省宽带市场的大众产品……（正文）

5.4 成本与价格对比

光纤宽带的优点在于集线器、以太网交换机等组网设备的成本低……（正文）

5.5 速度对比

由于 ADSL 技术非对称数字技术……（正文）

5.6 稳定与抗干扰性

ADSL 对线路质量要求一般……（正文）

5.7 接入方式

FTTX+LAN 是光纤到楼网线到户……（正文）

5.8 业务与功能对比

ADSL 可支持 Internet/Extranet/Intranet 业务……（正文）

第 6 页 共 13 页

广东邮电职业技术学院毕业设计

结束语

在本论文的写作过程中．．．．．．．（正文）

致谢

在这次毕业设计的过程中，通过将所学的理论知识与实际情况相结合，独立思考，全面分析，灵活运用所学知识，解决具体问题，将有力地促进理论水平的进一步提高．．．．．．．（正文）

第 7 页 共 13 页

图 5-4

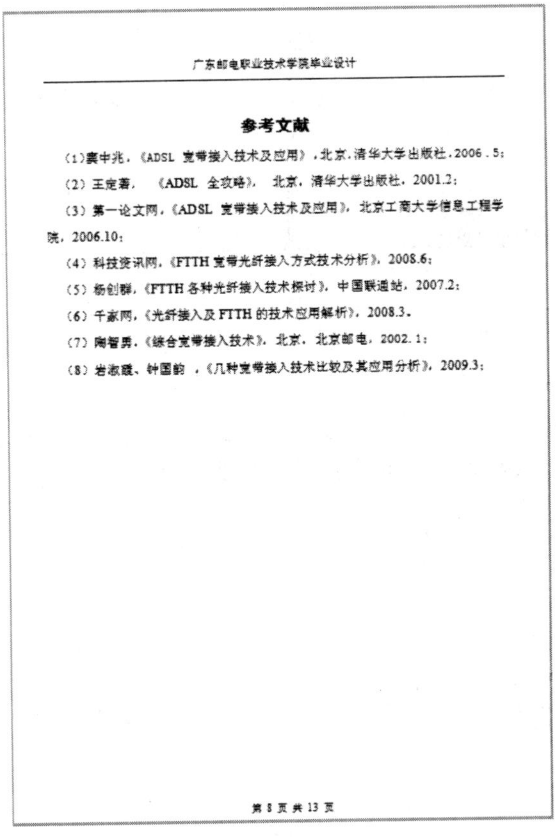

广东邮电职业技术学院毕业设计

参考文献

（1）龚中兆，《ADSL 宽带接入技术及应用》，北京，清华大学出版社，2006．5；

（2）王定著，《ADSL 全攻略》，北京，清华大学出版社，2001.2；

（3）第一论文网，《ADSL 宽带接入技术及应用》，北京工商大学信息工程学院，2006.10；

（4）科技资讯网，《FTTH 宽带光纤接入方式技术分析》，2008.6；

（5）杨创群，《FTTH 各种光纤接入技术探讨》，中国联通站，2007.2；

（6）千家网，《光纤接入及 FTTH 的技术应用解析》，2008.3．

（7）陶智勇，《综合宽带接入技术》，北京，北京邮电，2002．1；

（8）岩淑巍、钟国韵，《几种宽带接入技术比较及其应用分析》，2009.3；

第 8 页 共 13 页

图 5-5

任务3　整理排版长文档

1. 项目要求

整理排版长文档“中国互联网络发展报告.doc”,样张如图 5-6 至图 5-9 所示。

要求:

(1)封面成一页,并美化(无页码、无页眉页脚)。

(2)生成目录并单独放一页(无页码),页眉,目录。

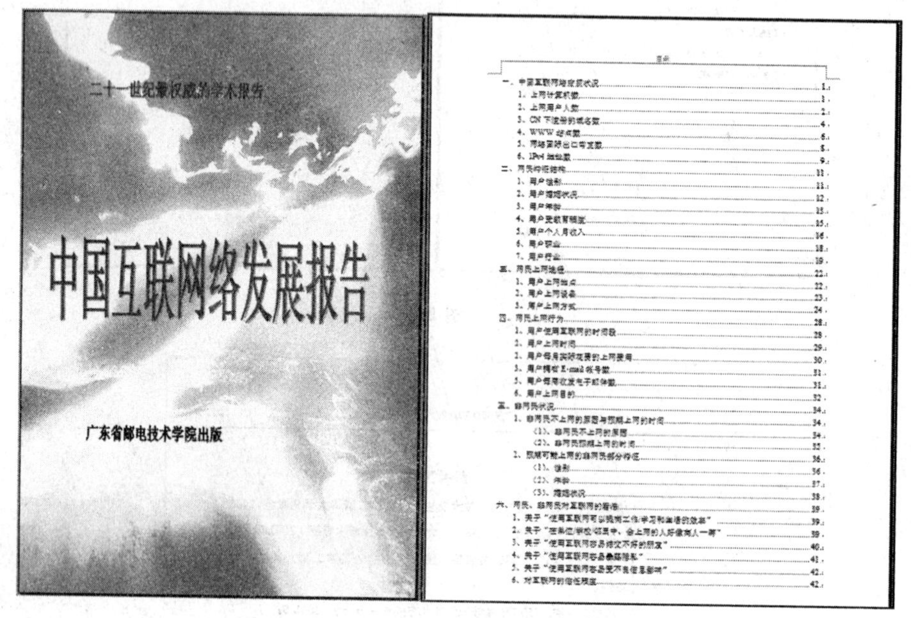

图 5-6

(3)正文(6 个大标题“一、中国互联网络宏观状况”……“六、网民、非网民对互联网的看法”间分节),具体要求如下。

①页码在页面底端中间。

②第 1 节的起始页码为 1,其他节续前节的页码。

③每节的页眉。

· 首页无页眉;

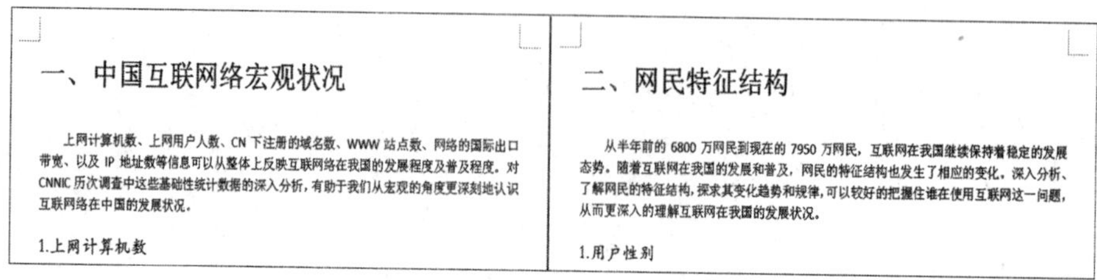

一、中国互联网络宏观状况

上网计算机数、上网用户人数、CN 下注册的域名数、WWW 站点数、网络的国际出口带宽、以及 IP 地址数等信息可以从整体上反映互联网络在我国的发展程度及普及程度。对 CNNIC 历次调查中这些基础性统计数据的深入分析,有助于我们从宏观的角度更深刻地认识互联网络在中国的发展状况。

1.上网计算机数

二、网民特征结构

从半年前的 6800 万网民到现在的 7950 万网民,互联网在我国继续保持着稳定的发展态势。随着互联网在我国的发展和普及,网民的特征结构也发生了相应的变化。深入分析、了解网民的特征结构,探求其变化趋势和规律,可以较好的把握住谁在使用互联网这一问题,从而更深入的理解互联网在我国的发展状况。

1.用户性别

图 5-7

· 偶数页页眉：广东邮电职业技术学院（见图 5-8）；

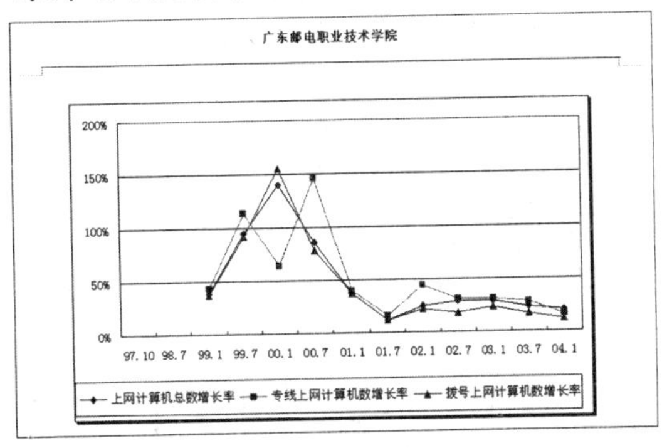

图 5-8

· 奇数页页眉：每个大标题的内容（如“一、中国互联网络宏观状况”）（见图 5-9）；

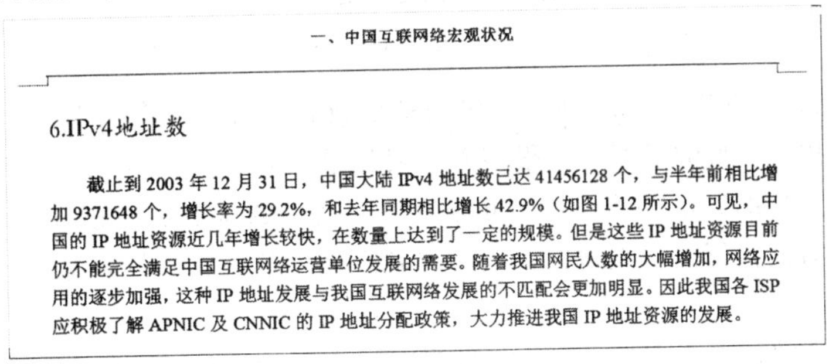

一、中国互联网络宏观状况

6.IPv4地址数

截止到 2003 年 12 月 31 日，中国大陆 IPv4 地址数已达 41456128 个，与半年前相比增加 9371648 个，增长率为 29.2%，和去年同期相比增长 42.9%（如图 1-12 所示）。可见，中国的 IP 地址资源近几年增长较快，在数量上达到了一定的规模。但是这些 IP 地址资源目前仍不能完全满足中国互联网络运营单位发展的需要。随着我国网民人数的大幅增加，网络应用的逐步加强，这种 IP 地址发展与我国互联网络发展的不匹配会更加明显。因此我国各 ISP 应积极了解 APNIC 及 CNNIC 的 IP 地址分配政策，大力推进我国 IP 地址资源的发展。

图 5-9

④发挥自己的能力，尽可能用自己的知识美化页面。

2. 长文档编辑要点

在长篇文档排版过程中，要注意样式和分节的重要性。

采用样式，可以实现边录入边快速排版，修改格式时能够使整篇文档中多处用到的某个样式自动更改格式，并且易于进行文档的层次结构的调整和生成目录。

对文档的不同部分进行分节，有利于对不同的节设置不同的页眉和页脚。

有关样式和分节的应用，以及页眉页脚的设置，这里介绍的仅仅是最基本的用法。

关于长篇文档排版过程中，一定要注意以下两点：

(1)制作长文档前，先要规划好各种设置，尤其是样式设置；

(2)不同的篇章部分一定要分节，而不是分页。

下面就来谈谈编辑长文档的一些要点。

1. 设置纸张和文档网格

录入文章前，不要急于动笔，要先找好合适大小的“纸”，这个“纸”就是 Word 中的页面设置。

从功能区中选择“页面布局”→“页面设置”组右下角的对话框指针，显示“页面设置”对话框，选择“纸张”选项卡，如图 5-10 所示。

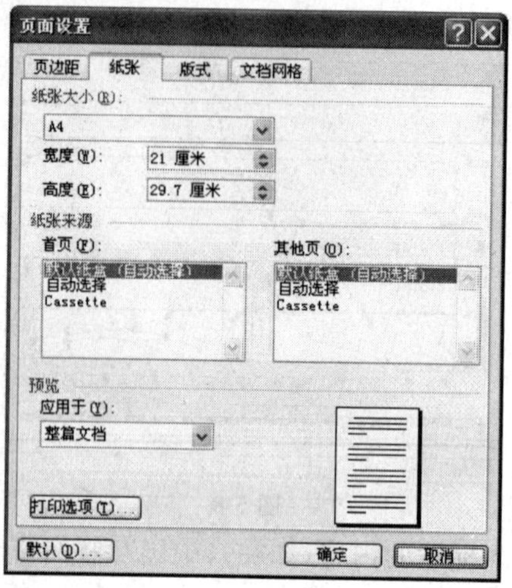

图 5-10

通常纸张大小都用 A4 纸,所以可采用默认设置。有时也会用 B5 纸,只需从“纸张大小”中选择相应类型的纸即可。很多人习惯先录入内容,最后再设置纸张大小。由于默认是 A4 纸,如果改用 B5 纸,就有可能使整篇文档的排版不能很好地满足要求。所以,先进行页面设置可以直观地在录入时看到页面中的内容和排版是否适宜,避免事后再修改。

用户可以在“页面设置”对话框中调整字与字、行与行之间的间距,即使不增大字号,也能使内容看起来更清晰。

在“页面设置”对话框中选择“文档网格”选项卡,如图 5-11 所示。

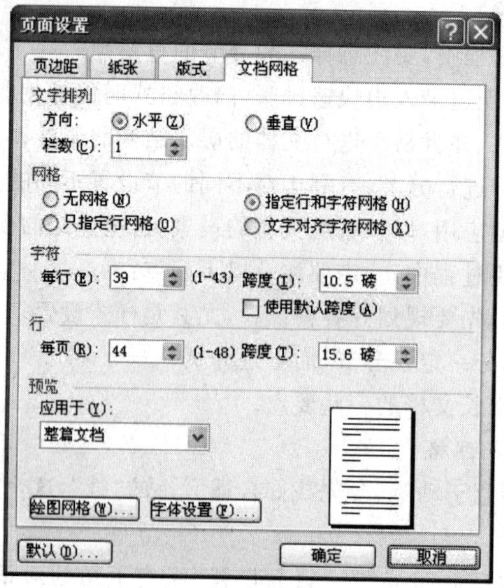

图 5-11

选中“指定行和字符网格”，在“字符”设置中，默认为每行 39 个字符，可以适当减小，例如改为每行 37 个字符。同样，在“行”设置中，默认为每页 44 行，可以适当减小，如改为每页 42 行。这样，文字的排列就均匀清晰了。

2. 设置样式

现在，先不要急于录入文字，而要指定一下文字的样式。

(1)为什么要设置样式。通常，很多人都是在录入文字后，用“字体”“字号”等命令设置文字的格式，用“两端对齐”“居中”等命令设置段落的对齐，但这样的操作要重复很多次，而且一旦设置的不合理，还要一一修改。

熟悉 Word 技巧的人对于这样的格式修改并不担心，因为他可以用“格式刷”将修改后的格式一一刷到其他需要改变格式的地方。然而，如果有几十个、上百个这样的修改，也得刷上几十次、上百次，这就太麻烦了。使用了样式就不必有这样的担心。

(2)什么是样式。简单地说，样式就是格式的集合。通常所说的“格式”往往指单一的格式，例如，“字体”格式、“字号”格式等。每次设置格式，都需要选择某一种格式，如果文字的格式比较复杂，就需要多次进行不同的格式设置。而样式作为格式的集合，它可以包含几乎所有的格式，设置时只需选择某一个样式，就能把其中包含的各种格式一次性设置到文字和段落上。

样式的设置也很简单，在将各种格式设计好后，起一个名字，就可以变成样式。而通常情况下，用户只需使用 Word 提供的预设样式就可以了，如果预设的样式不能满足要求，只需略加修改即可。

(3)怎样设置样式。从功能区中选择“开始”→“样式”组右下角的对话框指针，在右侧的任务窗格中即可设置或应用样式，如图 5-12 左图所示。在“样式”窗格中可以显示出全部的样式列表，操作步骤如下：单击图 5-12 中左图右下方的“选项”按钮，打开如图 5-12 中右图所示的“样式窗格选项”对话框，在“选择要显示的样子”下拉列表中选中“所有样式”选项，单击“确定”按钮，返回“样式”窗格，即可以看到所有的样式了。

“正文”样式是文档中的默认样式，新建文档中的文字通常都采用“正文”样式。很多其他的样式都是在“正文”样式的基础上经过格式改变而设置出来的。因此“正文”样式是 Word 中最基础的样式，不要轻易修改它，一旦它被改变，将会影响所有基于“正文”样式的其他样式的格式。

“标题 1”至“标题 9”为标题样式，它们通常用于各级标题段落，与其他样式最为不同的是标题样式具有级别，分别对应级别 1～9。这样，用户就能够通过级别得到文档结构图、大纲和目录。在如图 5-12 右图所示的样式列表中，只显示了“标题 1”“标题 2”的 2 个标题样式，如果标题的级别比较多，可在如图 5-12 左图所示的“选择要显示的样式”下拉列表中选择“所有样式”，即可选择“标题 3”至“标题 9”样式。

现在，规划一下文章中可能用到的样式：

①对于文章中的每一部分或章节的大标题，采用“标题 1”样式，章节中的小标题，按层次分别采用“标题 2”至“标题 4”样式。

②文章中的说明文字,采用"正文首行缩进 2"样式。

③文章中的图和图号说明,采用"注释标题"样式。

规划结束之后,即可录入文字了。

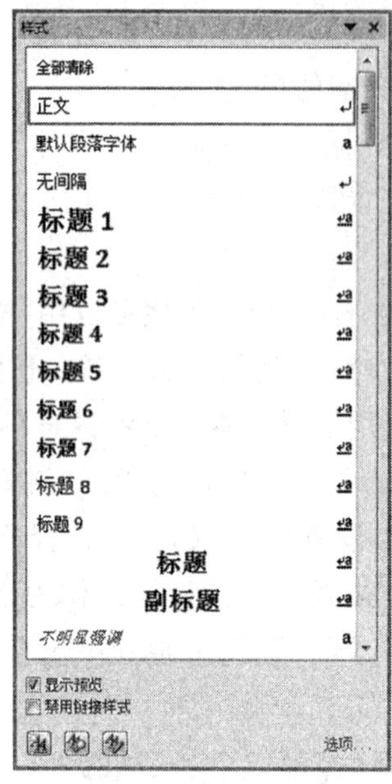

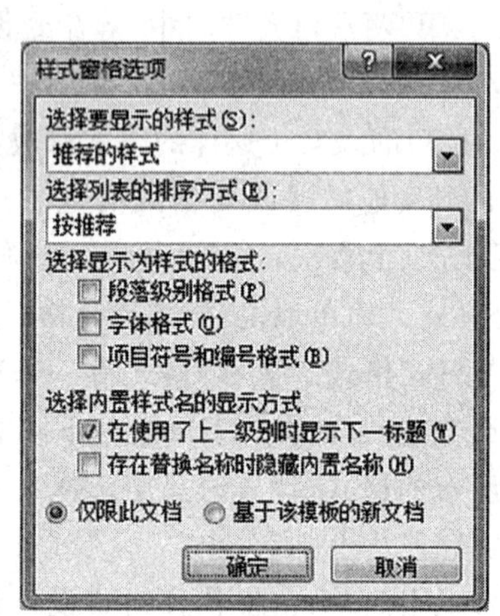

图 5-12

首先,录入文章第一部分的大标题。注意保持光标的位置在当前标题所在的段落中。在功能区中选择"开始"→"样式"中单击"标题 1"样式,即可快速设置好此标题的格式,如图 5-13 所示。

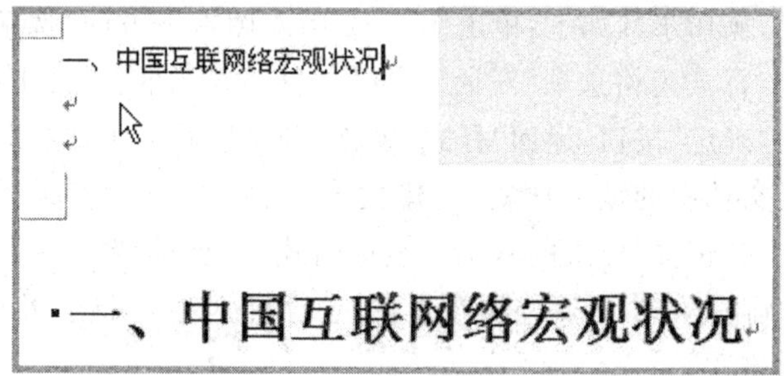

图 5-13

用同样的方法,可一边录入文字,一边设置该部分文字所用的样式。注意:在如图 5-12 左图所示的"显示"下拉列表中选择"所有样式",即可为文字和段落设置"正文首行缩进 2"和"注释标题"样式。当所需样式都被选择过一次之后,可显示"有效样式",这样不会显示无用的其他样式。

(4)设置样式快捷键。在录入和排版过程中,可能会经常在键盘和鼠标之间切换,这样会影响速度。对样式设置快捷键,就能避免频繁使用鼠标,从而提高录入和排版速度。

将鼠标指针移动到任务窗格中的“标题 1”样式右侧，单击下拉箭头，如图 5-14 左图所示，单击“修改”命令，显示“修改样式”对话框，如图 5-14 右图所示。

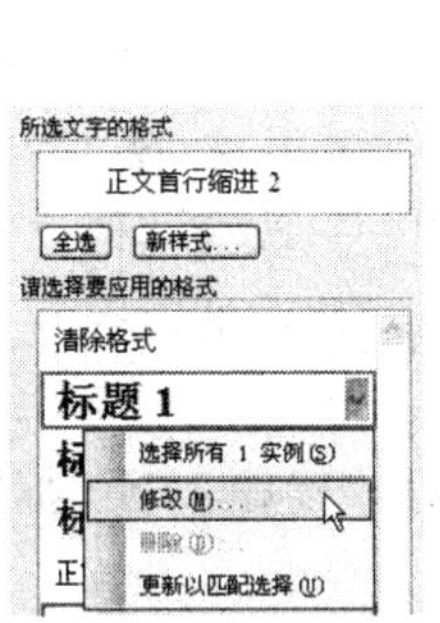

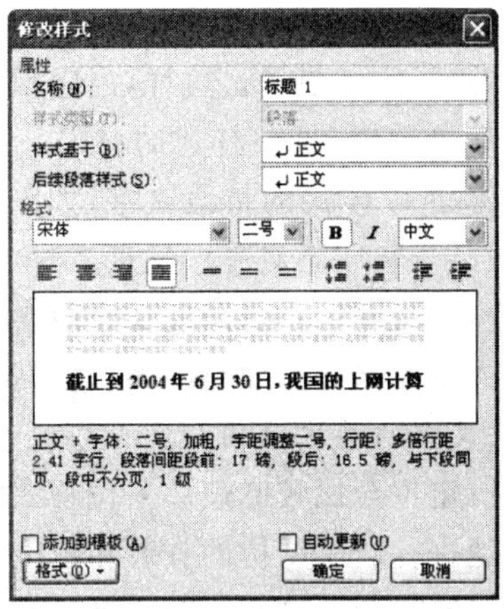

图 5-14

单击“格式”按钮，选择“快捷键”命令，显示“自定义键盘”对话框，如图 5-15 所示。此时在键盘上按下希望设置的快捷键，如“Ctrl＋1”，在“请按新快捷键”设置中就会显示快捷键。注意不要在其中输入快捷键，而应该按下快捷键。单击“指定”按钮，快捷键即可生效。

图 5-15

用同样的方法为其他样式指定快捷键。

现在，在文档中录入文字，然后按下某个样式的快捷键，即可快速设置好格式。

(5)修改样式。文档中的内容采用系统预设的样式后，格式可能不能完全符合实际需要。例如，“标题 1”样式的字号太大，而且是左对齐方式，希望采用小一点的字号，并居中对齐。这时可以修改样式。

将鼠标指针移动到任务窗格中的“标题 1”样式右侧,单击下拉箭头,如图 5-14 左图所示,单击“修改”命令。显示“修改样式”对话框,如图 5-14 右图所示。选中“自动更新”选项,单击“确定”按钮,完成设置。这样,当应用了“标题 1”样式的文字和段落的格式发生改变时,就会自动更改“标题 1”样式的格式。

选中采用了“标题 1”样式的某段文字,如“一、中国互联网络宏观状况”,然后利用“格式”工具栏设置字号和居中对齐。注意文章中所有采用“标题 1”样式的文字和段落都会一起随之改变格式,不用再像以前那样用格式刷一一改变其他位置的文字的格式。

因此,使用样式带来的好处之一是大大提高了格式修改的效率。

3. 查看和修改文章的层次结构

若文章比较长,定位会比较麻烦。采用样式之后,“标题 1”至“标题 9”样式就具有了级别,就能方便地进行层次结构的查看和定位。

从功能区中选择“视图”→“显示”→“导航窗格”命令,可在文档左侧显示文档的层次结构,如图 5-16 所示。在其中的标题上单击,即可快速定位到相应位置。再次从菜单选择“视图”→“文档结构图”命令,即可取消文档结构图。

图 5-16

如果文章中有大块区域的内容需要调整位置,以前的做法通常是剪切后再粘贴。当区域移动距离较远时,同样不容易找到位置。

从功能区选择“视图”→“大纲视图”命令,进入大纲视图。文档顶端会显示“大纲”工具栏,如图 5-17 所示。在“大纲”工具栏中选择“显示级别”下拉列表中的某个级别,如

“显示级别 3”，则文档中会显示从级别 1 到级别 3 的标题，如图 5-18 所示。

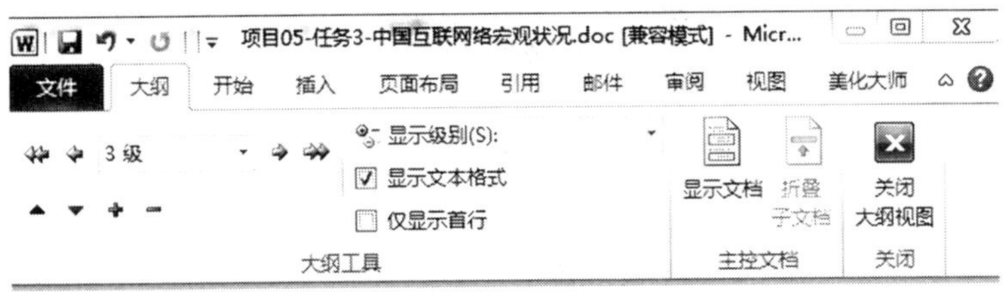

图 5-17

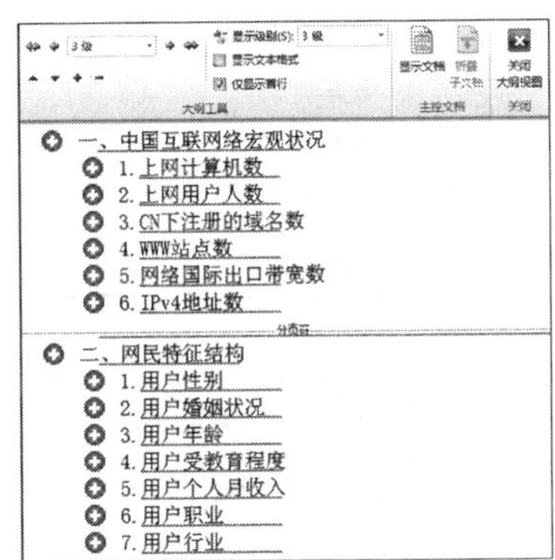

图 5-18

如果要将“用户职业”部分的内容移动到“用户年龄”之后，可将鼠标指针移动到“用户职业”前的十字标记处，按住鼠标左键拖动内容至“用户年龄”下方，即可快速调整该部分区域的位置。这样不仅将标题移动了位置，也会将其中的文字内容一起移动了。

从菜单选择“视图”→“页面”命令，即可返回到常用的页面视图编辑状态。

4. 对文章的不同部分分节

文章的不同部分通常会另起一页开始，很多人习惯用加入多个空行的方法使新的部分另起一页，这是一种错误的做法，会导致修改时的重复排版，降低工作效率。另外的做法是插入分页符分页，但如果希望采用不同的页眉和页脚，这种做法就无法实现了。

正确的做法是插入分节符，将不同的部分分成不同的节，这样就能分别针对不同的节进行设置。

定位到第二部分的标题文字前，从功能区选择“插入”→“页面设置”→“分隔符”命令，显示“分隔符”对话框，如图 5-19 所示。选择“分节符”类型中的“下一页”，并单击“确定”按钮，就会在当前光标位置插入一个不可见的分节符，这个分节符不仅将光标位置后面的内容分为新的一节，还会使该节从新的一页开始，实现既分节又分页的功能。

用同样的方法对文章的其他部分分节。

对于封面和目录，同样可以用分节的方式将它们设在不同的节。在文章的最前面输入文章的大标题和目录，如图 5-20 所示，然后分别在“目录”文字前和“一、中国互联网

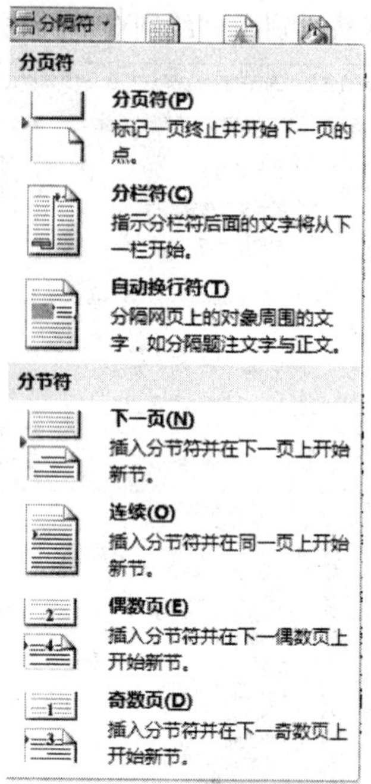

图 5-19

络宏观状况”文字前插入分节符。

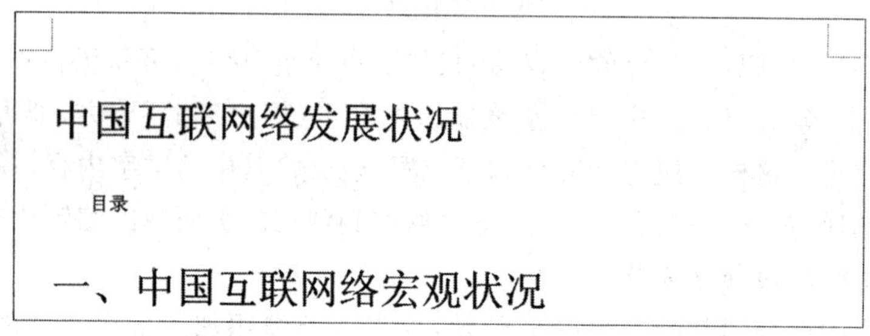

图 5-20

如果要取消分节，只需删除分节符即可。分节符是不可打印字符，默认情况下在文档中不显示。在工具栏单击“显示/隐藏编辑标记”按钮，即可查看隐藏的编辑标记。图5-21显示了不同节末尾的分节符。

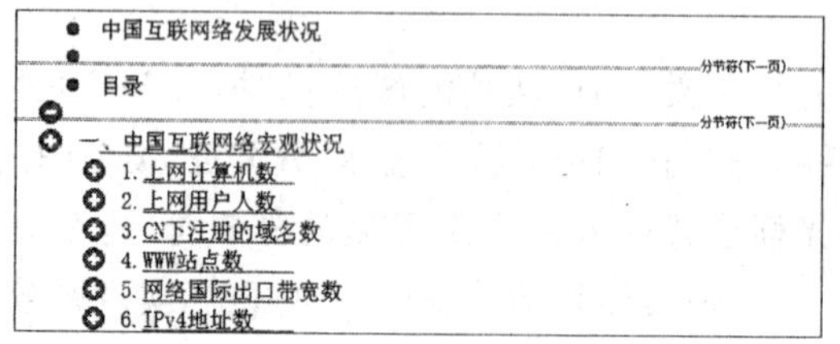

图 5-21

在段落标记和分节符之间单击，按下“Delete”键即可删除分节符，并使分节符前后

的两节合并为一节。

5. 为不同的节添加不同的页眉

利用"页眉和页脚"设置可以为文章添加页眉。通常文章的封面和目录不需要添加页眉，只有正文开始时才需要添加页眉，因为前面已经对文章进行分节，所以很容易实现这个功能。

设置页眉和页脚时，最好从文章最前面开始，这样不容易混乱。按"Ctrl＋Home"快捷键快速定位到文档开始处，从功能区中选择"插入"→"页眉和页脚"→"页眉"命令，进入"页眉和页脚"编辑状态，如图 5-22 所示。

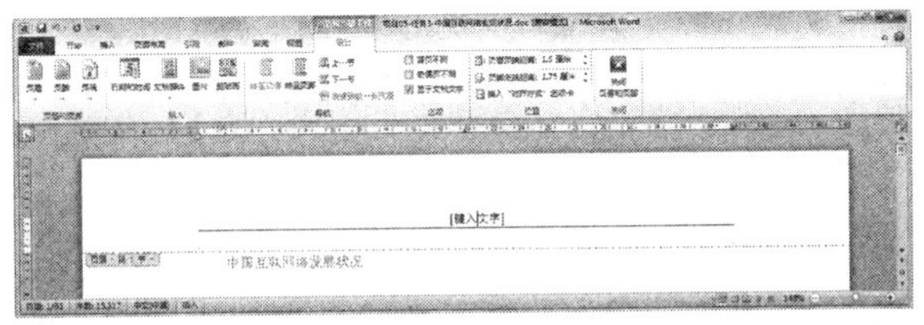

图 5-22

注意在页眉的左上角显示有"页眉 - 第 1 节 -"的提示文字，表明当前是对第 1 节设置页眉。由于第 1 节是封面，不需要设置页眉，因此可在"页眉和页脚"工具栏中单击"显示下一项"按钮，显示并设置下一节的页眉。

第 2 节是目录的页眉，同样不需要填写任何内容，因此继续单击"显示下一项"按钮。

第 3 节的页眉如图 5-23 所示，注意页眉的右上角显示有"与上一节相同"提示，表示第 3 节的页眉与第 2 节一样。如果现在在页眉区域输入文字，则此文字将会出现在所有节的页眉中，因此不要急于设置。

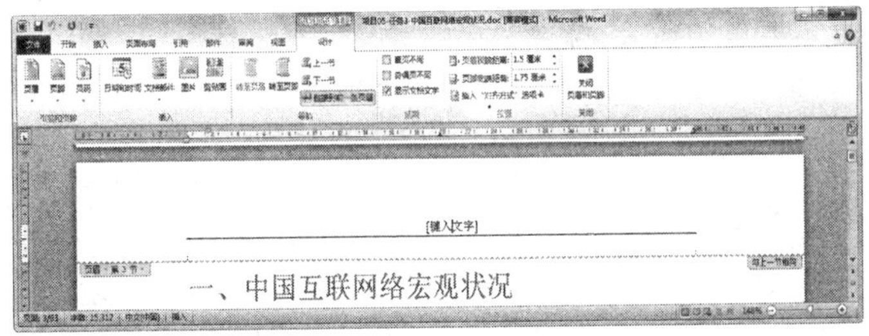

图 5-23

在"页眉和页脚"工具栏中有一个"同前"按钮，默认情况下它处于按下状态，单击此按钮取消"同前"设置，这时页眉右上角的"与上一节相同"提示消失，表明当前节的页眉与前一节不同。

此时再在页眉中输入文字，如可用整篇文档的大标题"中国互联网络发展状况"作为页眉。后面的其他节无须再设置页眉，因为后面节的页眉默认为"同前"，即与第 3 节相同。

在"页眉和页脚"工具栏中单击"关闭"按钮，退出页眉编辑状态。

用打印预览可以查看各页页眉的设置情况,其中封面和目录没有页眉,目录之后才会在每页显示页眉。

6. 在指定位置添加页码

通常很多人习惯从功能区中选择"插入"→"页码"命令插入页码,这样得到的页码将会在封面和目录处都添加页码。而现在希望封面和目录没有页码,从目录之后的内容再添加页码,并且页码要从1开始编号。这同样要得益于分节的设置。

按"Ctrl+Home"快捷键快速定位到文档开始处,双击页眉区域或页脚区域。

在"页眉和页脚"工具栏中单击"在页眉和页脚间切换"按钮 ,显示页脚区域,如图5-24所示。

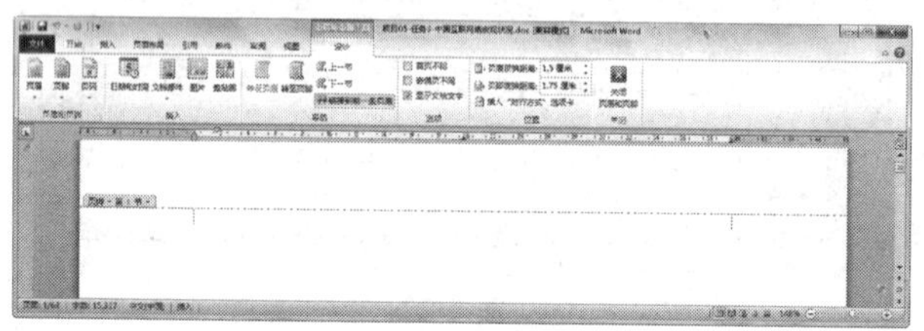

图 5-24

注意在页脚的左上角显示有"页脚 - 第1节 -"的提示文字,表明当前是对第1节设置页脚。由于第1节是封面,不需要在页脚区域添加页码,因此可在"页眉和页脚"工具栏中单击"显示下一项"按钮 ,显示并设置下一节的页脚。

第2节是目录的页脚,同样不需要添加任何内容,因此继续单击"显示下一项"按钮。

第3节的页脚如图5-25所示,注意页脚的右上角显示有"与上一节相同"提示,表示第3节的页脚与第2节一样。如果现在在页脚区域插入页码,则页码将会出现在所有节的页脚中,因此不要急于插入页码。

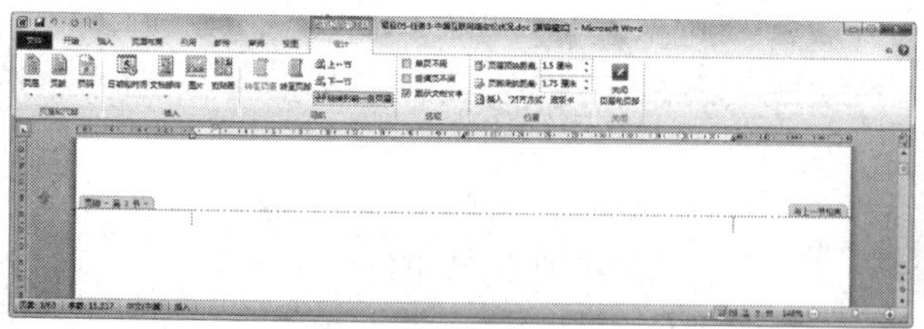

图 5-25

在"页眉和页脚"工具栏中有一个"同前"按钮 ,默认情况下它处于按下状态,单击此按钮取消"同前"设置,这时页脚右上角的"与上一节相同"提示消失,表明当前节的页脚与前一节不同。这时再插入页码,就能让页码只出现在当前节及其后的其他节。

从功能区选择"插入"→"页码"命令,显示"页码"对话框,如图5-26所示。

采用默认设置即可。单击"格式"按钮,显示"页码格式"对话框,如图5-27所示。默认情况下,"页码编排"设置为"续前节",表示页码接续前面节的编号。如果采用此设置,则会自动计算第1节和第2节的页数,然后在当前的第3节接续前面的页号,这样

本节就不是从第 1 页开始了。因此需要在“页码编排”中设置“起始页码”为“1”,这样就与前面节是否有页码无关了。

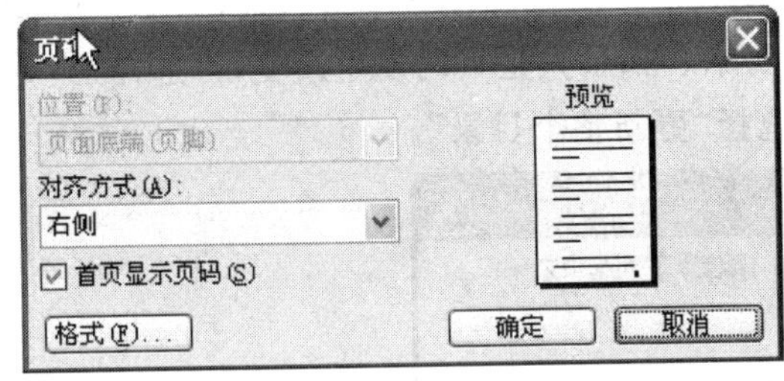

图 5-26

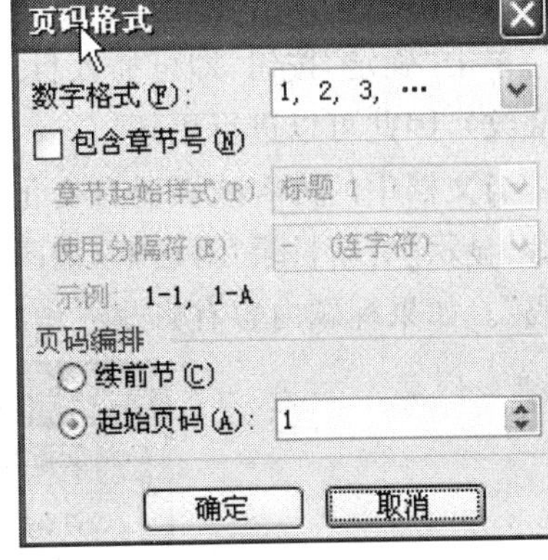

图 5-27

第 3 节之后的其他节无须再设置页码,因为页脚的默认设置为“同前”,而且页码格式默认设置均为“续前节”,这将会自动为每一节编排页码。

在“页眉和页脚”工具栏中单击“关闭”按钮,退出页脚编辑状态。

用打印预览可以查看各页页脚的设置情况,其中封面和目录没有页码,目录之后才会在每页显示页码,并且目录之后的页码从 1 开始编号。

7. 插入目录

最后可以为文档添加目录。要成功添加目录,应该正确采用带有级别的样式,如“标题 1”至“标题 9”样式。尽管也有其他的方法可以添加目录,但采用带级别的样式是最方便的一种方法。

定位到需要插入目录的位置,从功能区选择“插入”→“索引和目录”→“目录”命令,显示“索引和目录”对话框,单击“目录”选项卡,如图 5-28 所示。

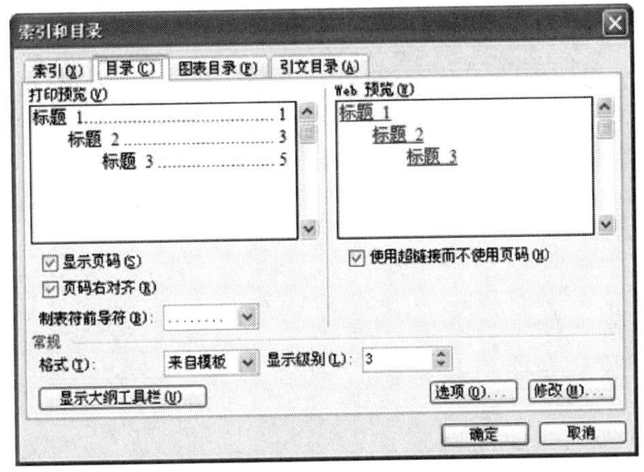

图 5-28

在“显示级别”中可指定目录中包含几个级别,从而决定目录的细化程度。这些级别是来自“标题 1”至“标题 9”样式的,它们分别对应级别 1~9。

如果要设置更为精美的目录格式,可在“格式”中选择其他类型。通常用默认的“来自模板”即可。

单击“确定”按钮,即可插入目录。目录是以“域”的方式插入到文档中的(会显示灰色底纹),因此可以进行更新。

当文档中的内容或页码有变化时,可在目录中的任意位置单击右键,选择“更新域”命令,显示“更新目录”对话框,如图 5-29 所示。如果只是页码发生改变,可选择“只更新页码”。如果标题内容有修改或增减,可选择“更新整个目录”。

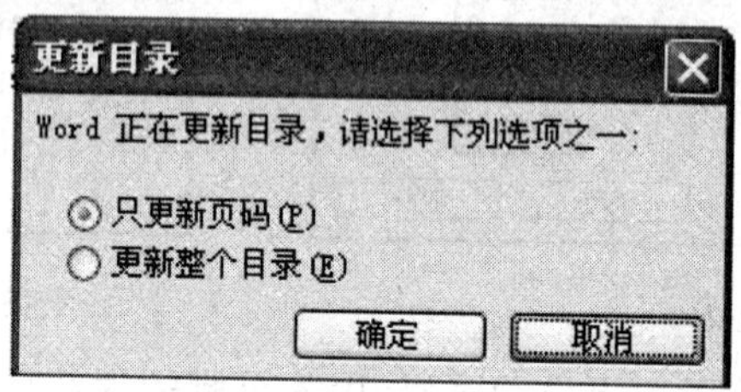

图 5-29

项目6 Excel 2010 复杂表格的制作

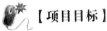

【项目目标】

熟练使用 Excel 制作和格式化表格。

【项目内容】

用 Excel 制作表格“学生成绩统计表”,效果如图 6-1 所示。

2003/2004学年第二学期计算机034班（软件）期末成绩

学号	姓名	性别	英语	应用数学	电子技术	微机原理	计算机操作训练	总分	平均分	名次	奖学金等级
01	李小玲	女	93.0	93.0	93.0	93.0	85.0				
02	王民	男	8.0	89.0	87.0	92.0	85.0				
03	张强	男	81.0	79.0	38.0	78.0	88.0				
04	张可安	女	48.0	91.0	76.0	91.0	85.0				
05	黄研	男	89.0	76.0	80.0	79.0	86.0				
06	黄河	男	38.0	86.0	81.0	79.0	85.0				
07	黄莲花	女	39.0	83.0	86.0	76.0	86.0				
08	黄山	男	64.0	53.0	84.0	83.0	87.0				
09	王永恒	男	96.0	84.0	79.0	86.0	87.0				
10	白杨柳	女	71.0	79.0	78.0	59.0	88.0				
11	杨阳	女	76.0	81.0	67.0	63.0	95.0				
12	李平	男	48.0	83.0	68.0	77.0	86.0				
13	刘南	男	73.0	75.0	63.0	79.0	88.0				
14	刘希望	女	63.0	57.0	81.0	78.0	86.0				
15	白灵	女	68.0	78.0	78.0	25.0	85.0				
16	古籍	女	46.0	28.0	70.0	38.0	86.0				
17	石磊	男	66.0	80.0	80.0	78.0	86.0				
18	汪涛	男	78.0	72.0	88.0	82.0	84.0				
19	汪河	女	55.0	73.0	78.0	19.0	85.0				
20	胡小亮	男	90.0	85.0	70.0	72.0	90.0				

各科最高分					
各科最低分					
补考人次					
参加考试人数					
优秀人数					
优秀率					
及格人数					
及格率					
及格者的平均分					
数在75和90之间的人					

图 6-1

任务1 制作“学生成绩统计表”

要求:在 Excel 中将如图 6-1 所示的“学生成绩统计表(原始文件)”按如下要求进行编辑。

1. 输入学号

在单元格 A3 中输入“’01”,将鼠标放到控制柄,按住鼠标左键往下拉。

2. 在等级列左边插入新列“名次”

选中 K 列,单击菜单“插入”→“列”命令。

3. 格式化标题

选中 A1 到 L1,单击格式工具栏按钮“合并及居中”。保持选中状态,单击菜单“格式”→“单元格”,弹出“单元格格式”对话框,选择“字体”选项卡,做以下设置(颜色选:深蓝),如图 6-2 所示。

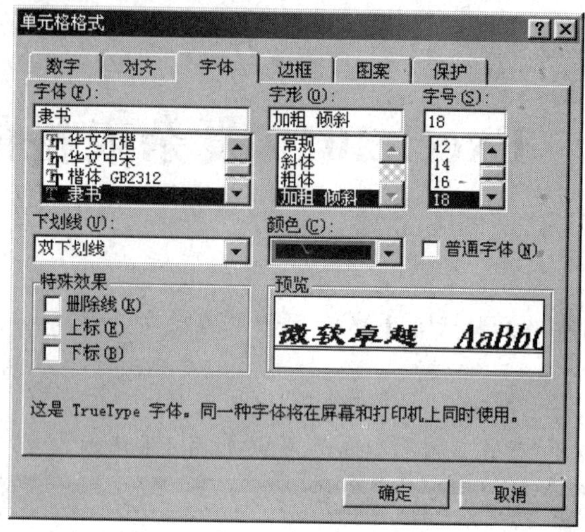

图 6-2

4. 格式化数据区

选中 D3 到 L22,保持选中状态,单击菜单“格式”→“单元格”,弹出“单元格格式”对话框,选择“对齐”选项卡,设置:水平对齐和垂直对齐均为“居中”;选择“图案”选项卡,设置:单元格底纹为 “浅黄”。

5. 格式化表头

选中 A2 到 L2,保持选中状态,单击菜单“格式”→“单元格”,弹出“单元格格式”对话框,选择“对齐”选项卡,设置:水平对齐和垂直对齐均为“居中”;选择“图案”选项卡,设置:单元格底纹为 “浅黄”,图案选“12.5% 灰色”和“红色”,如图 6-3 所示。

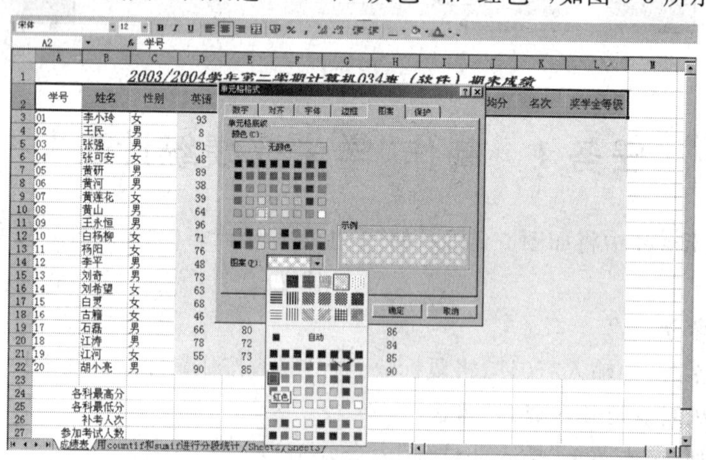

图 6-3

6. 格式化“学号”“姓名”“性别”3 列

将鼠标单击第 2 行的任一单元格,再单击“常用”工具栏中的按钮“格式刷”,将格式刷过(复制到)这 3 列。效果如图 6-4 所示。

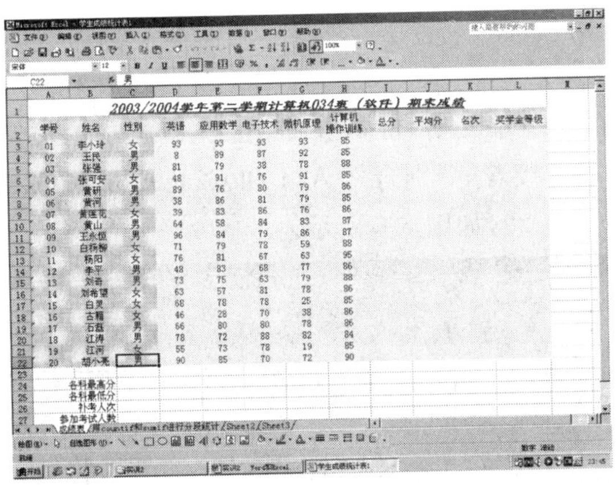

图 6-4

7. 设置工作表背景

单击菜单“格式”→“工作表”→“背景”，弹出“工作表背景”对话框，选择图片“秋叶背景.gif”，单击“插入”按钮。

8. 插入空行

选中第 23 行，单击菜单“插入”→“行”，用格式刷去除该行的格式。

9. 设置表格线

选中 A2 到 L22，保持选中状态，单击菜单“格式”→“单元格”，弹出“单元格格式”对话框，选择“边框”选项卡，设置表格线如图 6-5 所示（外框线粗，内框线细），表格线颜色为“紫红”色。

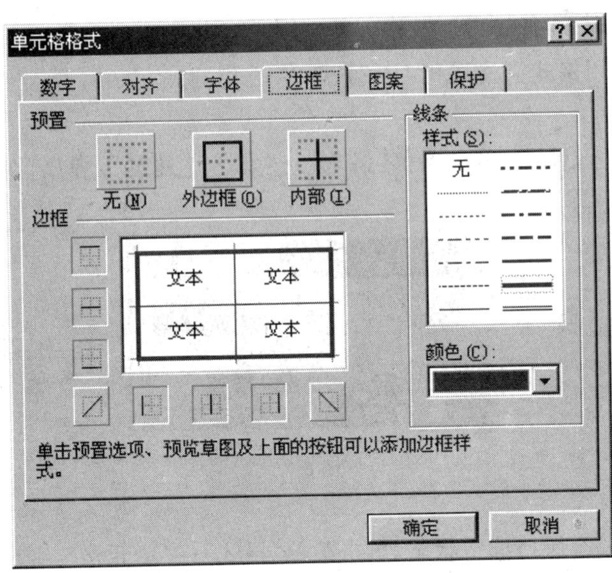

图 6-5

10. 去掉网格线

单击菜单“工具”→“选项”，弹出“选项”对话框，选择“视图”选项卡，将网格线前的钩去掉。

11. 格式化统计区

单击 D3 到 K21 的任一单元格,再单击“常用”工具栏中的按钮“格式刷”,将格式刷过(复制到)A24 到 H29。接着,分别合并 A24 和 C24、A25 和 C25、A26 和 C26、A27 和 C27、A28 和 C28、A29 和 C29,如图 6-6 所示。

	A	B	C	D	E	F	G	H	I	J	K	L
4	02	王民	男	8	89	87	92	85				
5	03	张强	男	81	79	38	78	88				
6	04	张可安	女	48	91	76	91	85				
7	05	黄研	男	89	76	80	79	86				
8	06	黄河	男	38	86	81	79	85				
9	07	黄莲花	女	39	83	86	76	86				
10	08	黄山	男	64	58	84	83	87				
11	09	王永恒	男	96	84	79	86	87				
12	10	白杨柳	女	71	79	78	59	88				
13	11	杨阳	女	76	81	67	63	95				
14	12	李平	男	48	83	68	77	86				
15	13	刘奇	男	73	75	63	79	88				
16	14	刘希望	女	63	57	81	78	86				
17	15	白灵	女	68	78	78	25	85				
18	16	古楣	女	46	28	70	38	86				
19	17	石磊	男	66	80	80	78	86				
20	18	江涛	男	78	72	88	82	84				
21	19	江河	女	55	73	78	19	85				
22	20	胡小亮	男	90	85	70	72	90				
23												
24	各科最高分											
25	各科最低分											
26	补考人次											
27	参加考试人数											
28	优秀人数											
29	优秀率											
30												

图 6-6

12. 在统计区增加四行:30 到 33 行间

在统计区 30 到 33 行间增加及格人数、及格率、及格者的平均分、分数在 75 和 90 之间的人数四行,并用格式刷格式化,与 24 到 29 行相同。

13. 设置列宽

选中 D、E、F、G、H 列,单击菜单“格式”→“列”→“列宽”,弹出“列宽”对话框,设置如图 6-7 所示。

图 6-7

14. 设置小数位数

选中 D3 到 H22,保持选中状态,单击菜单“格式”→“单元格”,弹出“单元格格式”对话框,选择“数字”选项卡,设置:分类为数值,小数位数为 1。

用格式刷格式化 D24 到 H33,与 D3 到 H22 的格式相同。

选中 I3 到 J22,保持选中状态,单击菜单“格式”→“单元格”,弹出“单元格格式”对

话框，选择“数字”选项卡，设置：分类为数值，小数位数为 2。

任务 2 制作“计算机系篮球友谊赛”表格

要求：用 Excel 制作如图 6-8 所示的“计算机系篮球友谊赛”表格。

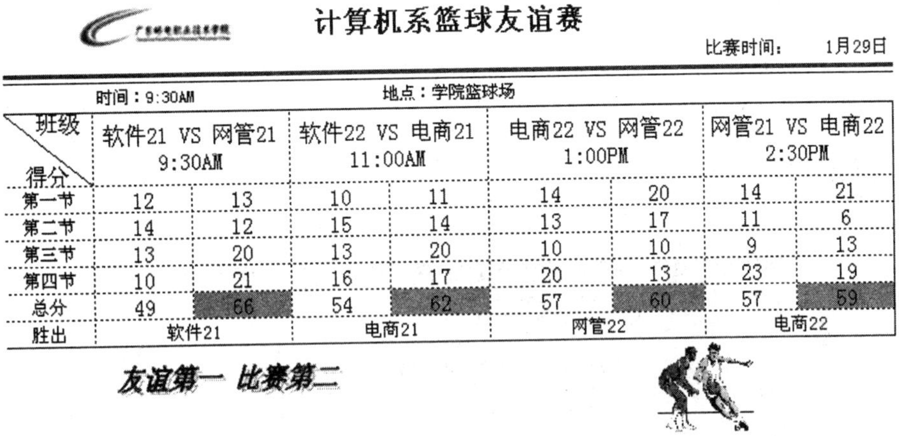

计算机系篮球友谊赛

比赛时间： 1月29日

时间：9:30AM 地点：学院篮球场

班级 得分	软件21 VS 网管21 9:30AM		软件22 VS 电商21 11:00AM		电商22 VS 网管22 1:00PM		网管21 VS 电商22 2:30PM	
第一节	12	13	10	11	14	20	14	21
第二节	14	12	15	14	13	17	11	6
第三节	13	20	13	20	10	10	9	13
第四节	10	21	16	17	20	13	23	19
总分	49	66	54	62	57	60	57	59
胜出	软件21		电商21		网管22		电商22	

友谊第一 比赛第二

图 6-8

项目 7　Excel 2010 的公式与函数

【项目目标】

(1)掌握一些常用 Excel 公式与函数的应用。

(2)掌握 Excel 的综合应用。

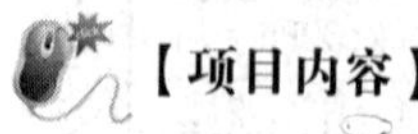

【项目内容】

(1)计算“学生成绩统计表”中的相关数据,样张如图 7-1 所示

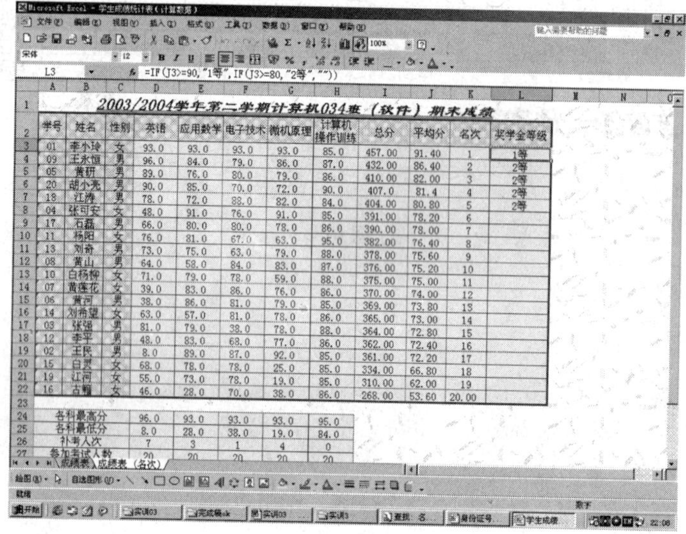

L3 =IF(J3>=90,"1等",IF(J3>=80,"2等",""))

2003/2004学年第二学期计算机034班(软件)期末成绩

学号	姓名	性别	英语	应用数学	电子技术	微机原理	计算机操作训练	总分	平均分	名次	奖学金等级
01	李小玲	女	93.0	93.0	93.0	93.0	85.0	457.00	91.40	1	1等
09	王永恒	男	96.0	84.0	79.0	86.0	87.0	432.00	86.40	2	2等
05	黄研	男	89.0	76.0	80.0	79.0	86.0	410.00	82.00	3	2等
20	胡小亮	男	90.0	85.0	70.0	72.0	90.0	407.0	81.4	4	2等
18	江涛	男	78.0	72.0	88.0	82.0	84.0	404.00	80.80	5	2等
04	张可安	女	48.0	91.0	76.0	91.0	85.0	391.00	78.20	6	
17	石磊	男	66.0	80.0	80.0	78.0	86.0	390.00	78.00	7	
11	杨阳	女	76.0	81.0	67.0	63.0	95.0	382.00	76.40	8	
13	刘奇	男	73.0	75.0	63.0	79.0	88.0	378.00	75.60	9	
08	黄山	男	64.0	58.0	84.0	83.0	87.0	376.00	75.20	10	
10	白杨柳	女	71.0	79.0	78.0	59.0	88.0	375.00	75.00	11	
07	黄莲花	女	39.0	83.0	86.0	76.0	86.0	370.00	74.00	12	
06	黄河	男	38.0	86.0	81.0	79.0	85.0	369.00	73.80	13	
14	刘希望	女	63.0	57.0	81.0	78.0	86.0	365.00	73.00	14	
03	张强	男	81.0	79.0	38.0	78.0	88.0	364.00	72.80	15	
12	李平	男	48.0	83.0	68.0	77.0	86.0	362.00	72.40	16	
02	王民	男	8.0	89.0	87.0	92.0	85.0	361.00	72.20	17	
15	白灵	女	68.0	78.0	78.0	25.0	85.0	334.00	66.80	18	
19	江河	女	55.0	73.0	78.0	19.0	85.0	310.00	62.00	19	
16	古颖	女	46.0	28.0	70.0	38.0	86.0	268.00	53.60	20.00	

	英语	应用数学	电子技术	微机原理	计算机操作训练
各科最高分	96.0	93.0	93.0	93.0	95.0
各科最低分	8.0	28.0	38.0	19.0	84.0
补考人次	7	3	1	4	0
参加考试人数	20	20	20	20	20

图 7-1

(2)自动从身份证号码中提取出生年月、性别等信息,样张如图 7-2 所示。

C3 =IF(VALUE(RIGHT(B3,3))/2=INT(VALUE(RIGHT(B3,3))/2),"女","男")

广东邮电学院电信工程公司员工资料　　创建日期:24-01-2007

姓名	身份证号码	性别	出生日期	年龄	参加工作时间	工龄
张三	102325791205151	男	1979/12/05	28岁	1999-7-1	7年6个月
王五	102325860531122	女	1986/05/31	21岁	2005-6-1	1年7个月
李四	102325821223244	女	1982/12/23	25岁	2002-1-5	5年0个月
钱大	102325430429400	女	1943/04/29	64岁	1965-2-1	41年11个月
孙陆	102325791203245	男	1979/12/03	28岁	2000-5-8	6年8个月
赵一	102325530905511	男	1953/09/05	54岁	1976-12-23	30年1个月
周九	101325730831122	女	1973/08/31	34岁	1995-1-19	12年0个月
吴七	102325850322444	女	1985/03/22	22岁	2006-11-8	0年2个月
马二	102328641224324	女	1964/12/24	43岁	1985-10-16	21年3个月

图 7-2

(3)制作考勤表。

(4)在 Excel 中生成工资表,样张如图 7-3 所示。

(5)企业工资管理。

编号	月份	姓名	部门	基本工资	住房补贴	奖金	应发工资	保险扣款	住房公积金	其他扣款	应纳税所得额	所得税	实发工资	领取签名
1	07.01	李渐	企划	1600.00	200.00	1100.00	2900.00	80	160	30.00	2660.00	274.00	2356.00	
2	07.01	白成飞	销售	1750.00	180.00	1300.00	3230.00	87.5	175	60.00	2967.50	320.13	2587.38	
3	07.01	张力	设计	1800.00	200.00	1250.00	3250.00	90	180	80.00	2980.00	322.00	2578.00	
4	07.01	马中安	企划	1500.00	250.00	1200.00	2950.00	75	150	60.00	2725.00	283.75	2381.25	
5	07.01	李敏新	生产	1700.00	320.00	1180.00	3200.00	85	170	100.00	2945.00	316.75	2528.25	
6	07.01	王珊珊	生产	1650.00	150.00	1200.00	3000.00	82.5	165	10.00	2752.50	287.88	2454.63	
7	07.01	赵同国	生产	1600.00	200.00	1200.00	3000.00	80	160	60.00	2760.00	289.00	2411.00	
8	07.01	赵秀秀	生产	1600.00	220.00	1100.00	2920.00	80	160	0.00	2680.00	277.00	2403.00	
9	07.01	王辉	生产	1800.00	300.00	1180.00	3280.00	90	180	30.00	3010.00	326.50	2653.50	
10	07.01	许庆龙	生产	1750.00	200.00	1200.00	3150.00	87.5	175	60.00	2887.50	308.13	2519.38	
11	07.01	邓锐	生产	1600.00	180.00	1200.00	2980.00	80	160	60.00	2740.00	286.00	2394.00	
12	07.01	李元楷	企划	1800.00	300.00	1100.00	3200.00	90	180	80.00	2930.00	314.50	2535.50	
13	07.01	白小康	企划	1750.00	220.00	1150.00	3120.00	87.5	175	70.00	2857.50	303.63	2483.88	
14	07.01	孙春红	销售	1600.00	300.00	1200.00	3100.00	80	160	60.00	2860.00	304.00	2496.00	
15	07.01	王郸	销售	1600.00	200.00	1300.00	3100.00	80	160	50.00	2860.00	304.00	2506.00	
16	07.01	李岩松	销售	1700.00	320.00	1200.00	3220.00	85	170	40.00	2965.00	319.75	2605.25	
17	07.01	陈碧佳	销售	1600.00	220.00	1250.00	3070.00	80	160	60.00	2830.00	299.50	2470.50	
18	07.01	康建平	销售	1650.00	200.00	1200.00	3050.00	82.5	165	30.00	2802.50	295.38	2477.13	
19	07.01	贾青青	企划	1800.00	220.00	1300.00	3320.00	90	180	60.00	3050.00	332.50	2657.50	
20	07.01	潘庆雷	生产	1600.00	200.00	1200.00	3000.00	80	160	30.00	2760.00	289.00	2441.00	
21	07.01	张子非	生产	1750.00	180.00	1200.00	3130.00	87.5	175	60.00	2867.50	305.13	2502.38	
22	07.01	于晓莉	生产	1600.00	220.00	1150.00	2970.00	80	160	60.00	2730.00	284.50	2385.50	
23	07.01	周琳琳	生产	1700.00	300.00	1200.00	3200.00	85	170	80.00	2945.00	316.75	2548.25	
24	07.01	王明浩	生产	1600.00	200.00	1200.00	3000.00	80	160	60.00	2760.00	289.00	2411.00	
25	07.01	刘翔	设计	1600.00	220.00	1150.00	2970.00	80	160	60.00	2730.00	284.50	2385.50	

图 7-3

任务 1　计算"学生成绩统计表"中的相关数据

计算项目 6 任务 1 中制作"学生成绩统计表"的相关数据。

(1)求每位同学的总分(以李小玲为例说明)的公式:

=SUM(D3:H3)

(2)求每位同学的平均分(以李小玲为例说明)的公式:

=AVERAGE(D3:H3)

(3)求每位同学的奖学金等级(以李小玲为例说明)的公式(平均分 90 以上为 1 等,80 以上为 2 等,其他则没有奖学金):

=IF(J3>=90,"1 等",IF(J3>=80,"2 等",""))

如果增加一个等级:平均分 70 以上为 3 等。请写出公式:

____

(4)按照"总分"由高到低排名次的公式:

=RANK(J3,$J$3:$J$22)

(5)在工作表"成绩表(名次)"的 D24 单元格中输入求各科最高分的公式:

=MAX(D3:D22)

(6)在工作表"成绩表(名次)"的 D25 单元格中输入求各科最低分的公式:

=MIN(D3:D22)

(7)在工作表"成绩表(名次)"的 D26 单元格中输入求各科补考人次的公式:

＝COUNTIF(D3:D22,“＜60”)

(8)在工作表“成绩表(名次)”的 D27 单元格中输入求各科参加考试人数的公式：

＝COUNT(D3:D22)

(9)在工作表“成绩表(名次)”的 D28 单元格中输入求各科优秀人数的公式：

＝COUNTIF(D3:D22,“＞90”)

(10)在工作表“成绩表(名次)”的 D29 单元格中输入求各科优秀率的公式：

＝D28/D27

将该单元格的格式更改为：百分比，带两位小数。

(11)在工作表“成绩表(名次)”的 D30 单元格中输入求各科及格人数的公式：

＝COUNTIF(D3:D22,“＞＝60”)

(12)在工作表“成绩表(名次)”的 D31 单元格中输入求各科及格率的公式：

＝D30/D27

将该单元格的格式更改为：百分比，带两位小数。

(13)在工作表“成绩表(名次)”的 D32 单元格中输入求各科及格者的平均分的公式：

＝SUMIF(D3:D22,“＞＝60”)/COUNTIF(D3:D22,“＞＝60”)

还有其他方法吗？请写出公式：

(14)在工作表“成绩表(名次)”的 D33 单元格中输入求各科分数在 75 和 90 之间的人数的公式：

＝COUNTIF(D3:D22,“＞＝75”)－COUNTIF(D3:D22,“＞＝90”)

(15)在工作表“成绩表(名次)”中将步骤(5)至步骤(14)的公式分别复制到相应的单元格，并更改相应单元格的数据格式。

任务 2　从身份证号码中提取出生年月等信息

1. 在项目 1 中建立自己的项目文件夹(“班级－学号－姓名”)的子文件夹“项目 3”中建立新文件“身份证号码. xls”

(1)在项目文件夹的子文件夹“项目 7”中的空白处右击鼠标，在弹出的快捷菜单中选择“新建”→“Microsoft Excel 工作表”，建立新文件“身份证号码. xls”。

(2)双击打开“身份证号码. xls”，将工作表“Sheet 1”改名为“身份证”，接着删除 Sheet 2 和 Sheet 3。

(3)在工作表“身份证”中制作样张如图 7-4 所示的表格(注意：除了姓名、身份证号码以及参加工作时间为手工添入外，其余各项是空的，下面将用函数计算来得到)。

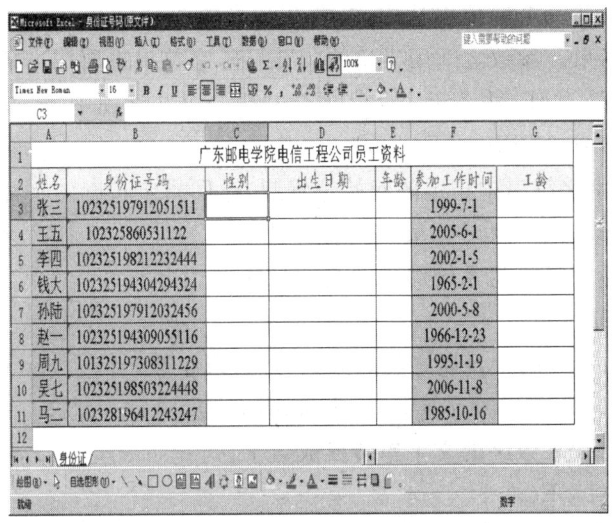

广东邮电学院电信工程公司员工资料						
姓名	身份证号码	性别	出生日期	年龄	参加工作时间	工龄
张三	102325197912051511				1999-7-1	
王五	102325860531122				2005-6-1	
李四	102325198212232444				2002-1-5	
钱大	102325194304294324				1965-2-1	
孙陆	102325197912032456				2000-5-8	
赵一	102325194309055116				1966-12-23	
周九	101325197308311229				1995-1-19	
吴七	102325198503224448				2006-11-8	
马二	102328196412243247				1985-10-16	

图 7-4

2. 通过函数计算相关信息

接下来我们将通过函数求出以下信息。

- 自动从身份证号码中提取出生年月、性别信息。
- 自动从参加工作时间中提取工龄信息。

(1)身份证号码相关知识。在了解如何实现自动从身份证号码中提取出生年月、性别信息之前，首先需要了解身份证号码所代表的含义。我们知道，当今的身份证号码有 15 位或 18 位之分。早期签发的身份证号码是 15 位的，现在签发的身份证由于年份的扩展(由两位变为四位)和末尾加了校验码，就成了 18 位。这两种身份证号码将在相当长的一段时期内共存。两种身份证号码的含义如下。

- 15 位的身份证号码：第 1～6 位为地区代码，第 7～8 位为出生年份(2 位)，第 9～10 位为出生月份，第 11～12 位为出生日期，第 13～15 位为顺序号，并能够判断性别：奇数为男，偶数为女。
- 18 位的身份证号码：第 1～6 位为地区代码，第 7～10 位为出生年份(4 位)，第 11～12位为出生月份，第 13～14 位为出生日期，第 15～17 位为顺序号，并能够判断性别：奇数为男，偶数为女。第 18 位为效验位。

(2)应用函数。在此例中为了实现数据的自动提取，应用了如下几个 Excel 函数。

①IF 函数：根据逻辑表达式测试的结果，返回相应的值。IF 函数允许嵌套。

Excel 中的逻辑函数 IF 是一个适用范围很广、功能极强的函数。IF 函数在工作表中的用途是对数值和公式进行条件检测，然后根据不同的检测结果，返回不同的结果(执行不同的操作命令)。

语法形式：IF(logical_test, value_if_true,value_if_false)

该函数的含义是在单元格中以参数 1 为条件进行检测，当检测结果符合参数 1 时，执行参数 2 的命令，反之，则执行参数 3 的命令。其中：参数 1 为函数执行检测的条件，它一般是一个公式或一个数值表达式,参数 2 和参数 3 是显示一个字符串、一个数值或某一公式的计算结果。参数之间用半角的“,”隔开,字符串也要用半角引号括住。

②CONCATENATE:将若干个文字项合并至一个文字项中。

语法形式:CONCATENATE(text1,text2,…)

③MID:从文本字符串中指定的起始位置起,返回指定长度的字符。

语法形式:MID(text,start_num,num_chars)

④TODAY:返回计算机系统内部的当前日期。

语法形式:TODAY()

⑤DATEDIF:计算两个日期之间的天数、月数或年数。

语法形式:DATEDIF(start_date,end_date,unit)

⑥VALUE:将代表数字的文字串转换成数字。

语法形式:VALUE(text)

⑦RIGHT:根据所指定的字符数返回文本串中最后一个或多个字符。

语法形式:RIGHT(text,num_chars)

⑧INT:返回实数舍入后的整数值。

语法形式:INT(number)

(3)公式写法及解释(以员工张三为例说明)。说明:为避免公式中过多的嵌套,这里的身份证号码限定为 15 位。

①根据身份证号码求性别。

=IF(VALUE(RIGHT(E4,3))/2=INT(VALUE(RIGHT(E4,3))/2),"女","男")

公式解释:

a. RIGHT(E4,3)用于求出身份证号码中代表性别的数字,实际求得的为代表数字的字符串。

b. VALUE(RIGHT(E4,3)用于将上一步所得的代表数字的字符串转换为数字。

c. VALUE(RIGHT(E4,3))/2=INT(VALUE(RIGHT(E4,3))/2 用于判断这个身份证号码是奇数还是偶数。

d. =IF(VALUE(RIGHT(B3,3))/2=INT(VALUE(RIGHT(B3,3))/2),"女","男")及如果上述公式判断出这个号码是偶数时,显示"女",否则,如果这个号码是奇数,则返回"男"。

用户也可以用 Mod 函数来做出判断,请在以下空格中写出公式:

____

____

②根据身份证号码求出生日期。

=CONCATENATE("19",MID(E4,7,2),"/",MID(E4,9,2),"/",MID(E4,11,2))

公式解释:

a. MID(E4,7,2)为在身份证号码中获取表示年份的数字的字符串。

b. MID(E4,9,2) 为在身份证号码中获取表示月份的数字的字符串。

c. MID(E4,11,2) 为在身份证号码中获取表示日期的数字的字符串。

d. CONCATENATE("19",MID(E4,7,2),"/",MID(E4,9,2),"/",MID(E4,11,2))目的就是将多个字符串合并在一起显示。

③根据参加工作时间求工龄。

CONCATENATE(DATEDIF(F4,TODAY(),"y"),"年",DATEDIF(F4,TODAY(),"ym"),"个月")

公式解释：

a. TODAY()用于求出系统当前的时间。

b. DATEDIF(F4,TODAY(),"y")用于计算当前系统时间与参加工作时间相差的年份。

c. DATEDIF(F4,TODAY(),"ym")用于计算当前系统时间与参加工作时间相差的月份，忽略日期中的日和年。

d. =CONCATENATE(DATEDIF(F4,TODAY(),"y"),"年",DATEDIF(F4,TODAY(),"ym"),"个月")目的就是将多个字符串合并在一起显示。

④根据身份证号码求年龄。

=YEAR(TODAY())−(1900+VALUE(MID(B4,7,2)))&"岁"

文本连接运算符 &：使用"&"加入或连接一个或更多文本字符串以产生一串文本。

1900+VALUE(MID(B4,7,2))，使年份变为 4 位数。

⑤创建日期说明。

在工作表中我们还发现，"创建日期:24-01-2007"是显示在同一个单元格中的。这是如何实现的呢？实际上，这个日期还是变化的，它显示的是系统的当前时间。这里是利用函数 TODAY 和函数 TEXT 一起来创建一条信息，该信息包含着当前日期并将日期以"dd-mm-yyyy"的格式表示。

具体公式写法：="创建日期:"&TEXT(TODAY(),"dd-mm-yyyy")

(4)进一步思考。

任务 1 中的身份证号码限定为 15 位。请在理解公式的基础上，进行简单的修改以便适用于 18 位的身份证号码。请写出相应的公式。

①根据身份证号码求性别的公式：

____

____

②根据身份证号码求出生日期的公式：

____

____

③根据参加工作时间求工龄的公式：

____

____

④根据身份证号码求年龄的公式：

____

____

任务3　制作考勤表

1. 自动生成日期

使用的公式：

＝IF(MONTH(DATE($B$2,$B$3,COLUMN()－3))＝$B$3,DATE($B$2,$B$3,COLUMN()－3),"")

公式解释：IF 函数的目的是当 DATE 函数生成的日期为下一个月的日期时，就显示为空，因为每一个月的天数不一样，有的月份有 30 天，有的月份有 31 天，有的月份只有 28 天，如 2 月份。用 MONTH 函数取出 DATE 函数日期里的月份和有效性单元格 B3 做比较，如果是一样的，那么生成 DATE 函数的日期 ，如果不相等，就说明是下一个月的日期。至于 DATE 函数的三个参数，分别为年、月、日，"年"和"月"都是在有效性单元格 B2 和 B3 中，那么"日"就用 COLUMN 函数生成，因为从 1 日开始，因此我们用了 COLUMN(A1)作为它的参数，向右拉公式是就变成 123456…

2. 自动填充间隔底纹

使用的公式：

＝MOD(ROW(),2)＝0

公式解释：MOD 是取余函数，返回两数相除的余数，第一个参数是被除数，第二个参数是除数，用了 ROW()函数作为它的被除数，因为 ROW()函数里没有参数。这个公式用于显示所在单元格的行号，因此就把我们的所有行为分两种情况：一种它的余数是 0；一种它的余数是 1。

3. 当日期是星期六或者是星期天时，自动标示底纹

使用的公式：

＝OR(WEEKDAY(D$4,2)＝6,WEEKDAY(D$4,2)＝7)＝TRUE

公式解释：OR 函数是这样的，如果它里面的参数有一个是成立的，那么它返回 TRUE，WEEDKAY 函数返回一个日期是一个星期的第几天，其有两个参数：第一个参数是日期，第二个参数是返回结果计算方式，如果是 1，星期天就是一周的第一天；如果第二个参数是 2，那么星期一就是一周的第一天，因此符合我们中国人的习惯，所以第二参数我们用了 2。这个公式的意思是如果一个日期是星期六或者是星期天且成立的话，那么我们就执行条件格式，填充底纹；否则，就不执行条件格式。

4. 计算出勤数和缺勤数

使用的公式：

=IF(COUNTIF($D5:$AH5,AI$4)=0,"",COUNTIF($D5:$AH5,AI$4))

公式解释：COUNTIF()函数用于按条件统计单元格个数，其有两个参数，第一个参数是条件所在的区域；第二参数是条件，由于当条件区域时没有这个条件时，结果会返回 0。为了让报表漂亮，所以用 IF 函数来屏蔽这些 0；如果 COUNTIF($D5:$AH5,AI$4)=0，那么就显示为空，也就是不显示，否则，我们还是按照原来的 COUNTIF($D5:$AH5,AI$4)进行正常计算。另外，这个公式我们有没有引用它们情况不一样，$D5:$AH5 用了绝对列引用，为什么这样呢？因为向下填充公式行号要变的，这样来统计每一个人的，向右填公式不能让列号变，因为统计的这个区域不能变，都是这个人的，即那个月的天数。另外，AI$4 这个条件用了绝对行引用。为什么要这样呢？因为我们向下填充公式时，都是统计这个“统计项”，向右填充时，这个“统计项”是要变的，这样才能统计出每一个人的不同的缺勤数。

5. 使日期显示“周几”

方法：选中日期单元格，单击鼠标右键，在弹出的快捷菜单中选择“设置单元格格式”，在打开的对话框中选择“自定义”，在“类型”框中输入“周 aaa”，单击“确定”按钮即可。

6. 选择大区域的快捷键

方法：当区域比较大时，用户使用按住鼠标左键拖拉的方法已经太慢了，因而可借助于“Shift”控制键，选中要选择区域最左上角的单元格，然后拖动水平和垂直滚动条到要选择的这个区域的右下角的单元格，但是不能直接单击左键，要把“Shift”键按下去的同时单击鼠标的左键。

7. 隐藏区域中的“0”值

方法：选中要隐藏的“0”的区域，右击选择自定义单元格格式命令，然后输入 G/通用格式及－G/通用格式。注意，输入代码时一定要关闭输入法，“Ctrl＋空格”或者转为英文的输入状态下才行。

8. 考勤天数

我们可以用一些符号来代替，也可以直接在里面输入数字，最后用 COUNTIF 函数和 SUM 函数来解决，至于那些符号也可以用打钩和打叉，打钩的快捷键“Alt＋41420”；打叉的快捷键“Alt＋41409”，不过大家要注意，这些数字一定要是在小数字键盘上的。

9. 数据有效性的方法

方法：选择要设置的有效性的区域→“数据”选项卡→“数据”工具组→“数据有效性”→“设置”→“序列”→输入数据来源或者用定义的名称。

10. 定义名称的方法

“公式”选项卡→“定义的名称”组→“定义名称”→“新建名称”→“输入名称”→来源

于"选择区域"或者输入其他,如函数。

11. 条件格式里应用公式

选中要设置条件格式的区域→"开始"选项卡→"样式"组→"条件格式"→选择最后一种→输入公式→格式→填充或者其他的选项卡,如边框,字体颜色/确定。

12. 考勤表

最后的效果如图 7-5 所示。

考勤表

年																		
月	1日	2日	3日	4日	5日	6日	7日	8日	9日	10日	11日	12日	13日	14日	15日	16日	17日	18日
部门	周五	周六	周日	周一	周二	周三	周四	周五	周六	周日	周一	周二	周三	周四	周五	周六	周日	周一
招生部	▲																	
财务部	◆																	
教务部	※																	
人事部	◎																	
招生部	★																	
教务部	■																	
教务部																		
人事部																		
人事部																		
财务部																		
财务部																		
招生部																		
招生部																		
人事部																		
财务部																		

图 7-5

任务 4 生成含税工资表

1. 将"工资表(计算个人所得税)——原文件.xls"复制到自己的项目文件夹中的子文件夹"项目 7"中,并改名为"工资表(计算个人所得税).xls"

该文件中有一个工作表"原工资表",结构如图 7-6 所示。

编号	月份	姓名	部门	基本工资	住房补贴	奖金	应发工资	保险扣款	其他扣款	实发工资	领取签名
1	07.01	李渐	企划	600	200	100	900		30		
2	07.01	白成飞	销售	750	180	300	1230		60		
3	07.01	张力	设计	800	200	250	1250		80		

图 7-6

2. 在工作表"原工资表"的基础上生成新的工作表"含税工资表"(见图 7-7)

编号	月份	姓名	部门	基本工资	住房补贴	奖金	应发工资	保险扣款	住房公积金	其他扣款	应纳税所得额	所得税	实发工资	领取签名
1	07.01	李渐	企划	1600.00	200.00	1100.00	2900.00	80	160	30.00	2660.00	274.00	2676.00	
2	07.01	白成飞	销售	1750.00	180.00	1300.00	3230.00	87.5	175	60.00	2967.50	320.13	2762.38	
3	07.01	张力	设计	1800.00	200.00	1250.00	3250.00	90	180	80.00	2980.00	322.00	2758.00	

图 7-7

(1)复制工作表"原工资表",并更改复制得到的工作表名称为"含税工资表"。

(2)在"含税工资表"中将列"基本工资"的值加 1000。

提示:利用"选择性粘贴"选项。

(3)在"含税工资表"中将列"奖金"的值加 1000。操作方法仿照上一步。

(4)计算应发工资。

在单元格 H2 中输入公式:=SUM(E2:G2),并将该公式复制到该列其他单元格。

(5)计算保险扣款。

在单元格 I2 中输入公式:=H2 * 0.05,并将该公式复制到该列其他单元格。

(6)插入新列"住房公积金",在该列计算住房公积金。

在单元格 J2 中输入公式:= H2 * 0.1,并将该公式复制到该列其他单元格。

(7)插入新列"应纳税所得额",在该列计算应纳税所得额。

在单元格 L2 中输入公式:= H2－I2－J2,并将该公式复制到该列其他单元格。

(8)插入新列"所得税",在该列计算应纳所得税。

在单元格 M2 中输入公式:

=IF(L3>100000,L3 * 0.45－15375,IF(L3>>80000,L3 * 0.4－10375,IF(L3>60000,L3 * 0.35－6375,IF(L3>40000,L3 * 0.3－3375,IF(L3>20000,L3 * 0.25－1375,IF(L3>5000,L3 * 0.2－375,IF(L3>2000,L3 * 0.15－125,IF(L3>500,L3 * 0.1－25,L3 * 0.05))))))))

将该公式复制到该列其他单元格。

(9)在 N 列中计算实发工资。

在单元格 N2 中输入公式:=H2－K2－J2－I2－M2,并将该公式复制到该列其他单元格。

3. 计算"所得税"的说明

根据我国税法的规定,个人所得税是采用超额累进税率分段计算,如表 7-1 所示。

表 7-1

级　数	应纳税所得额	税率/%	速算扣除数
1	不超过 500 元的	5	0
2	超过 500 元至 2000 元的部分	10	25
3	超过 2000 元至 5000 元的部分	15	125
4	超过 5000 元至 20000 元的部分	20	375
5	超过 20000 元至 40000 元的部分	25	1375
6	超过 40000 元至 60000 元的部分	30	3375
7	超过 60000 元至 80000 元的部分	35	6375
8	超过 80000 元至 100000 元的部分	40	10375
9	超过 100000 元的部分	45	15375

这时,用 Excel 的 IF 函数来进行计算是再方便不过的了。对"原工资表"只要增加"应纳税所得额"和"所得税"两列就可以,"应纳税所得额"根据"应发工资"数扣除 500 元和其他可免税的部分计算(假设"应纳税所得额"超过 500 元就须纳税),"所得税"设在工资表的应扣金额部分,将其像"代扣房租"等项目一样作为工资表中的一个扣除项

目,计算个人所得税的公式就设置在此列。

设工资表中"应纳税所得额"在L列,"所得税"在M列。我们要在M列的各行设置IF函数公式,由函数公式来对E列各行的应纳税工资进行判断,并自动套用适用税率和速算扣除数计算应纳税额。可在M列设置函数(以第2行为例):

IF(L2 > 100000,L2 * 0.45-15375,IF(L2 > 80000,L2 * 0.40-10375,IF(L2 > 60000,L2 * 0.35-6375,IF(L2 > 40000,L2 * 0.30-3375,IF(L2 > 20000,L2 * 0.25-1375,IF(L2 > 5000,L2 * 0.20-375,IF(L2 > 2000,L2 * 0.15-125,IF(L2 > 500,L2 * 0.10-25,L2 * 0.05))))))))。

该函数十分冗长,其中嵌套了7个同样的IF函数,从第2个IF函数开始到最后是第1个嵌套函数,从第3个IF开始到最后是第2个嵌套函数……为帮助理解,可以将这些嵌套函数分别设为X1、X2…于是将整个函数简化如下:

IF(L2 > 100000,L2 * 0.45-15375,X1)

该函数意为:当L2中工资额大于100000元时,M2中计算出的应纳所得税额为L2 * 45%-15375,否则(指当工资额等于或小于100000元时),M2应按X1的方法计算;把X1展开:

IF(L2 > 80000,L2 * 0.40-10375,X2)

其含义与上面相仿。最后一个嵌套函数X7,展开:

IF(L2 > 500,L2 * 0.10-25,L2 * 0.05)

该函数意为:当L2中工资额大于500元时,M2中计算出的应纳所得税额为L2 * 10%-25,否则(当工资额等于或小于500元时),M2等于L2 * 5%。

4. 上述表格中"速算扣除数"的计算方法如下

(1)当"应纳税所得额"有"超过500元至2000元的部分"时,如果按10%计算所有的超出部分时,那就多算了500 * (10%-5%)=25(因为"应纳税所得额"不超过500元的部分只按照5%的税率纳税),即"速算扣除数"的值。

(2)当"应纳税所得额"有"超过2000元至5000元的部分"时,如果按15%计算所有的超出部分时,那就多算了500 * (15%-5%)+1500 * (15%-10%)=125(因为"应纳税所得额"不超过500元的部分只按照5%的税率纳税、不超过2000元的部分只按照10%的税率纳税),即"速算扣除数"的值。

(3)当"应纳税所得额"有"超过5000元至20000元的部分"时,如果按20%计算所有超出部分时,那就多算了500 * (20%-5%)+1500 * (20%-10%)+3000 * (20%-15%) =375[因为"应纳税所得额"中有500元的部分只按照5%的税率纳税、有1500=(2000-500)元的部分只按照10%的税率纳税、有3000=(5000-2000)元的部分只按照15%的税率纳税],即"速算扣除数"的值。

(4)当"应纳税所得额"有"超过20000元至40000元的部分"时,如果按25%计算所有的超出部分时,那么"速算扣除数"的值为1375,即多算了:

500 * (25% - 5%) + 1500 * (25% - 10%) + 3000 * (25% - 15%) + 15000 *

(25％－20％)＝1375

(5)当“应纳税所得额”有“超过 40000 元至 60000 元的部分”时，如果按 30％计算所有的超出部分时，那么“速算扣除数”的值为 3375，即多算了(请写出公式)：

____

____

(6)当“应纳税所得额”有“超过 60000 元至 80000 元的部分”时，如果按 35％计算所有的超出部分时，那么“速算扣除数”的值为 6375，即多算了(请写出公式)：

____

____

(7)当“应纳税所得额”有“超过 80000 元至 100000 元的部分”时，如果按 40％计算所有的超出部分时，那么“速算扣除数”的值为 10375，即多算了(请写出公式)：

____

____

(8)当“应纳税所得额”有“超过 100000 元的部分”时，如果按 45％计算所有的超出部分时，那么“速算扣除数”的值为 15375，即多算了(请写出公式)：

____

____

任务 5　企业工资管理

1. 用 YEAR 函数和 TODAY 函数计算“员工信息”工作表中员工的工龄(见表 7-2)

表 7-2

	A	B	C	D	E	F	G
1	员工基本信息表						
2	员工编号	姓名	部门	职务	学历	工作日期	工龄(年)
3	00324618	王应富	机关	总经理	研究生	1991-8-15	19
4	00324619	曾冠琛	销售部	部门经理	研究生	1999-9-7	11
5	00324620	关俊民	客服中心	部门经理	本科	1999-12-6	11
6	00324621	曾丝华	客服中心	普通员工	本科	1990-1-16	20
7	00324622	王文平	技术部	部门经理	大专	1996-2-10	14
8	00324623	孙娜	客服中心	普通员工	大专	1996-3-10	14
9	00324624	丁怡瑾	业务部	部门经理	研究生	1998-4-8	12
10	00324625	蔡少娜	后勤部	部门经理	研究生	1998-5-8	12
11	00324626	罗建军	机关	部门经理	本科	1999-6-7	11
12	00324627	肖羽雅	后勤部	文员	大专	1997-7-9	13
13	00324628	甘晓聪	机关	文员	中专	1995-8-11	15
14	00324629	娄雪	后勤部	技工	大专	2002-9-4	8
15	00324630	郑敏	产品开发部	部门经理	研究生	1998-12-7	12
16	00324631	陈芳芳	销售部	业务员	本科	1997-1-9	13
17	00324632	韩世伟	技术部	总工程师	研究生	1995-2-11	15
18	00324633	杨惠盈	技术部	工程师	研究生	2002-3-4	8
19	00324634	何军	销售部	业务员	本科	1993-4-13	17
20	00324635	郑丽君	人事部	部门经理	本科	1999-5-7	11
21	00324636	罗益美	销售部	业务员	本科	1995-6-11	15
22	00324637	彭湃	销售部	业务员	本科	2003-7-3	7
23	00324638	吴美英	技术部	工程师	研究生	2002-8-4	8
24	00324639	李妙嫦	产品开发部	工程师	研究生	1995-9-11	15
25	00324640	杨仕丽	技术部	工程师	研究生	1993-12-12	17
26	00324641	陈秀	销售部	业务员	本科	2001-1-5	9
27	00324642	郑敏珊	销售部	业务员	本科	1997-2-9	13
28	00324643	李晓漩	客服中心	普通员工	大专	1993-3-13	17
29	00324644	肖子良	后勤部	工程师	本科	2004-4-2	6
30	00324645	周凤连	产品开发部	工程师	研究生	2003-5-3	7
31	00324646	陈巧媚	销售部	业务员	本科	1994-6-12	16

员工信息 / 考核情况 / 工资、奖金对照表 / 基本工资及社会保险 / 税率 / 工资总表 / 工资统计 / 工资总表 (2)

就绪

要求如下：

①用 YEAR 函数计算“员工信息”工作表中的“工龄”，算法如下：

工龄＝当前年份－参加工作年份＝ YEAR(TODAY())－YEAR(工作日期)。

②将“员工信息”工作表中的“工龄”列的单元格“数字”格式设置为“数值”。

2. 用 VLOOKUP 函数查找出“基本工资及社会保险”工作表中的“工龄”

要求如下：

①在“员工信息”工作表中定义“员工信息”数据区。

②在“基本工资及社会保险”工作表中，根据员工编号，用 VLOOKUP 函数在上面定义的“员工信息”数据区中查找员工编号对应的工龄。

3. 用 IF 函数嵌套，计算“基本工资及社会保险”工作表中的“工龄工资”

要求如下：

根据“工资、奖金对照表”工作表给出的“工龄”与“工龄工资”对照表，用 IF 函数嵌套在“基本工资及社会保险”工作表中计算员工的“工龄工资”。

4. 用 VLOOKUP 函数的嵌套及 IF 函数计算“基本工资及社会保险”工作表中的职务工资和学历工资

要求如下：

①在“基本工资及社会保险”工作表中，用 VLOOKUP 函数根据“员工编号”，在“员工信息”数据区中，查找出相应的“职务”。

②再根据上面查找到的“职务”，用 VLOOKUP 函数的嵌套，在“工资、奖金对照表”工作表中定义的“职务工资”数据区中查找到该职务对应的“职务工资”。

③按照同样的方法，用 VLOOKUP 函数的嵌套，计算出“基本工资及社会保险”工作表中的“学历工资”。

5. 计算“基本工资及社会保险”工作表中的“基本工资”和“社会保险”

要求如下：

①计算员工的“基本工资”，计算方法为：基本工资＝工龄工资＋职务工资＋学历工资。

②计算员工需缴纳的“社会保险”，计算方法如下：

养老保险＝基本工资×8％

医疗保险＝基本工资×2％

失业保险＝基本工资×1％

住房公积金＝基本工资×7％

社会保险＝养老保险＋医疗保险＋失业保险＋住房公积金

6. 用 VLOOKUP 函数计算“工资总表”工作表中的“姓名”“部门”“基本工资”和“社会保险”

要求如下：

①在“工资总表”工作表中，根据“员工编号”，用VLOOKUP函数在前面定义的“员工信息”数据区中，查找出相应的“姓名”和“部门”。

②在“基本工资及社会保险”工作表中，定义“基本工资”数据区。

③在“工资总表”工作表中，根据“员工编号”，用VLOOKUP函数在“基本工资”数据区中，计算出相应的“基本工资”和“社会保险”。

7. 用嵌套的VLOOKUP函数及IF函数计算“工资总表”工作表中的“应发工资”

要求如下：

①在“考核情况”工作表中，利用IF函数嵌套，根据“考核等级与奖金”工作表给出的“考核分数”与“考核等级”的关系，计算员工的“考核等级”。

②在“考核情况”工作表中定义数据区“考核等级”。

③在“工资总表”工作表的“奖金”列，根据“员工编号”，用VLOOKUP函数在上面定义的“考核情况”数据区中计算出员工相应的“考核等级”。

④在“考核等级与奖金”工作表中定义“奖金”数据区，然后根据上面查找到的“考核等级”，在“工资总表”工作表中用VLOOKUP函数的嵌套，在“奖金”数据区中查找到该职务对应的“奖金”。

⑤计算员工的“应发工资”，计算方法：应发工资＝基本工资＋奖金－社会保险。

8. 用IF函数计算“应纳税工资额”，用嵌套的IF函数计算“个人所得税”

要求如下：

①“应纳税工资额”＝“应发工资”－1600元。

②在“工资总表”工作表中，用IF函数由“应发工资”计算出“应纳税工资额”。

③假设公司员工的最高月工资不超过80000元，则用IF函数嵌套计算个人所得税可设置7个级别。

“个人所得税”＝“应纳税所得额”×适用“税率”－“速算扣除数”。

④用四舍五入函数ROUND，将个人所得税精确到分，即保留两位小数。

⑤计算“工资总表”中的“实发工资”。

实发工资＝应发工资－个人所得税

9. 把“工资总表”工作表中人民币的货币单位设置为“RMB”(人民币)

要求如下：

①在“工资总表”工作表中选中要设置格式的单元格。

②打开“单元格格式”对话框。

③在“类型”列表框中，编辑数字格式代码：“"RMB"#，##0.00;"RMB"－#，##0.00”。

10. 用SUMIF函数统计“工资统计”工作表中“财务部”的“基本工资总计”

要求如下：

①选中"工资统计"工作表中的C3单元格，打开"插入函数"对话框，找到SUMIF函数，单击"确定"按钮，弹出"函数参数"对话框。

②第一个参数选择"工资总表"中"部门"所在列；

第二个参数是求和的条件；

第三个参数选择"工资总表"中"基本工资"所在的列。

③双击填充柄，复制公式。

④将人民币的货币单位设置为"RMB"。

11. 用VLOOKUP函数计算"个人所得税"

要求如下：

①定义"税率"数据区域，其中：第2列为适用"税率"，第3列为"速算扣除数"。

②用VLOOKUP函数计算出"个人所得税"，算法：

"个人所得税"="应纳税所得额"×适用"税率"-"速算扣除数"。

即J3单元格中的公式用VLOOKUP函数表示为"=H3 * VLOOKUP(H3,税率,2,TRUE)-VLOOKUP(H3,税率,3,TRUE)"。

任务6　综合练习

1. 练习1

在如图7-8所示文件"综合练习.xls"的工作表"函数"中，利用相关函数完成以下操作。

(1)计算下表中订单数大于225的一共有多少月。

(2)为"查询表"实现以下功能：月份数据从下拉框中选取，销售额随着月份的变化而自动查询。

G5 查询表

	A	B	C	D	E	F	G	H	I	J
4										
5		月份	人工	订单	销售额		查询表			
6		一月份	23	204	1,516,900		月份	销售额		
7		二月份	43	290	1,966,600		五月份			
8		三月份	20	194	1,726,100					
9		四月份	78	266	2,314,100					
10		五月份	61	276	1,642,500					
11		六月份	70	225	2,103,500					
12		七月份	73	273	1,756,300					
13		八月份	13	279	2,316,522					
14		九月份	93	288	1,847,032					
15		十月份	68	288	1,724,790					
16										

图7-8

2. 练习2

在如图7-9所示文件"综合练习.xls"的工作表"筛选"中，利用自动或高级筛选完成

以下操作。

(1)部门为审计和评估部的所有人。

(2)审计部的男同事且工资小于 5000。

(3)审计部的所有人,评估部的女同事且工资大于 5000,会计处工资小于 8000。

姓名	部门	性别	工资
邹颖	审计部	女	6990
谭艳	审计部	女	8016
庄维敏	审计部	女	6055
王伟	审计部	男	9244
钱晓东	审计部	男	3920
曲华	审计部	女	3327
孙晓星	审计部	男	4270
黄键	评估部	男	8274
程振华	评估部	男	3209
南炳	评估部	男	5105
张荣臣	评估部	男	1537
王栋	评估部	男	6649
铁劭沅	评估部	男	6449
曾扬	评估部	女	1613
徐倩	评估部	女	7707
吴育辉	管理咨询部	男	7520
赵玉旭	管理咨询部	男	2333
史学岗	管理咨询部	男	8651
孙静	管理咨询部	女	4576

图 7-9

3. 练习 3

在如图 7-10 所示文件“综合练习. xls”的工作表“条件格式”中,用条件格式功能完成以下操作。

(1)在表格中,按要求设置 3 种单元格的格式。

(2)在表格中,总计销量超过 25000 的把品牌名用红色加粗字表示。

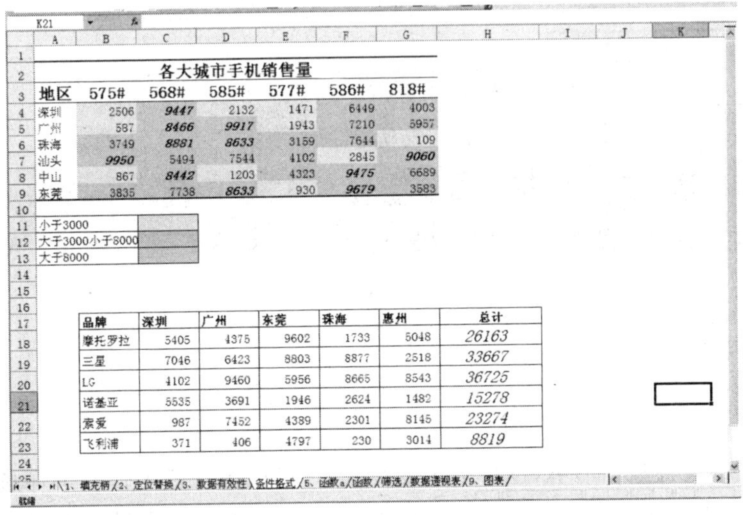

各大城市手机销售量

地区	575#	568#	585#	577#	586#	818#
深圳	2506	9447	2132	1471	6449	4003
广州	587	8466	9917	1943	7210	5957
珠海	3749	8881	8633	3159	7644	109
汕头	9950	5494	7544	4102	2845	9060
中山	867	8442	1203	4323	9475	6689
东莞	3835	7738	8633	930	9679	3583

小于3000	
大于3000小于8000	
大于8000	

品牌	深圳	广州	东莞	珠海	惠州	总计
摩托罗拉	5405	4375	9602	1733	5048	26163
三星	7046	6423	8803	8877	2518	33667
LG	4102	9460	5956	8665	8543	36725
诺基亚	5535	3691	1946	2624	1482	15278
索爱	987	7452	4389	2301	8145	23274
飞利浦	371	406	4797	230	3014	8819

图 7-10

项目 8　Excel 2010 的数据分析

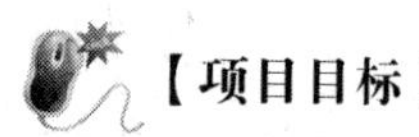

【项目目标】

掌握 Excel 中数据管理与分析的方法，包括对数据清单内容进行查询、排序、筛选（自动筛选、高级筛选）、分类汇总。

【项目内容】

对“学生成绩统计表”进行数据管理与分析，样张如图 8-1 所示。

Criteria　性别

	A	B	C	D	E	F	G	H	I	J	K
3	02	王民	男	8.0	89.0	87.0	92.0	85.0	361.00	72.20	17
4	03	张强	男	81.0	79.0	38.0	78.0	88.0	364.00	72.80	15
5	04	张可安	女	48.0	91.0	76.0	91.0	85.0	391.00	78.20	6
6	05	黄研	男	89.0	76.0	80.0	79.0	86.0	410.00	82.00	3
7	06	黄河	男	38.0	86.0	81.0	79.0	85.0	369.00	73.80	13
8	07	黄莲花	女	39.0	83.0	86.0	76.0	86.0	370.00	74.00	12
9	08	黄山	男	64.0	58.0	84.0	83.0	87.0	376.00	75.20	10
10	09	王永恒	男	96.0	84.0	79.0	86.0	87.0	432.00	86.40	2
11	10	白杨柳	女	71.0	79.0	78.0	59.0	88.0	375.00	75.00	11
12	11	杨阳	女	76.0	81.0	67.0	63.0	95.0	382.00	76.40	8
13	12	李平	男	48.0	83.0	68.0	77.0	86.0	362.00	72.40	16
14	13	刘奇	男	73.0	75.0	63.0	79.0	88.0	378.00	75.60	9
15	14	刘希望	女	63.0	57.0	81.0	78.0	86.0	365.00	73.00	14
16	15	白灵	女	68.0	78.0	78.0	25.0	85.0	334.00	66.80	18
17	16	古籍	女	46.0	28.0	70.0	38.0	86.0	268.00	53.60	20
18	17	石磊	男	66.0	80.0	80.0	78.0	86.0	390.00	78.00	7
19	18	江涛	男	78.0	72.0	88.0	82.0	84.0	404.00	80.80	5
20	19	江河	女	55.0	73.0	78.0	19.0	85.0	310.00	62.00	19
21	20	胡小亮	男	90.0	85.0	70.0	72.0	90.0	407.0	81.4	4
22	21	张山	男	90.0	80.0	78.0	89.0	90.0	427.00	85.40	
23											
24		性别	英语	应用数学							
25		女	>75	>80							
26	学号	姓名	性别	英语	应用数学	电子技术	微机原理	计算机操作训练	总分	平均分	名次
27	01	李小玲	女	93.0	93.0	93.0	93.0	85.0	457.00	91.40	1
28	11	杨阳	女	76.0	81.0	67.0	63.0	95.0	382.00	76.40	8
29											

成绩表 / Sheet2 / Sheet9 / 数据处理与分析 / 成绩表（名次）/

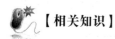

图 8-1

【相关知识】

1. 概念

数据列表：又称数据清单，也称工作表数据库；可以像一般工作表一样进行编辑，也可以通过“数据”菜单的“记录单”命令来查看、更改、添加及删除工作表数据库中的记录。

数据清单：由若干行和列组成，行相当于数据库的记录，列相当于字段，每列有一个列标题，相当于数据库的字段名称。

注意对数据清单内容进行查询、排序、筛选的条件，特别是自动筛选和高级筛选的区别（功能的区别、操作过程的区别）；注意使用条件中的逻辑运算符号和逻辑运算值：数据分析中分类汇总的目的和步骤，创建数据透视表目的和要求。

2. 相关内容

（1）使用"数据"菜单的"记录单"扩充数据清单。

（2）排序：简单排序和多关键字排序。

（3）筛选：用自动筛选进行自定义筛选，用高级筛选进行复合条件筛选。

筛选操作分为自动筛选和高级筛选。自动筛选一般有以下两种功能：一是对于同一字段内容的"and"或者"or"条件的筛选；二是对于不同字段内容的"and"条件筛选。

自动筛选操作方法：选择数据区域内的任一单元格，使用"数据"菜单的"筛选"命令中的"自动筛选"项，单击操作目标字段名左侧的下拉箭头，出现对话框列表，选择条件，则只显示筛选出的记录，对于第一种情况，进行一次上述操作即可完成；对于第二种情况，则需进行多次操作才能完成。

高级筛选可以完成各种条件的筛选。其操作方法：首先在数据区的下面或者右侧空白区输入筛选条件（筛选条件之间是"and"关系时，将条件放在同一行，若是"or"的关系，则放在不同行）；选择数据区域内的任一单元格，使用"数据"菜单的"筛选"命令中的"高级筛选"项，在"高级筛选"对话框中可以看到数据区位置（若发现不对，可以使用折叠按钮折叠对话框，重选数据区）、条件区位置（也可以重选），选择筛选数据放置区（自动筛选无此功能），按"确定"按钮即完成。

（4）分类汇总：先按要求"分类"（即对分类项排序），然后按要求进行汇总。对数据清单中某个字段的值进行分类汇总的具体操作步骤：首先，选定分类字段数据进行排序；然后，使用"数据"菜单→"分类汇总"命令→选择用来分类的"分类字段"→选择用于计算分类汇总的"汇总方式"→选定需要汇总的"汇总项"（可以不止一个）→"确定"。

任务 1　数据分析"学生成绩统计表"

（1）将项目 7 任务 1 中的文件"学生成绩统计表. xls"复制到子文件夹"项目 8"中，并改名为"数据管理与分析. xls"。

（2）在工作簿"数据处理与分析. xls"中插入一个新工作表，名字改为"用记录单录入数据"。

（3）复制工作表"成绩表"中的学生成绩表数据到工作表"用记录单录入数据"中。

（4）使用"数据"菜单的"记录单"对话框扩充数据清单，即增加一条记录（见图 8-2）。

（5）将"用记录单录入数据"工作表复制五份，工作表分别更名为"简单排序""多关键字排序""自动筛选""高级筛选""分类汇总"，然后分别进行上述各项操作。

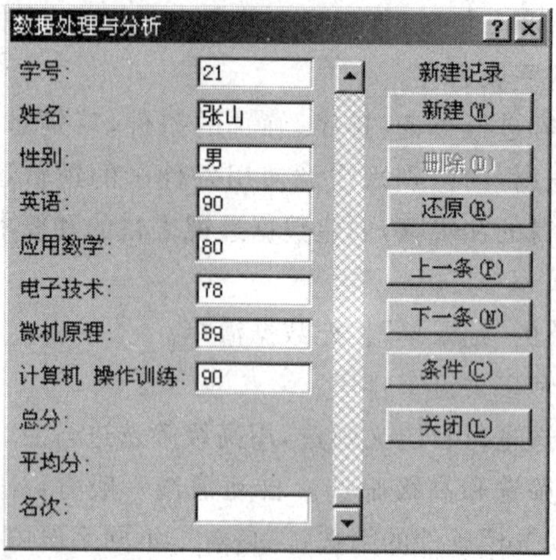

图 8-2

(6)对工作表“简单排序”中的数据进行简单排序,以“平均分”字段做递增排序,选中“平均分”列中的任意单元格,单击工具栏的递增按钮后查看结果。完成简单排序后,撤销(单击工具栏的“撤销”按钮),再恢复。

(7)对工作表“多关键字排序”中的数据进行多关键字排序,要求主关键字为“性别”,次关键字为“总分”,第三关键字为“英语”,全部递增排序,如图 8-3 所示。

对数据清单排序的方法:首先选择数据区域内的任一单元格,然后使用“数据”菜单的“排序”命令,在排序对话框中选择第一关键字和递增(或递减)项,选择第二关键字和递增(或递减)……当工作表中含有不止一种跨列合并的单元格时,需首先选中数据区,再使用“数据”菜单的“排序”命令,在排序对话框中选择第一关键字和递增(或递减)项,选择第二关键字和递增(或递减)……

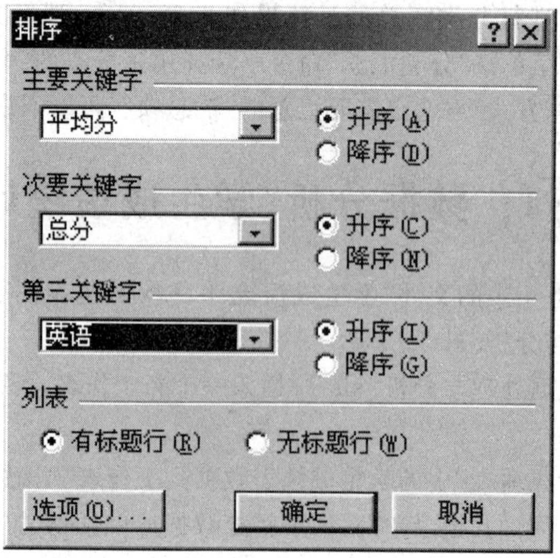

图 8-3

(8)对工作表 Sheet 8 数据用自动筛选进行自定义筛选。使用“工具”菜单→“筛选”→“自动筛选”，拉开“英语”的下拉三角→“自定义”→ 对话框定义条件，筛选出“英语”分数在 70～80 的记录，并将筛选结果复制到 A50 起始的位置，按如图 8-4 所示样式进行。最后将工作表名称改为“自动筛选”。

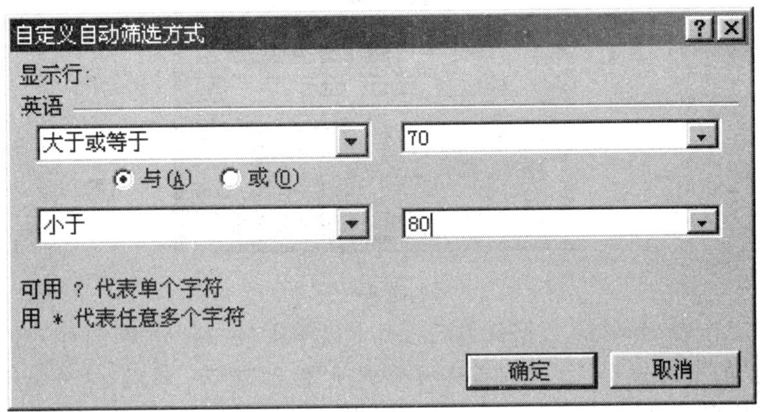

图 8-4

(9)对工作表 Sheet 9 数据再用高级筛选进行复合条件筛选，筛选“性别”(主关键字)为女、“平均分”(次关键字)超过 75 分、“应用数学”(第三关键字)超过 80 分者，将筛选结果复制到 Sheet 9！A26 为起点处，结果如图 8-5 所示。最后将工作表名称改为“高级筛选”。

Criteria　　fx 性别

	A	B	C	D	E	F	G	H	I	J	K
3	02	王民	男	8.0	89.0	87.0	92.0	85.0	361.00	72.20	17
4	03	张强	男	81.0	79.0	38.0	78.0	88.0	364.00	72.80	15
5	04	张可安	女	48.0	91.0	76.0	91.0	85.0	391.00	78.20	6
6	05	黄研	男	89.0	76.0	80.0	79.0	86.0	410.00	82.00	3
7	06	黄河	男	38.0	86.0	81.0	79.0	85.0	369.00	73.80	13
8	07	黄莲花	女	39.0	83.0	86.0	76.0	86.0	370.00	74.00	12
9	08	黄山	男	64.0	58.0	84.0	83.0	87.0	376.00	75.20	10
10	09	王永恒	男	96.0	84.0	79.0	86.0	87.0	432.00	86.40	2
11	10	白杨柳	女	71.0	79.0	78.0	59.0	88.0	375.00	75.00	11
12	11	杨阳	女	76.0	81.0	67.0	63.0	95.0	382.00	76.40	8
13	12	李平	男	48.0	83.0	68.0	77.0	86.0	362.00	72.40	16
14	13	刘奇	男	73.0	75.0	63.0	79.0	88.0	378.00	75.60	9
15	14	刘希望	女	63.0	57.0	81.0	78.0	86.0	365.00	73.00	14
16	15	白灵	女	68.0	78.0	78.0	25.0	85.0	334.00	66.80	18
17	16	古籍	女	46.0	28.0	70.0	38.0	86.0	268.00	53.60	20
18	17	石磊	男	66.0	80.0	80.0	78.0	86.0	390.00	78.00	7
19	18	江涛	男	78.0	72.0	88.0	82.0	84.0	404.00	80.80	5
20	19	江河	女	55.0	73.0	78.0	19.0	85.0	310.00	62.00	19
21	20	胡小亮	男	90.0	85.0	70.0	72.0	90.0	407.0	81.4	4
22	21	张山	男	90.0	80.0	78.0	89.0	90.0	427.00	85.40	
23											
24		性别	英语	应用数学							
25		女	>75	>80							
26	学号	姓名	性别	英语	应用数学	电子技术	微机原理	计算机操作训练	总分	平均分	名次
27	01	李小玲	女	93.0	93.0	93.0	93.0	85.0	457.00	91.40	1
28	11	杨阳	女	76.0	81.0	67.0	63.0	95.0	382.00	76.40	8
29											

成绩表 / Sheet2 / Sheet9 / 数据处理与分析 / 成绩表（名次）

图 8-5

操作提示：使用“数具”功能选项卡进行排序和筛选，单击“确定”按钮即完成，筛选结果自动放置在指定区域内。参照如图 8-6 所示样式。

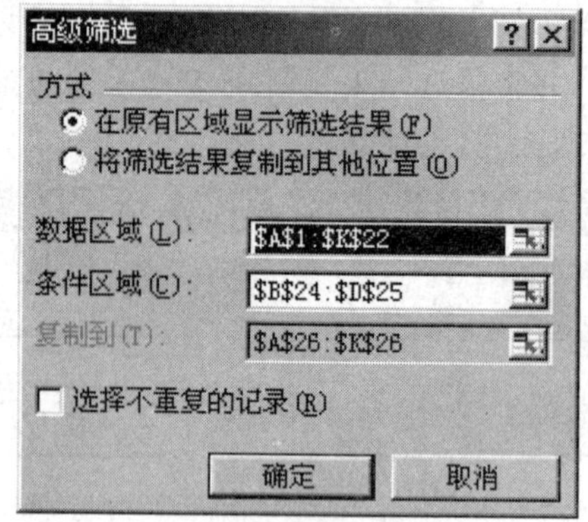

图 8-6

(10)对工作表 Sheet10 数据分类汇总要求以学生“性别”分类(排序),汇总“应用数学”和“英语”的平均分数。操作时首先按分类项“性别”排序,然后在“分类汇总”对话框中选择分类字段(性别),选择汇总方式(平均值),选定汇总项(应用数学和英语),单击“确定”按钮则完成。参照如图 8-7 所示设置。最后将工作表名称改为“分类汇总”。

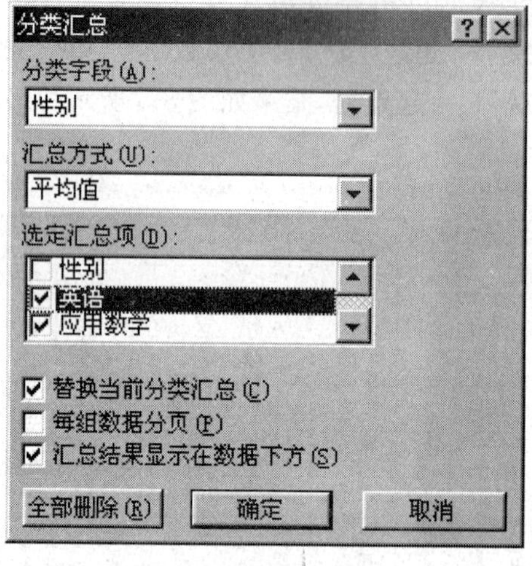

图 8-7

任务 2　综合练习

1. 练习 1:常用函数一键完成

微软 Excel 电子表格提供了上百种函数命令,可是对于大多数普通人来说经常用到的只是其中一些常用的函数,比如算术求和(SUM 函数)、求最大值(MAX 函数)、求最小值(MIN 函数)、求平均值(AVERAGE 函数)等,而且很多时候都是临时计算一下,并不需要在专门的单元格内设置这些函数来保存结果。其实,Excel 提供了一个非常实用的功能,可以方便地实现简单函数的运算,只是平常被大多数人忽略了。

具体操作非常简单：如图 8-8 所示，首先确保 Excel 视图菜单的状态栏被勾选，在选定需要进行运算的单元格后，右击 Excel 状态栏右侧的 NUM 区域会弹出一个小菜单（图 8-9），里面的“求和(S)、最小值(I)、最大值(M)、计数(C)、均值(A)”就分别对应 Excel 的 SUM 函数、MIN 函数、MAX 函数、COUNT 函数和 AVERAGE 函数，要想进行其中一项运算只需用鼠标作相应选择，则 NUM 区域的左边就会显示出运算结果。

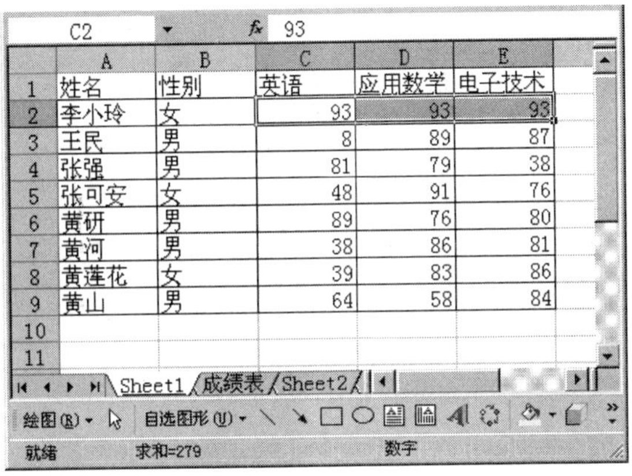

图 8-8

图 8-9

2. 练习 2：Excel 打印技巧

(1)打印行号和列标

行号和列标用于定位工作表中信息的确切位置。行号就是工作表中每一行左侧的数字，列标就是工作表中每一列顶端的字母，一般在打印时都不会打印出来。要使行号和列标能打印出来，按以下步骤操作。

①单击相应的工作表。

②单击“文件”菜单中的“页面设置”命令，然后单击其中的“工作表”选项卡。

③选中“行号列标”复选框。

(2)按指定的页数打印

有时在打印一个工作表时，可能会出现打印超过一页，但另一页的数据又比较少的现象，这样，我们可以调为一页打印，其操作步骤如下。

①单击相应的工作表。

②单击“文件”菜单的“页面设置”命令，然后单击“页面”选项卡。

③单击“调整为”选项。

④键入打印工作表内容所需要的页数。

这样，打印的数据不会超出指定的页数范围。

注意：Excel 不会为了填满所有的页面放大数据。在将工作表以指定的页数打印时,Excel 将忽略人工设置的分页符。

(3)使工作表打印在纸张的正中

当需要打印的数据较少时,如果直接打印,就会使打印的数据在一页的顶端,从而影响美观,这可以通过设置,使打印的数据在纸张的正中。具体操作步骤如下。

①单击“文件”菜单的“页面设置”命令,再单击“页边距”选项卡。

②如果要使工作表中的数据在左右页边距之间水平居中,则在“居中方式”标题下选中“水平居中”复选框。如果要使工作表中的数据在上下页边距之间垂直居中,则在“居中方式”标题下选中“垂直居中”复选框。

项目 9　Excel 2010 的数据透视表

【项目目标】

(1)掌握建立数据透视表的方法。

(2)掌握建立数据透视图的方法。

【项目内容】

对"学生成绩统计表"等生成数据透视表和数据透视图。

任务 1　数据透视表介绍

1. 数据透视表的概念

数据透视表是一种可以快速汇总、分析大量数据表格的交互式工具。使用数据透视表可以深入分析数值数据,并且可以回答一些预料不到的数据问题。

如果要分析相关的汇总值,尤其是在要合计较大的数字列表并对每个数字进行多种比较时,通常使用数据透视表。在如图 9-1 所示的数据透视表中,可以方便地看到单元格 F3 中第三季度高尔夫销售额是如何与其他运动或季度的销售额或总销售额进行比较的。

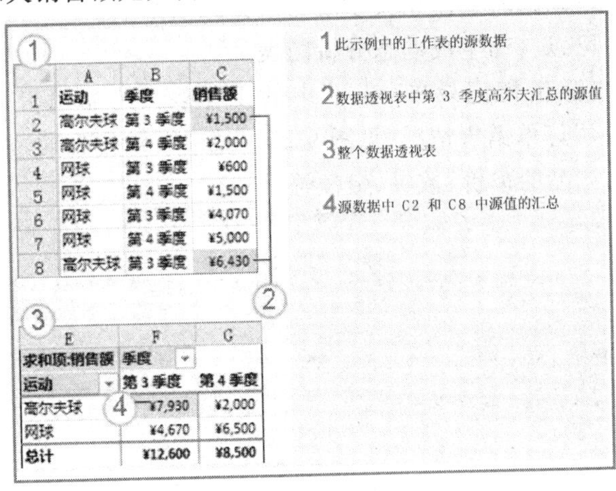

图 9-1

使用数据透视表可以按照数据表格的不同字段从多个角度进行透视,并建立交叉表格,查看数据表格不同层面的汇总信息、分析结果以及摘要数据。

使用数据透视表可以深入分析数值数据,以帮助用户发现关键数据,并做出有关企业中关键数据的决策。

建好数据透视表后,用户可以对数据透视表重新安排,以便从不同的角度查看数据。数据透视表的名字来源于它具有“透视”表格的能力,如将列首的标题转到行首,这使其成为非常强大的工具。

2. 数据透视表的用途

(1)以多种用户友好方式查询大量数据。

(2)对数值数据进行分类汇总和聚合,按分类和子分类对数据进行汇总,创建自定义计算和公式。

(3)展开或折叠要关注结果的数据级别,查看感兴趣区域汇总数据的明细。

(4)将行移动到列或将列移动到行(或“透视”),以查看源数据的不同汇总。

(5)对最有用和最关注的数据子集进行筛选、排序、分组和有条件地设置格式,使用户能够关注所需的信息。

(6)提供简明、有吸引力并且带有批注的联机报表或打印报表。

3. 数据透视表的功能

(1)数据透视表可以解决利用函数公式对超大容量的数据库进行数据统计带来的速度瓶颈。

(2)数据透视表可以通过行、列和页字段的转换进行多角度的数据分析。

(3)数据透视表通过对字段的筛选可以对重点关注的内容进行专题分析。

(4)数据透视表可以从不同的工作表和工作簿提取数据,甚至不用打开数据源文件。

(5)数据透视表可以生成动态报表,保持与数据源的实时更新。

(6)数据透视表可以通过添加计算字段或计算项进行差异分析。

(7)数据透视表可以随时调用相关字段的数据源明细数据。

(8)数据透视图可以自动生成动态分析图表。

例如:工作簿“产品销售记录单.xlsx”中的工作表“产品销售记录单”,记录的是2011～2013年某公司订单销售情况(见图9-2)。其中有销售日期,订单编号,销往的地区、城市,产品名称,产品的单价、数量、金额等。

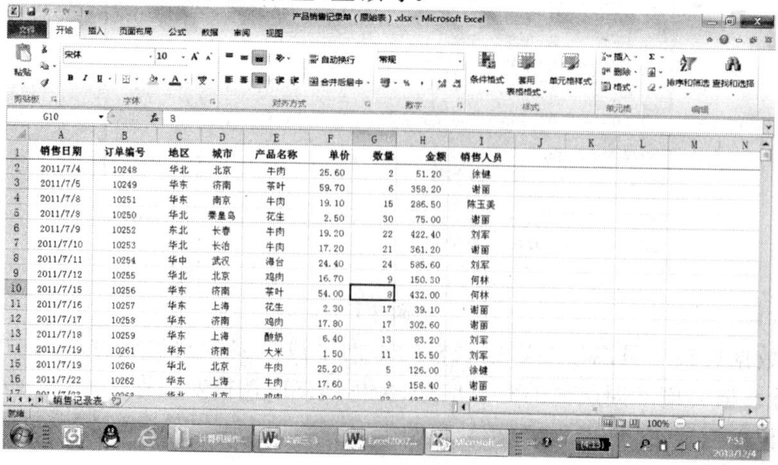

销售日期	订单编号	地区	城市	产品名称	单价	数量	金额	销售人员
2011/7/4	10248	华北	北京	牛肉	25.60	2	51.20	徐键
2011/7/5	10249	华东	济南	茶叶	59.70	6	358.20	谢丽
2011/7/8	10251	华东	南京	牛肉	19.10	15	286.50	陈玉美
2011/7/8	10250	华北	秦皇岛	花生	2.50	30	75.00	谢丽
2011/7/9	10252	东北	长春	牛肉	19.20	22	422.40	刘军
2011/7/10	10253	华北	长治	牛肉	17.20	21	361.20	谢丽
2011/7/11	10254	华中	武汉	海苔	24.40	24	585.60	刘军
2011/7/12	10255	华北	北京	鸡肉	16.70	9	150.30	何林
2011/7/15	10256	华东	济南	茶叶	54.00	8	432.00	何林
2011/7/16	10257	华东	上海	花生	2.30	17	39.10	谢丽
2011/7/17	10258	华东	济南	鸡肉	17.80	17	302.60	谢丽
2011/7/18	10259	华东	上海	酸奶	6.40	13	83.20	刘军
2011/7/19	10261	华东	济南	大米	1.50	11	16.50	刘军
2011/7/19	10260	华北	北京	牛肉	25.20	5	126.00	徐键
2011/7/22	10262	华东	上海	牛肉	17.60	9	158.40	谢丽

图 9-2

我们希望根据此表快速计算出如下汇总信息：

(1)每种产品销售金额的总计是多少？

(2)每个地区的销售金额总计是多少？

(3)每个城市的销售金额总计是多少？

(4)每个销售人员的销售金额总计是多少？

(5)每个城市中每种产品的销售金额合计是多少？

……

诸多的问题，使用数据透视表就可以轻松解决。

4. 不适用数据透视表的情况

若要创建数据透视表，要求数据源必须是比较规则的数据，也只有比较大量的数据才能体现数据透视表的优势。以下情况不宜使用数据透视表。

(1)数据源中首行的标题字段空缺或出现合并的标题。

创建数据透视表后会出现空白字段。

(2)每列数据的中数据类型不一致。

创建数据透视表后只按一种数据类型分类汇总，会出现数据丢失。比如，若原始数据表中有“销售日期”字段，而“销售日期”字段的值既有日期型数据又有文本型数据，则无法按照“销售日期”字段进行组合。

(3)数据源中出现数据断行。

创建数据透视表后会出现数据丢失。

(4)数据源中有合并的单元格。

创建数据透视表后会出现数据丢失。

(5)数据源中有空白的单元格。

创建数据透视表后会出现对数值的默认计数。

总之，使用数据透视表时，要求数据是规则的，数据越规则，数据透视表使用起来越方便。

如图 9-3 所示的表格属于交叉表，不太适合依据此表创建数据透视表(不是不能使用数据透视表，只是使用此表创建数据透视表时会使某些功能无法体现)。因为其月份被分为 12 个字段，互相比较起来就比较麻烦。

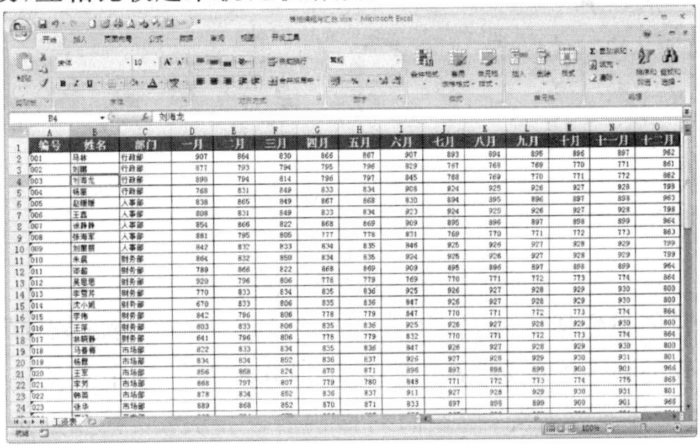

图 9-3

最好将其改为如图 9-4 所示的结构。

编号	姓名	部门	月份	金额
001	马林	行政部	一月	907
001	马林	行政部	二月	864
001	马林	行政部	三月	830
001	马林	行政部	四月	866
001	马林	行政部	五月	867
001	马林	行政部	六月	907
001	马林	行政部	七月	893
001	马林	行政部	八月	894
001	马林	行政部	九月	895
001	马林	行政部	十月	896
001	马林	行政部	十一月	897
001	马林	行政部	十二月	962
002	刘鹏	行政部	一月	877
002	刘鹏	行政部	二月	793
002	刘鹏	行政部	三月	794
002	刘鹏	行政部	四月	795
002	刘鹏	行政部	五月	796
002	刘鹏	行政部	六月	829
002	刘鹏	行政部	七月	767
002	刘鹏	行政部	八月	768
002	刘鹏	行政部	九月	769
002	刘鹏	行政部	十月	770

图 9-4

上图的表中只使用一个“月份”字段，而把 12 个月作为月份字段的值，这样互相比较起来就比较容易。使用此结构的表格，通过数据透视表很容易创建上图所示的交叉表格；反之，则很麻烦。因此，创建数据透视表之前，要注意表格的结构问题，结构越简单越好。或者表格能纵向排列就不要横向排列。

任务 2　创建数据透视表

1. 创建数据透视表的过程

尽管数据透视表的功能非常强大，但是创建过程非常简单。

(1)将光标放在表格数据源中任意有内容的单元格，或者将整个数据区域选中。

(2)选择“插入”选项卡，单击“数据透视表”命令，如图 9-5 所示。

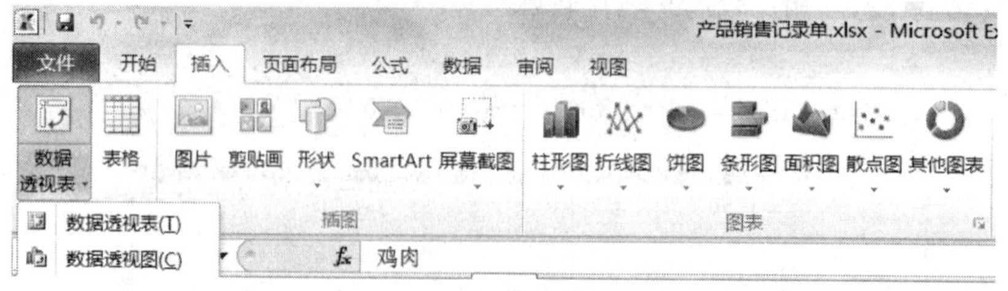

图 9-5

(3)在弹出的“创建数据透视表”对话框中，“请选择要分析的数据”一项已经自动选中了光标所处位置的整个连续数据区域，也可以在此对话框中重新选择想要分析的数据区域，还可以使用外部数据源，请参阅后面内容。“选择放置数据透视表的位置”项，可以在新的工作表中创建数据透视表，也可以将数据透视表放置在当前的某个工作表

中，如图 9-6 所示。

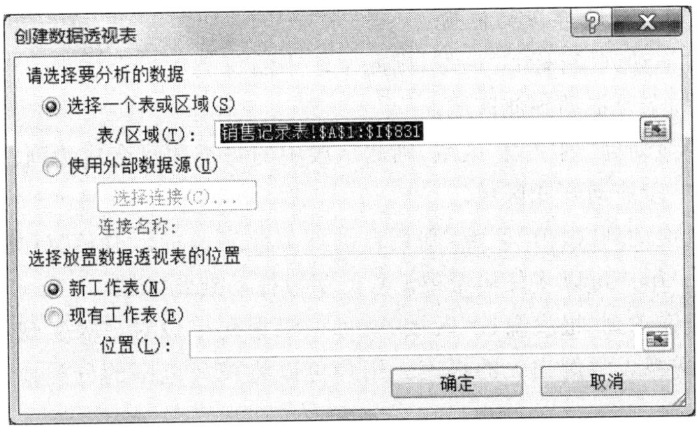

图 9-6

(4)单击“确定”按钮，则 Excel 自动创建了一个空的数据透视表，如图 9-7 所示。

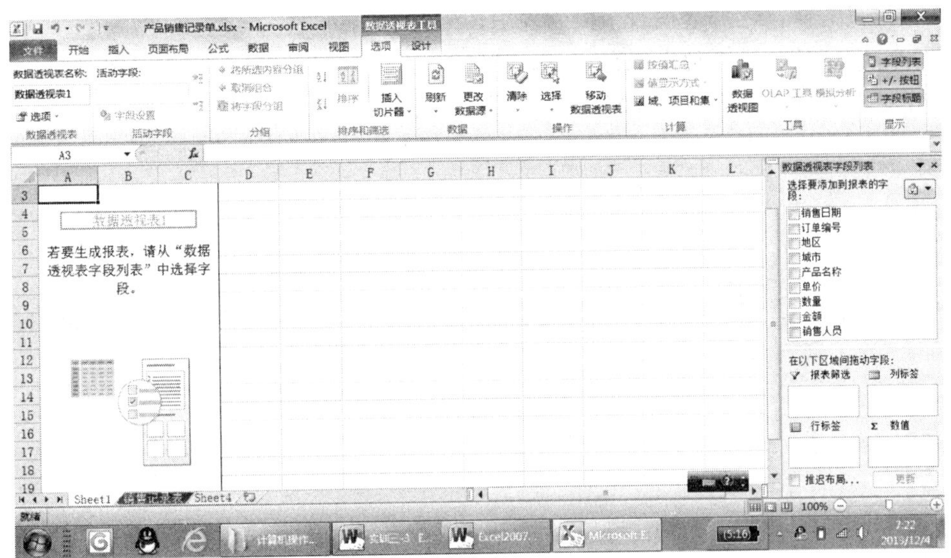

图 9-7

图 9-7 左边为数据透视表的报表生成区域，其会随着选择的字段不同而自动更新；图 9-7 右边为数据透视表字段列表。创建数据透视表后，用户可以使用数据透视表字段列表来添加字段。如果要更改数据透视表，用户可以使用该字段列表来重新排列和删除字段。默认情况下，数据透视表字段列表显示两部分：上方的字段部分用于添加和删除字段，下方的布局部分用于重新排列和重新定位字段。用户可以将数据透视表字段列表停靠在窗口的任意一侧，然后沿水平方向调整其大小；也可以取消停靠数据透视表字段列表，此时既可以沿垂直方向也可以沿水平方向调整其大小。

右下方为数据透视表的 4 个区域，其中“报表筛选”“列标签”“行标签”区域用于放置分类字段，“数值”区域放置数据汇总字段。当将字段拖动到数据透视表区域时，左侧会自动生成数据透视表报表。

2. 数据透视表主要字段的使用

(1)将字段拖动到"行标签"区域,则此字段中的每类项目会成为一行。用户可以将希望按行显示的字段拖动到此区域。

(2)将字段拖动到"列字段"区域,则此字段中的每类项目会成为列。用户可以将希望按列显示的字段拖动到此区域。

(3)将字段拖动到"数值"区域,则会自动计算此字段的汇总信息(如求和、计数、平均值、方差等)。用户可以将任何希望汇总的字段拖动到此区域。

(4)将字段拖动到"报表筛选"区域,就可以根据此字段对报表实现筛选,显示每类项目创建数据透视表举例相关的报表。用户可以将较大范围的分类拖动到此区域,以实现报表筛选。

例 1: 使用行、列标签区域来解决前面提到的第一个问题,即每种产品销售金额的总计是多少?

用户只需要在数据透视表字段列表中选中"产品名称"字段和"金额"字段即可。这时候"产品名称"字段自动出现在"行标签"区域;由于"金额"字段是"数字"型数据,所以自动出现在数据透视表的"数值"区域,如图 9-8 所示。

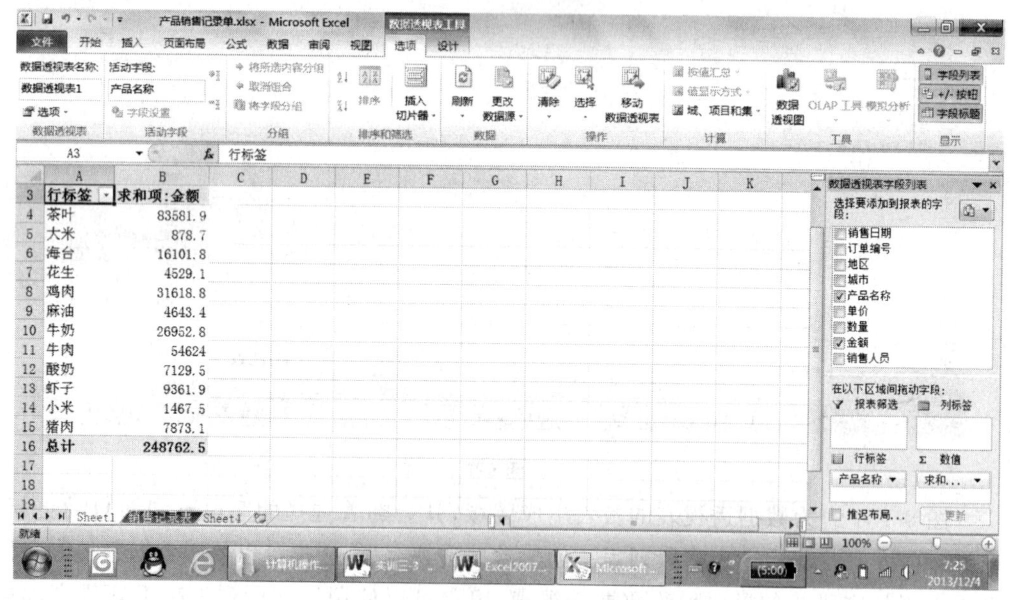

图 9-8

可见,通过数据透视表创建数据分类汇总信息相当方便简单。

例 2: 同理,计算每个地区的销售金额总计是多少?用户只需要在数据透视表字段列表中选中"地区"字段和"金额"字段即可,其他依此类推,如图 9-9 所示。

在 Excel 2010 的数据透视表中,如果勾选的字段是文本类型,字段默认自动出现在行标签中;如果勾选的字段是数值类型的,字段默认自动出现在数值区域中。

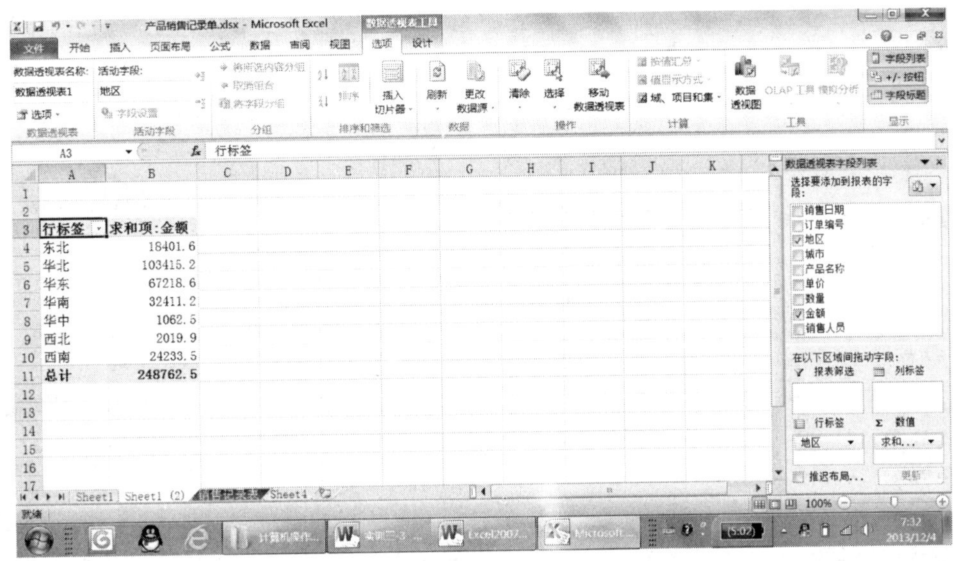

图 9-9

例 3: 用户也可以将关注的字段直接拖动到相应的区域中。比如:希望创建反映各地区每种产品销售金额总计的数据透视表,可以将“地区”和“产品名称”拖动到行标签区域,将“金额”拖动到数值区域。结果如图 9-10 所示。

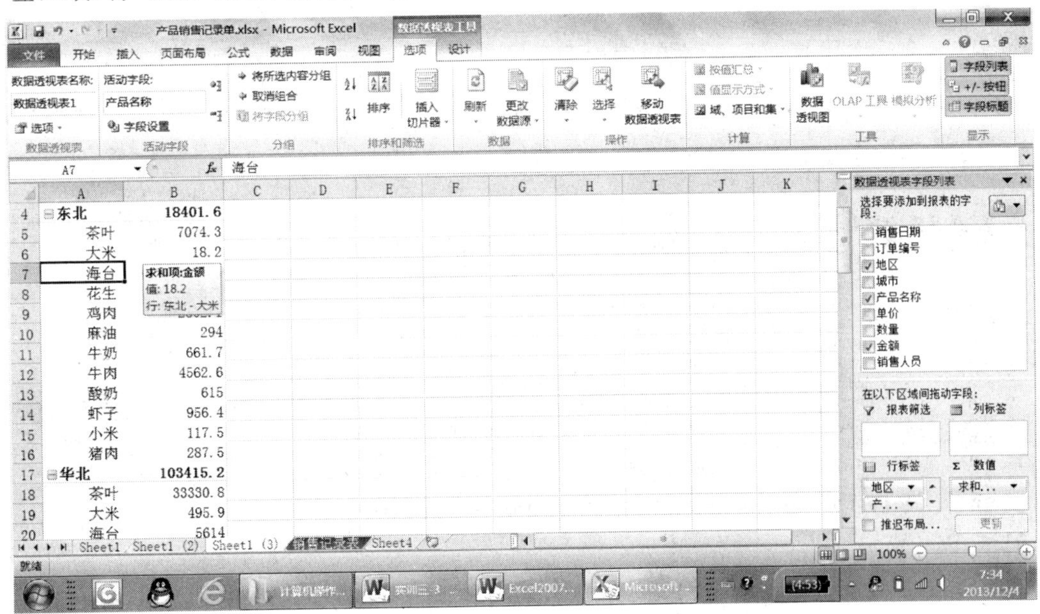

图 9-10

例 4: 数据透视表的优秀之处就是非常灵活,如果用户希望获取每种产品在各个地区销售金额的汇总数据,只需要在行标签区域中,将“产品名称”字段拖动到“地区”字段上面即可,如图 9-11 所示。其他字段的组合亦是如此。

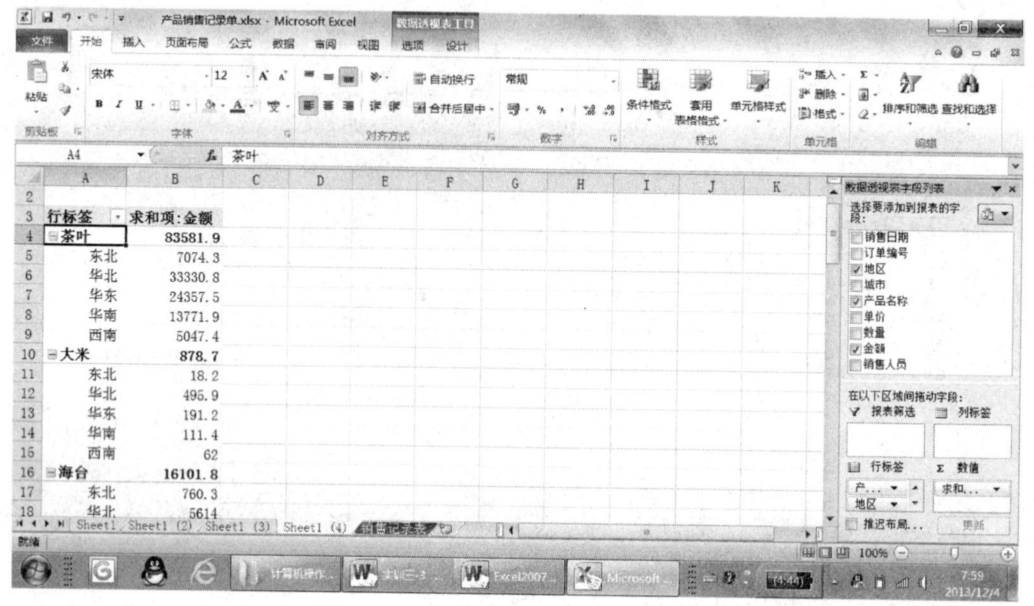

行标签	求和项:金额
⊟茶叶	83581.9
东北	7074.3
华北	33330.8
华东	24357.5
华南	13771.9
西南	5047.4
⊟大米	878.7
东北	18.2
华北	495.9
华东	191.2
华南	111.4
西南	62
⊟海台	16101.8
东北	760.3
华北	5614

图 9-11

例 5： 如果将不同字段分别拖动到行标签区域和列标签区域，就可以很方便地创建交叉表格，如图 9-12 所示。

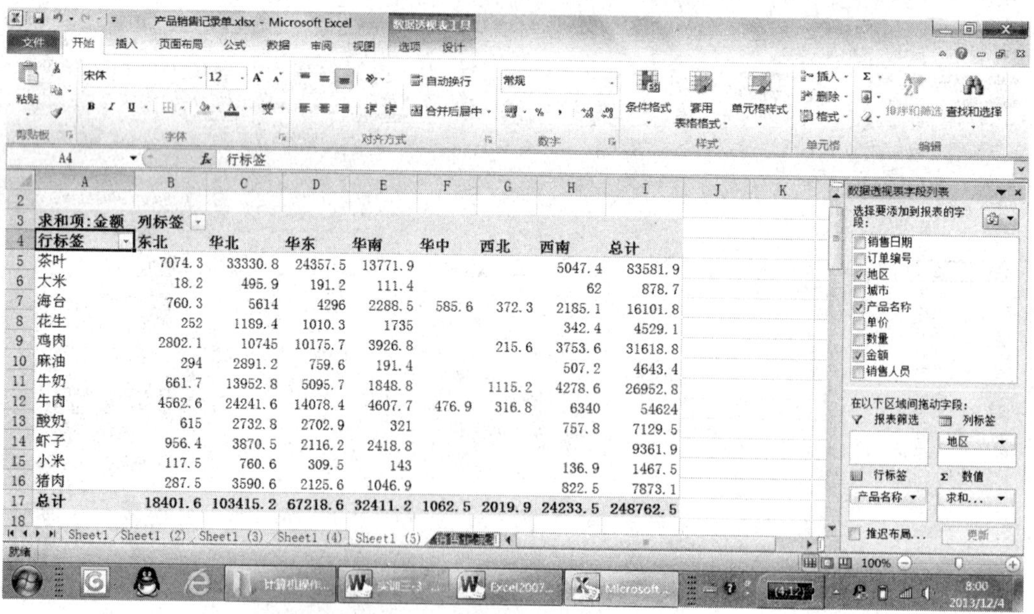

求和项:金额	列标签							
行标签	东北	华北	华东	华南	华中	西北	西南	总计
茶叶	7074.3	33330.8	24357.5	13771.9			5047.4	83581.9
大米	18.2	495.9	191.2	111.4			62	878.7
海台	760.3	5614	4296	2288.5	585.6	372.3	2185.1	16101.8
花生	252	1189.4	1010.3	1735			342.4	4529.1
鸡肉	2802.1	10745	10175.7	3926.8		215.6	3753.6	31618.8
麻油	294	2891.2	759.6	191.4			507.2	4643.4
牛奶	661.7	13952.8	5095.7	1848.8		1115.2	4278.6	26952.8
牛肉	4562.6	24241.6	14078.4	4607.7	476.9	316.8	6340	54624
酸奶	615	2732.8	2702.9	321			757.8	7129.5
虾子	956.4	3870.5	2116.2	2418.8				9361.9
小米	117.5	760.6	309.5	143			136.9	1467.5
猪肉	287.5	3590.6	2125.6	1046.9			822.5	7873.1
总计	18401.6	103415.2	67218.6	32411.2	1062.5	2019.9	24233.5	248762.5

图 9-12

3. 报表筛选字段的使用

将“地区”字段拖动到“报表筛选”区域，将“城市”字段拖动到“列标签”区域，将“产品名称”字段拖动到“行标签”区域，将“金额”字段拖动到“数值”区域，则可以按地区查看每种产品在各个城市的金额销售合计情况，如图 9-13 所示。

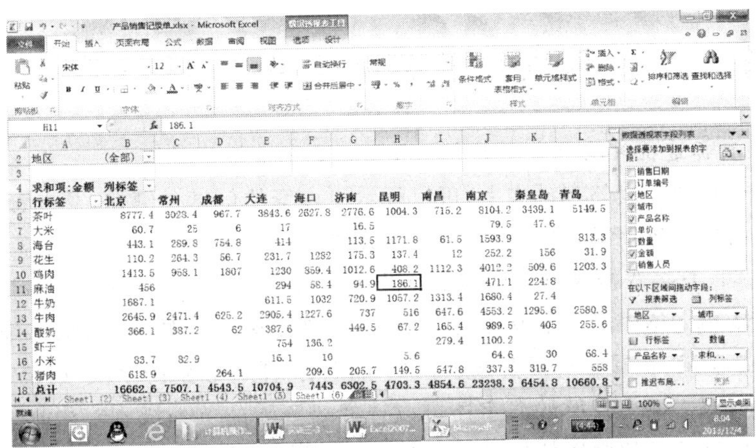

图 9-13

在“报表筛选”区域，可以对报表实现筛选，查看所关注的特定地区的详细信息。直接单击“报表筛选”区域中“地区”字段右边的下拉箭头，即可对数据透视表实现筛选，如图 9-14 所示。

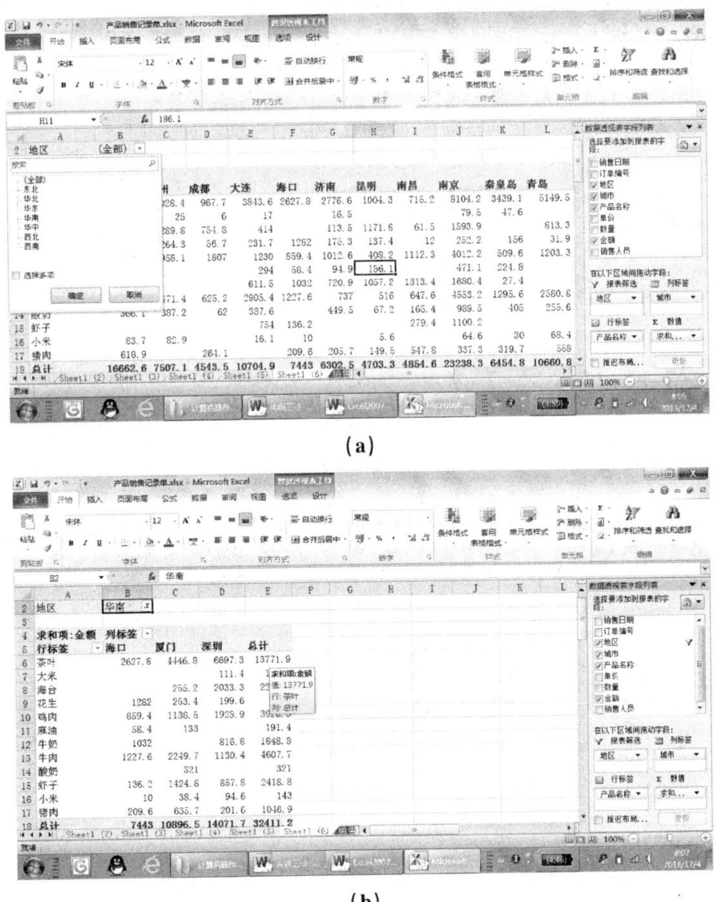

(a)

(b)

图 9-14

任务3 使用数据透视表查看摘要与明细信息

1. *使用数据透视表展开或折叠分类数据以及查看摘要数据*

在前面数据透视表的基础之上,可以显示更详细的信息。例如,要查看每种产品由不同销售人员的销售情况,可以有以下两种方法。

(1)方法1:直接双击要查看详细信息的产品名称。

例如,A6单元格中的产品是茶叶,双击A6单元格后会弹出“显示明细数据”对话框,如图9-15所示,在其中选择要显示在“产品名称”下一级别的字段“销售人员”字段即可(以此类推,双击销售人员的名字还可以选择要查看的下一级别字段)。但这个时候只是把产品“茶叶”下的详细信息显示出来了,如果想查看其他产品的详细信息,单击产品名称左边的“加号”即可展开,此时“加号”变为了“减号”,单击“减号”可以将详细信息折叠而只显示摘要信息,如图9-16所示。如果要显示所有产品由各个销售人员销售情况的详细信息,可以在“产品名称”字段上右击,选择“展开/折叠”,再选择“展开整个字段”,这样就可以显示各个销售人员的销售金额汇总信息了。

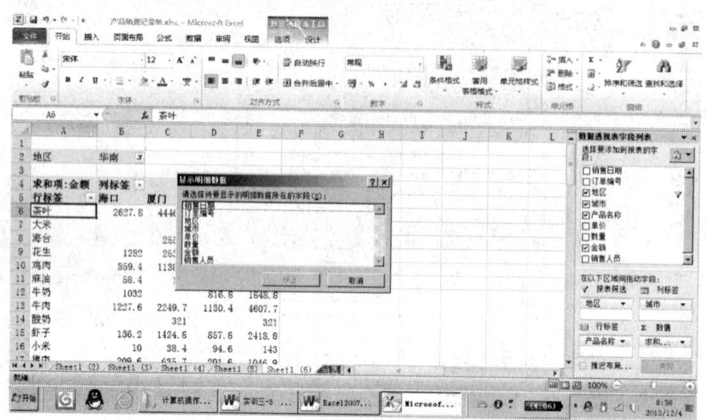

图 9-15

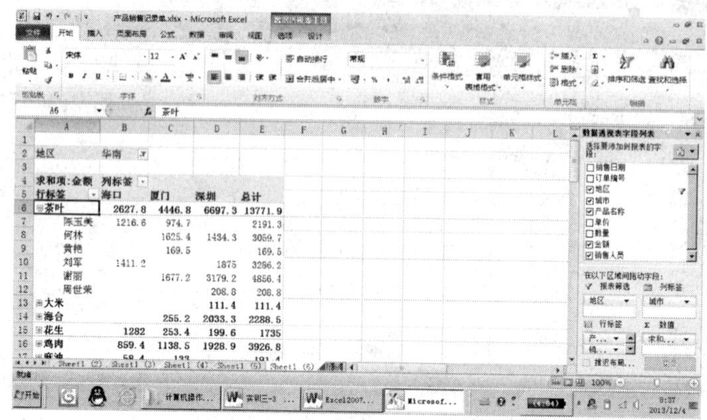

图 9-16

(2)方法 2:直接将“销售人员”字段拖动到“行标签”区域产品名称的下面。

这样就可以显示每种产品由各个销售人员销售金额的汇总信息了。同样在每个产品项目的左面也会出现“减号”标记,单击“减号”标记可以折叠详细信息,如图 9-17 所示。

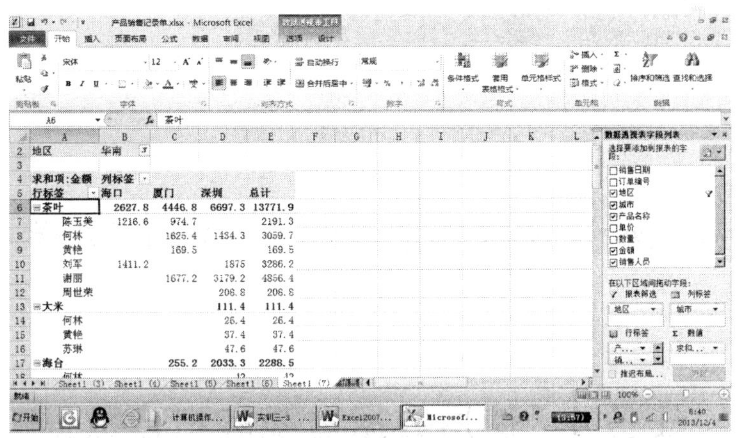

图 9-17

2. 使用数据透视表查看数据的明细信息

显示各种明细数据的方法如下。

如图 9-17 所示,茶叶在所有城市销售金额合计是 13771.19,如果希望查看此汇总信息的详细构成,只需要双击 13771.19 所在的 E6 单元格,Excel 会自动在一个新的工作表显示构成此合计信息的每一笔详细记录,如图 9-18 所示。

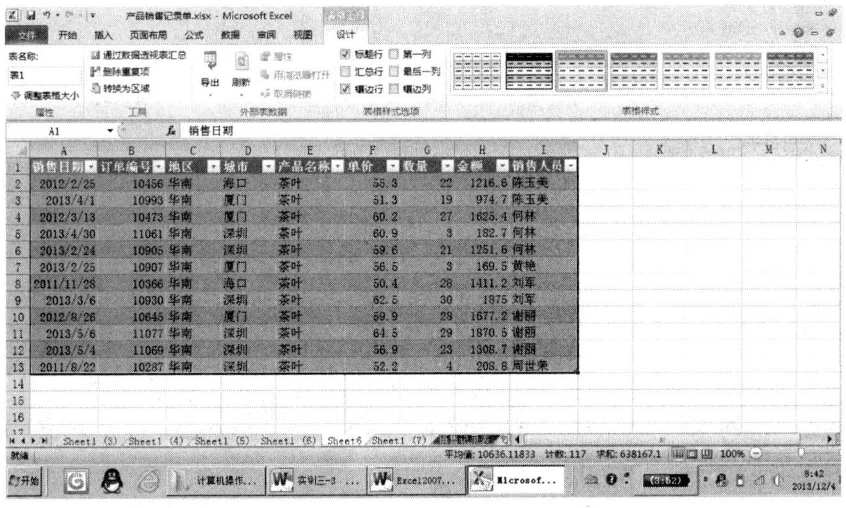

图 9-18

使用此方法可以查看任意地区、任意人员等方面的信息,只要双击任何一个数据透视表中的数据就可得到相应的明细记录。图 9-19 所示为双击了 D6 单元格后所得到的深圳的茶叶产品的明细记录。

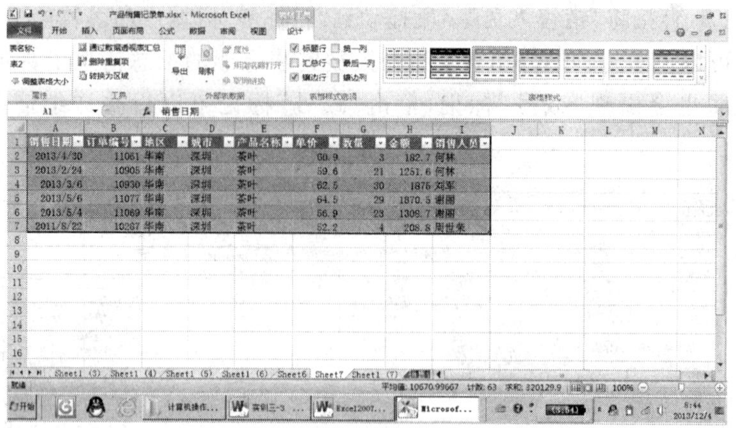

图 9-19

任务 4 使用数据透视表组合数据

1. 组合日期数据

前面我们使用地区、城市、产品名称、销售人员等字段作为分类字段查看数据汇总信息。如果我们按照销售日期作为分类字段来查看汇总信息会是什么样呢？将“销售日期”字段拖动到“行标签”区域，所生成数据透视表如图 9-20 所示。

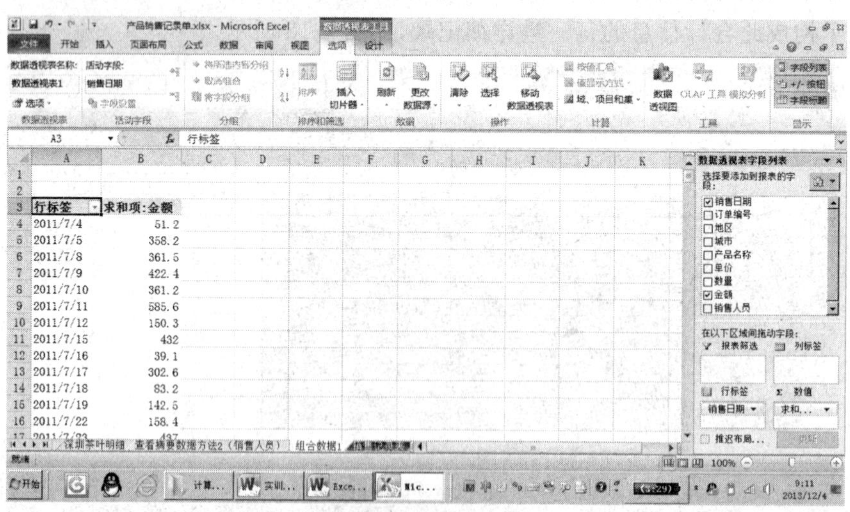

图 9-20

此数据透视表显示的是每一天的金额合计，但显然不是我们所期望的结果。如果我们希望按照年、季度、月份等来计算金额的汇总信息又该如何实现呢？

用户可以直接在日期字段上单击鼠标右键，选择“创建组”命令，如图 9-21 所示。

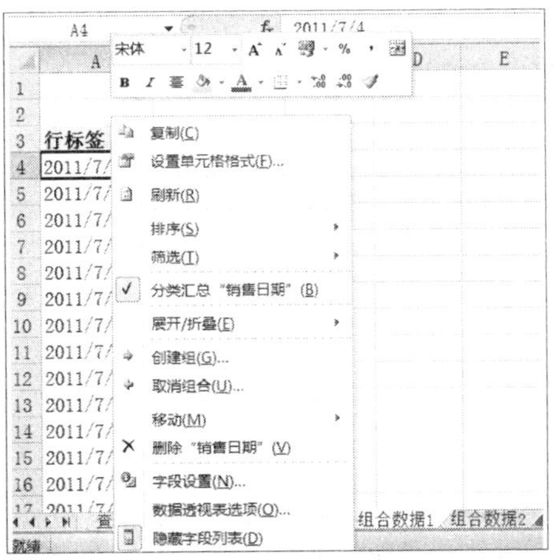

图 9-21

或者在“工具”面板上选择“选项”选项卡，选择“将字段分组”命令，如图 9-22 所示。

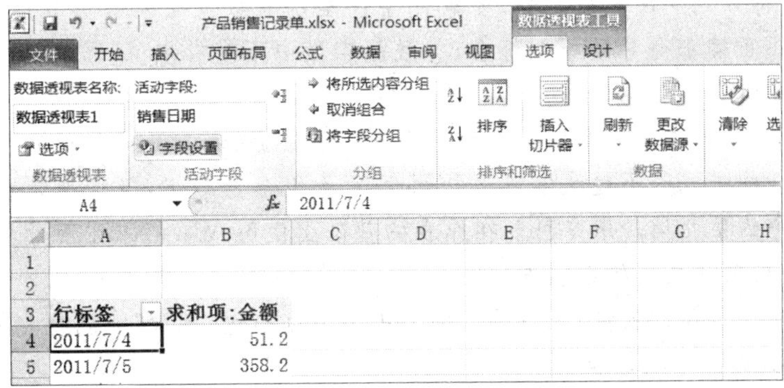

图 9-22

在“分组”对话框中选择要分组的步长为“年、季度、月”，单击“确定”按钮即可，如图 9-23 所示。

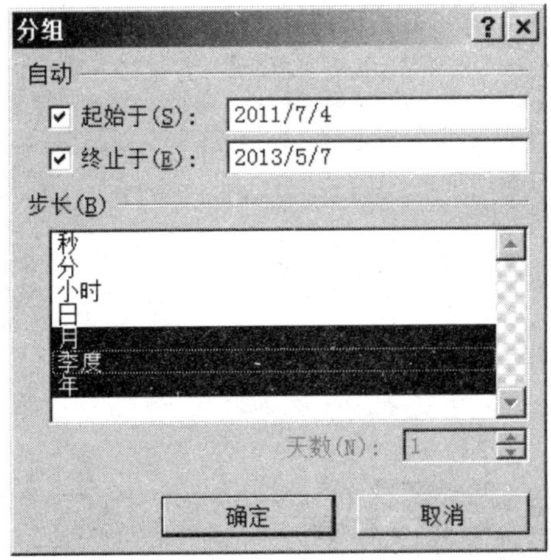

图 9-23

生成数据透视表如图 9-24 所示,按照年、季度、月显示汇总信息。

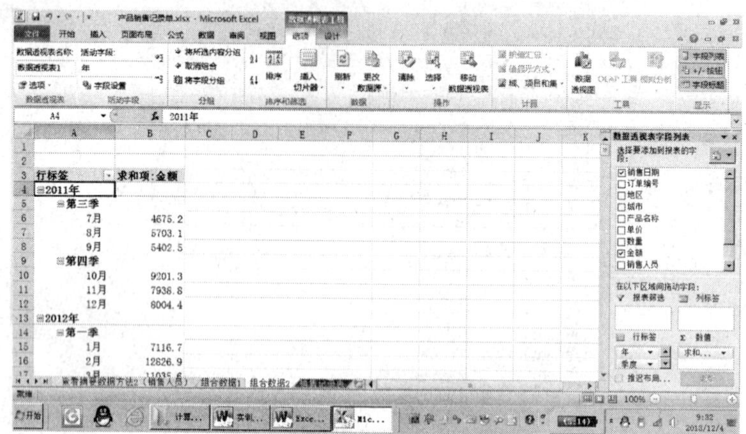

图 9-24

注意:要将日期字段进行组合,要求此字段里所有数据必须都为日期值,任何一个单元格的值不正确都会导致不能组合;并且此字段中不能有空值,任何一个单元格为空也将导致不能组合。

另外,很多欧洲国家喜欢以周作为间隔来查看数据,但在数据透视表中并没有提供以周作为组合的方式。不过我们可以按照每 7 天组合为一组,但这种方法不能显示此数据是一年中的第几周。用户可以在原表的基础上使用 WeekNum 函数先根据日期计算出周数,再根据此表创建数据透视表。

如果要取消日期的组合,在日期字段上单击鼠标右键,选择"取消组合"命令即可。

2. 数值数据的分段组合

除了日期字段可以组合,还有什么字段可以组合呢?将"金额"字段拖动到"行标签"区域(此时,"行标签"区域和"数值"区域都是"金额"字段),创建如图 9-25 所示数据透视表,此数据透视表显然无法提供对企业决策有意的信息。

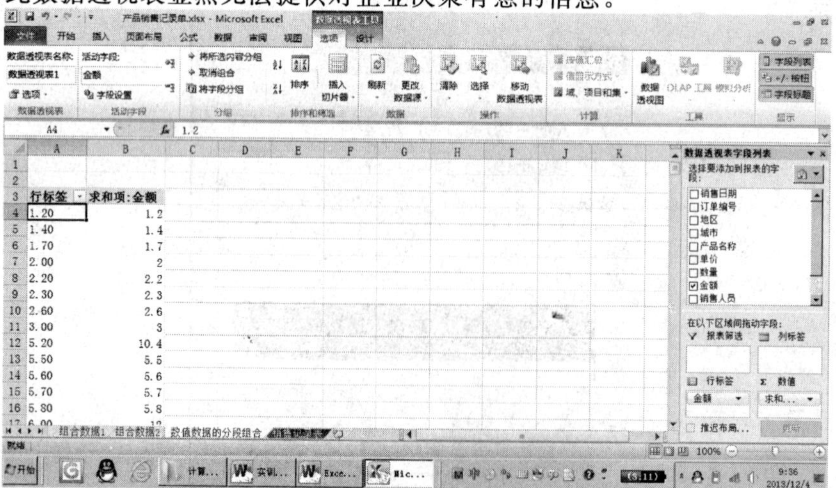

图 9-25

我们可以将行标签字段进行组合，直接在“行标签”区域的“金额”字段上单击鼠标右键，选择“创建组”命令，如图 9-26 所示。

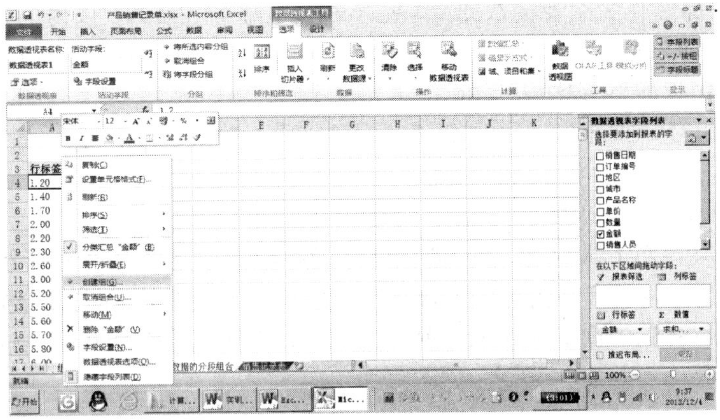

图 9-26

在弹出的“组合”对话框中，“起始于”位置输入 0，“终止于”位置保持不变，“步长”值保持为 500，单击“确定”按钮，如图 9-27 所示。

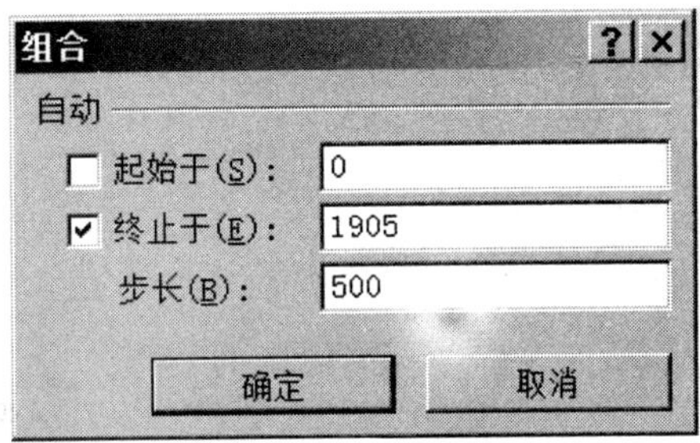

图 9-27

生成数据透视表如图 9-28 所示。

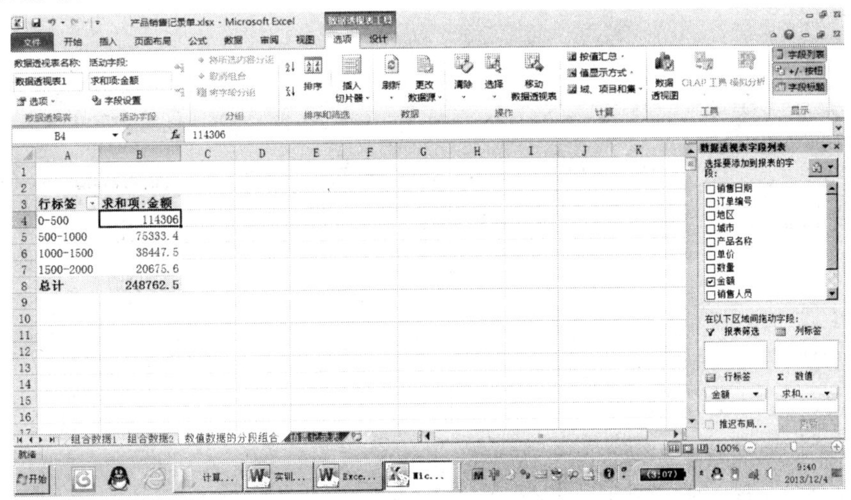

图 9-28

从以上数据透视表不难看出,单次订单金额在 0～500 的订单的金额合计占了所有订单金额总和的将近一半,而金额在 0～1000 的订单的金额总和占所有订单金额总和的 80%以上。那么作为企业的决策层,更应该重视金额在 1000 以内的这些看起来销量很小的订单,而那些高于 5000 的订单,看起来单次销量很大,由于订单数有限,因而占整个企业总销量的百分比很低。

若要取消组合,则直接在数据透视表行标签字段上单击鼠标右键,选择"取消组合"命令即可。

3. 文本字段的分类组合

除了可以对日期字段、数值字段进行组合,还可以对文本类字段进行组合分类。

如图 9-29 所示,将产品名称作为行字段。但我们希望将产品进行分类,如大米、小米等属于谷类,鸡肉、牛肉等属于调味品。我们可以使用组合功能将产品进行分类。

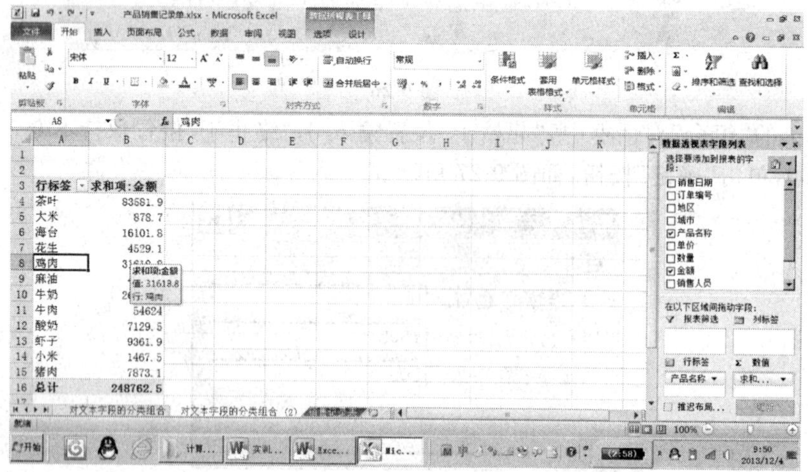

图 9-29

按住"Ctrl"键的同时选择鸡肉、牛肉等,单击鼠标右键选择"创建组"命令,如图 9-30 所示。

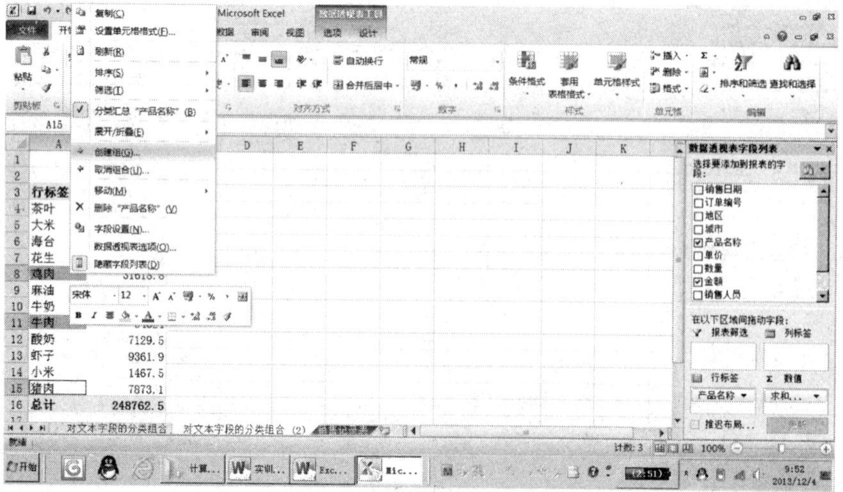

图 9-30

此时已经将鸡肉、牛肉等合并为一组，使用同样的方法可以将茶叶、海台、花生、虾子等组合为另一组，如图 9-31、图 9-32 所示。

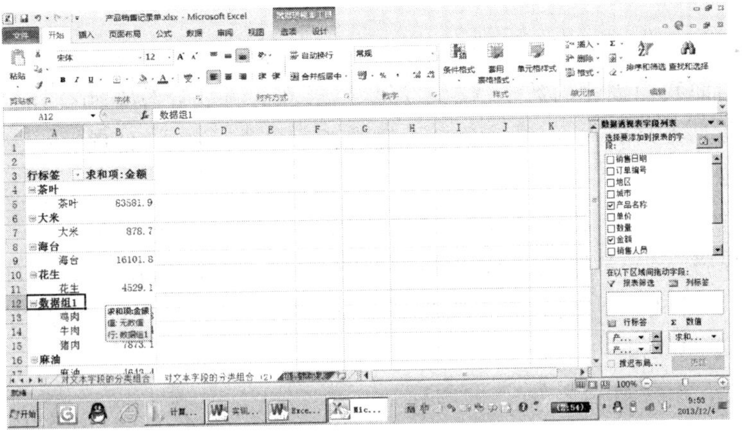

图 9-31

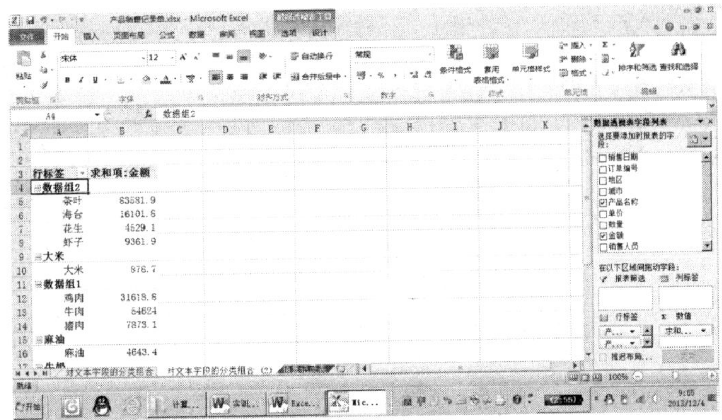

图 9-32

此时的组合结果命名为数据组 1、数据组 2，用户可以直接在单元格内将名字改为产品分类名字即可，如肉类、干货等，如图 9-33 所示。

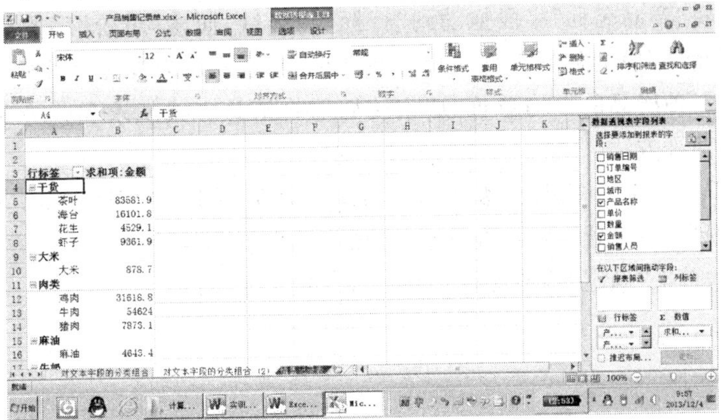

图 9-33

任务5 数据透视表的数据汇总方式

数据透视表的优势在于:用户可以很方便地从不同的角度对数据进行不同方式的汇总统计。前面我们创建的数据透视表都是以求和的方式计算金额合计。那么当用户希望汇总的信息不是求和,而是计算平均值或者计数时,该如何处理呢?

1. 改变数据汇总方式

例如,若统计每种产品被销售的次数,就需要对产品进行计数统计。

此时可以将"产品名称"字段分别拖动到"行标签"区域和"数值"区域,由于"产品名称"字段的内容是文本型数据,所以当把其拖动到"数值"区域中时,汇总方式自动变为计数,如图 9-34 所示。

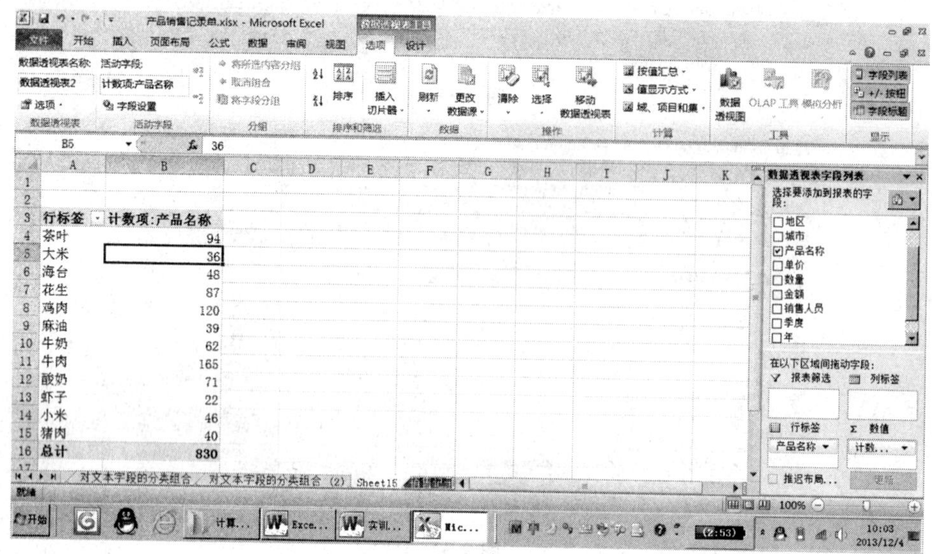

图 9-34

另一个问题:如果用户希望查看每种产品的平均单价,应该怎样处理呢?

这时还是将"产品名称"字段拖动到"行标签"区域,而将"单价"字段拖动到"数值"区域,由于"单价"字段的数据类型是数值型,所以汇总方式会自动为求和。如果用户所希望的是计算每种产品的平均单价,那么该如何将汇总方式从求和改为平均值呢?我们可以有以下两种方法。

(1)方法1:光标选中数据透视表中的"单价"字段,然后在"选项"工具面板的"活动字段"组中单击"字段设置"命令,在弹出的"值字段设置"对话框的"汇总方式"选项卡中选择"平均值",单击"确定"按钮即可,如图 9-35、图 9-36 所示。

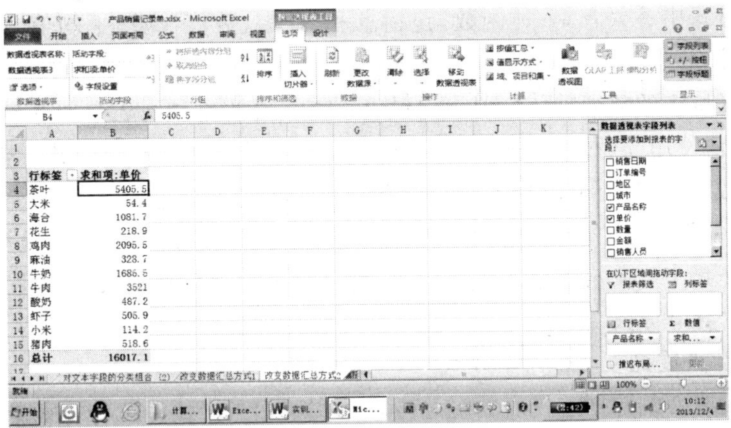

图 9-35

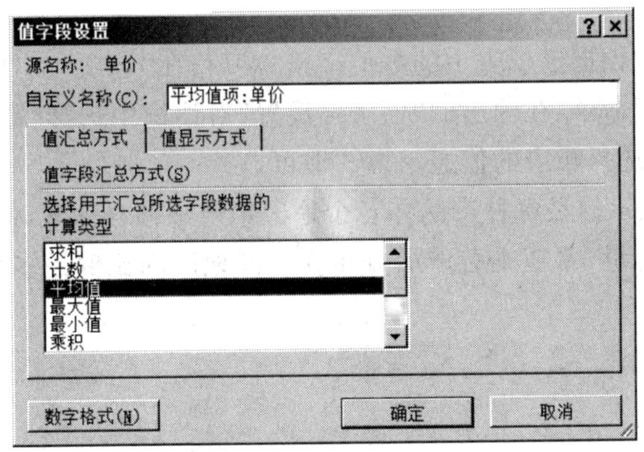

图 9-36

(2)方法 2:直接在数据透视表的计算字段“单价”上单击鼠标右键,在弹出的快捷菜单中选择“数据汇总依据”,选择所要的计算方式“平均值”即可,如图 9-37 所示。

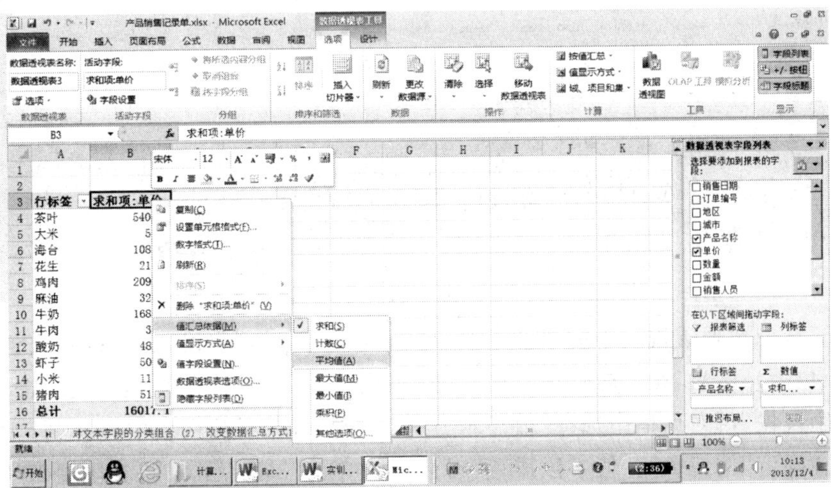

图 9-37

在汇总方式中一共有11种函数,包括求和、计数、数值计数、平均值、最大值、最小值、乘积、标准偏差、总体标准偏差、方差、总体方差。

“数值”区域中的数据默认情况下通过以下方法对数据透视表中的基础源数据进行汇总:对于数值使用“求和”汇总方式,对于文本值使用“计数”汇总方式。但是,用户可以手动更改汇总方式,还可以自定义计算方式。

注意:如果将“单价”字段拖动到“数值”区域中的时候,汇总方式自动变为计数,那么就说明此字段中一定有文本型的数据,哪怕只有一个单元格是文本型的数据,也会影响整个字段的计算方式。

2. 改变数据透视表的值显示方式

前面我们改变的数据透视表的汇总方式其实就相当于使用工作表函数对数据的统计汇总。其实通过改变数据透视表的值显示方式,还可以对数据按照不同字段做相对比较。

方法:首先,选中数据透视表中的数值字段;然后,在“选项”工具面板的“活动字段”组中单击“字段设置”命令,在弹出的“值字段设置”对话框中选择“值显示方式”选项卡;最后,在下拉列表中选择相应的值显示方式即可。

例如:图9-38显示的是每种产品在各个地区销售金额合计数,但如果用户将每种产品的合计作为一个总量,希望查看产品分布在不同地区的比例是多少,就可以通过改变值显示方式来实现。

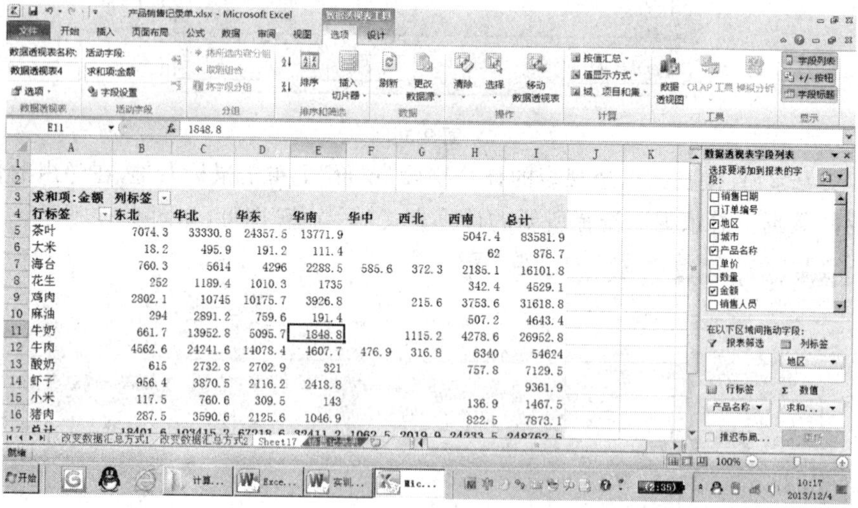

求和项:金额	列标签							
行标签	东北	华北	华东	华南	华中	西北	西南	总计
茶叶	7074.3	33330.8	24357.5	13771.9			5047.4	83581.9
大米	18.2	495.9	191.2	111.4			62	878.7
海台	760.3	5614	4296	2288.5	585.6	372.3	2185.1	16101.8
花生	252	1189.4	1010.3	1735			342.4	4529.1
鸡肉	2802.1	10745	10175.7	3926.8		215.6	3753.6	31618.8
麻油	294	2891.2	759.6	191.4			507.2	4643.4
牛奶	661.7	13952.8	5095.7	1848.8		1115.2	4278.6	26952.8
牛肉	4562.6	24241.6	14078.4	4607.7	476.9	316.8	6340	54624
酸奶	615	2732.8	2702.9	321			757.8	7129.5
虾子	956.4	3870.5	2116.2	2418.8				9361.9
小米	117.5	760.6	309.5	143			136.9	1467.5
猪肉	287.5	3590.6	2125.6	1046.9			822.5	7873.1
总计	18401.6	103415.2	67218.6	32411.2	1062.5	2019.9	24233.5	248762.5

图 9-38

首先,选中数据透视表中的数值字段(即“求和项:金额”字段,也可以单击值区域中任何一个位置);然后,在“选项”工具面板的“活动字段”组中单击“字段设置”命令,在弹出的“值字段设置”对话框中选择“值显示方式”选项卡,在下拉列表中选择“行汇总的百分比”,按“确定”按钮关闭“值字段设置”对话框,如图9-39所示,结果如图9-40所示。

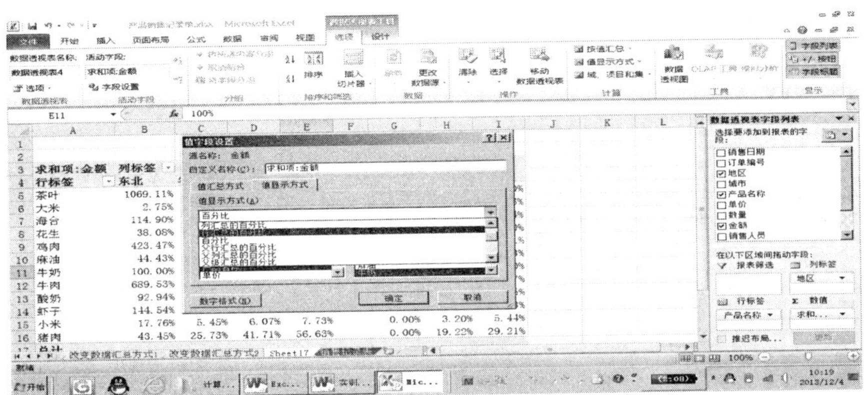

图 9-39

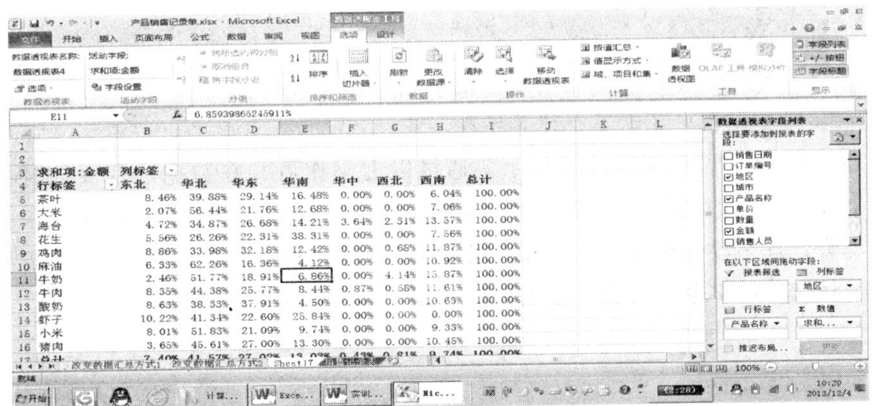

求和项:金额	列标签							
行标签	东北	华北	华东	华南	华中	西北	西南	总计
茶叶	8.46%	39.88%	29.14%	16.48%	0.00%	0.00%	6.04%	100.00%
大米	2.07%	56.44%	21.76%	12.68%	0.00%	0.00%	7.06%	100.00%
海台	4.72%	34.87%	26.68%	14.21%	3.64%	2.31%	13.57%	100.00%
花生	5.56%	26.26%	22.31%	38.31%	0.00%	0.00%	7.56%	100.00%
鸡肉	8.86%	33.98%	32.18%	12.42%	0.00%	0.68%	11.87%	100.00%
麻油	6.33%	62.26%	16.36%	4.12%	0.00%	0.00%	10.92%	100.00%
牛奶	2.46%	51.77%	18.91%	6.86%	0.00%	4.14%	15.87%	100.00%
牛肉	8.35%	44.38%	25.77%	8.44%	0.87%	0.58%	11.61%	100.00%
酸奶	8.63%	38.33%	37.91%	4.50%	0.00%	0.00%	10.63%	100.00%
虾子	10.22%	41.34%	22.60%	25.84%	0.00%	0.00%	0.00%	100.00%
小米	8.01%	51.83%	21.09%	9.74%	0.00%	0.00%	9.33%	100.00%
猪肉	3.65%	45.61%	27.00%	13.30%	0.00%	0.00%	10.45%	100.00%

图 9-40

如果希望将地区作为总和,计算每个产品的金额占地区合计的百分比是多少,这时候只需将“值显示方式”改为“列汇总的百分比”就可以了,如图 9-41、图 9-42 所示。

值字段设置

源名称: 金额

自定义名称(C): 求和项:金额

值汇总方式 值显示方式

值显示方式(A)

列汇总的百分比

基本字段(F): 基本项(I):

销售日期
订单编号
地区
城市
单价

数字格式(N) 确定 取消

图 9-41

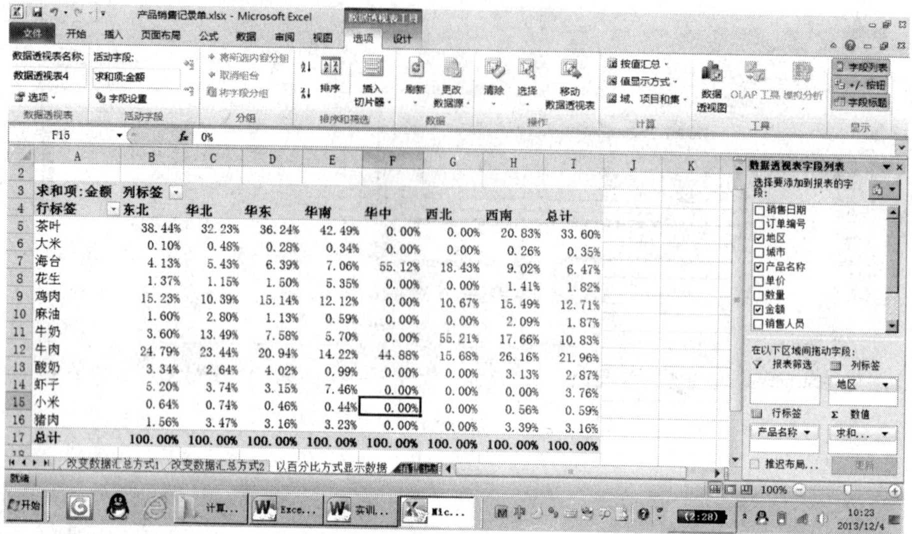

行标签	东北	华北	华东	华南	华中	西北	西南	总计
茶叶	38.44%	32.23%	36.24%	42.49%	0.00%	0.00%	20.83%	33.60%
大米	0.10%	0.48%	0.28%	0.34%	0.00%	0.00%	0.26%	0.35%
海台	4.13%	5.43%	6.39%	7.06%	55.12%	18.43%	9.02%	6.47%
花生	1.37%	1.15%	1.50%	5.35%	0.00%	0.00%	1.41%	1.82%
鸡肉	15.23%	10.39%	15.14%	12.12%	0.00%	10.67%	15.49%	12.71%
麻油	1.60%	2.80%	1.13%	0.59%	0.00%	0.00%	2.09%	1.87%
牛奶	3.60%	13.49%	7.58%	5.70%	0.00%	55.21%	17.66%	10.83%
牛肉	24.79%	23.44%	20.94%	14.22%	44.88%	15.68%	26.16%	21.96%
酸奶	3.34%	2.64%	4.02%	0.99%	0.00%	0.00%	3.13%	2.87%
虾子	5.20%	3.74%	3.15%	7.46%	0.00%	0.00%	0.00%	3.76%
小米	0.64%	0.74%	0.46%	0.44%	0.00%	0.00%	0.56%	0.59%
猪肉	1.56%	3.47%	3.16%	3.23%	0.00%	0.00%	3.39%	3.16%
总计	100.00%	100.00%	100.00%	100.00%	100.00%	100.00%	100.00%	100.00%

图 9-42

3. 在数据透视表中显示多个计算字段

(1)同一计算字段的不同方式显示。通过以上操作可知在数据透视表的“值”区域只有一个计算字段,要么显示金额的合计,要么显示百分比等。但在上表中如果我们希望同时查看计算字段的百分比和金额合计,这能不能做到呢?操作很简单,只需要在字段列表中将“金额”字段再次拖动到数值区域就可以了,如图 9-43 所示。

行标签	东北 求和项:金额	东北 计数项:金额2	华北 求和项:金额	华北 计数项:金额2	华东 求和项:金额	华东 计数项:金额2	华南 求和项:金额
茶叶	7074.3	12.12%	33330.8	10.45%	24357.5	12.71%	13771.9
大米	18.2	3.03%	495.9	5.37%	191.2	4.24%	111.4
海台	760.3	6.06%	5614	3.95%	4296	6.36%	2288.5
花生	252	10.61%	1189.4	8.76%	1010.3	11.44%	1735
鸡肉	2802.1	16.67%	10745	13.84%	10175.7	15.25%	3926.8
麻油	294	3.03%	2891.2	6.50%	759.6	2.97%	191.4
牛奶	661.7	4.55%	13952.8	9.04%	5095.7	4.24%	1848.8
牛肉	4562.6	24.24%	24241.6	19.77%	14078.4	20.34%	4607.7
酸奶	615	9.09%	2732.8	8.19%	2702.9	11.02%	321
虾子	956.4	3.03%	3870.5	2.54%	2116.2	2.12%	2418.8
小米	117.5	6.06%	760.6	6.50%	309.5	4.66%	143
猪肉	287.5	1.52%	3590.6	5.08%	2125.6	4.66%	1046.9
总计	18401.6	100.00%	103415.2	100.00%	67218.6	100.00%	32411.2

图 9-43

这个时候会发现在“数值”区域会显示两个求和项,并且在列标签区域多了一个“数值”字段。

在数据透视表区域中在“地区”字段下显示出产品金额的百分比和合计数,百分比和合计数是左右横向排列的;将“数值”字段从“列标签”区域拖动到“行标签”区域,就可以将“百分比”和“合计数”上下纵向排列了,如图 9-44 所示。

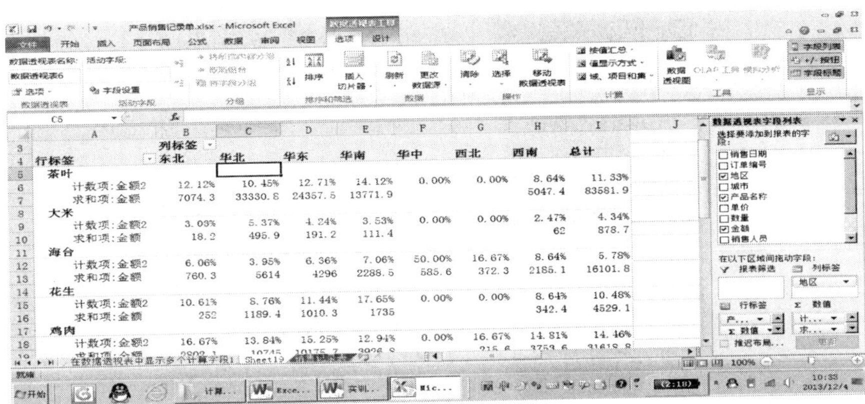

图 9-44

注意：将“数值”字段拖放到“产品名称”上方和下方显示的结果是不一样的，如图9-45所示。

行标签	东北	华北	华东	华南	华中	西北	西南	总计
计数项:金额2								
茶叶	12.12%	10.45%	12.71%	14.12%	0.00%	0.00%	8.64%	11.33%
大米	3.03%	5.37%	4.24%	3.53%	0.00%	0.00%	2.47%	4.34%
海台	6.06%	3.95%	6.36%	7.06%	50.00%	16.67%	8.64%	5.78%
花生	10.61%	8.76%	11.44%	17.65%	0.00%	0.00%	8.64%	10.48%
鸡肉	16.67%	13.84%	15.25%	12.94%	0.00%	16.67%	14.81%	14.46%
麻油	3.03%	6.50%	2.97%	2.35%	0.00%	0.00%	6.17%	4.70%
牛奶	4.55%	9.04%	4.24%	7.06%	0.00%	50.00%	9.88%	7.47%
牛肉	24.24%	19.77%	20.34%	15.29%	50.00%	16.67%	19.75%	19.88%
酸奶	9.09%	8.19%	11.02%	2.35%	0.00%	0.00%	9.88%	8.55%
虾子	3.03%	2.54%	2.12%	7.06%	0.00%	0.00%	0.00%	2.65%
小米	6.06%	6.50%	4.66%	4.71%	0.00%	0.00%	4.94%	5.54%
猪肉	1.52%	5.08%	4.66%	5.88%	0.00%	0.00%	6.17%	4.82%
求和项:金额								
茶叶	7074.3	33330.8	24357.5	13771.9			5047.4	83581.9

图 9-45

如果希望查看更多的数值汇总方式，可以继续将要汇总的字段（如金额、单价、数量等）拖动到“数值”区域。如果将数字类型字段拖动到“数值”区域，默认汇总方式为求和，如果将文本类型字段拖动到“数值”区域，则默认汇总方式为计数。如果希望改变显示的汇总方式，可以再按照上面的方法：将光标选中数据透视表中的要改变的值字段，然后在“选项”工具面板的“活动字段”组中单击“字段设置”命令，在弹出的“值字段设置”对话框中选择相应的汇总方式就可以了。

（2）重命名字段。当在数据透视表“数值”区域有多个计算字段的时候，字段名称都叫作“求和项××”，要想改变字段的名称，可以在字段设置对话框的“自定义名称”中直接更改，如图 9-46 所示，也可以在数据透视表中名称标签单元格中直接更改，如图 9-47 所示。

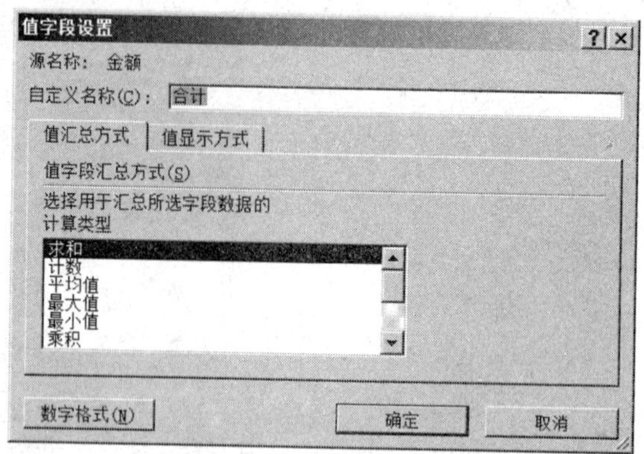

图 9-46

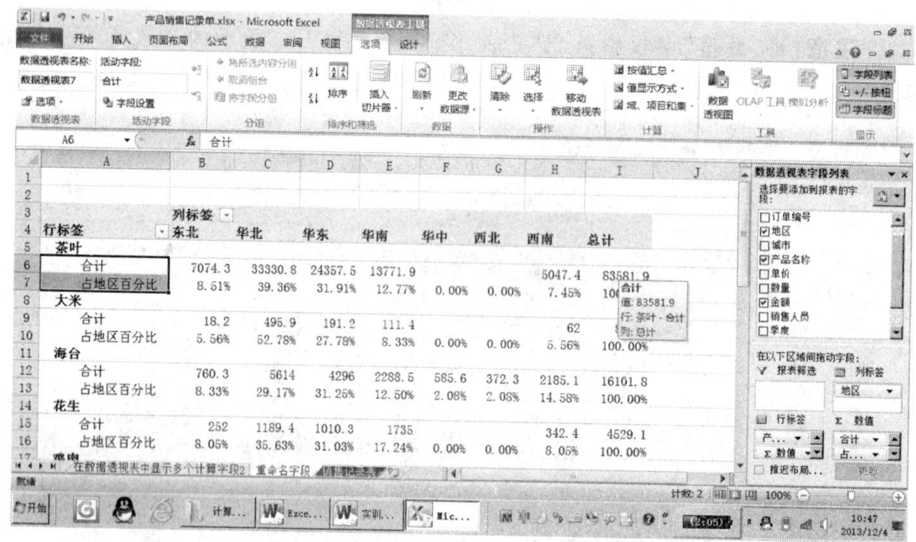

图 9-47

如果需要使用数据透视表来查看每个人在 2011—2013 年每个月的金额销售合计数，可以将“日期”段拖动到“行标签”区域并按照年、月将日期字段组合分组，将“销售人员”字段拖动到“列标签”区域，将“金额”字段拖动到“数值”区域。生成的数据透视表如图 9-48所示。

(3)不同汇总方式的数据比较。如果希望同时查看销售人员在每个月的发生额以及以往月份的累加额合计，该如何得到呢？

首先，将“金额”字段再次拖动到“数值”区域，这时候在数据透视表中有两个关于金额的求和项。然后，我们可以通过改变值显示方式将第二个金额求和项改变为显示金额累计。将光标选中数据透视表中的“求和项:金额 2”数值字段，然后在“选项”工具面板的“活动字段”组中单击“字段设置”命令，在弹出的“值字段设置”对话框中选择“值显示方式”选项卡，在下拉列表中选择“按某一字段汇总”，在“基本字段”中选择要汇总累计的字段“销售日期”，单击“确定”按钮，如图 9-49 所示。

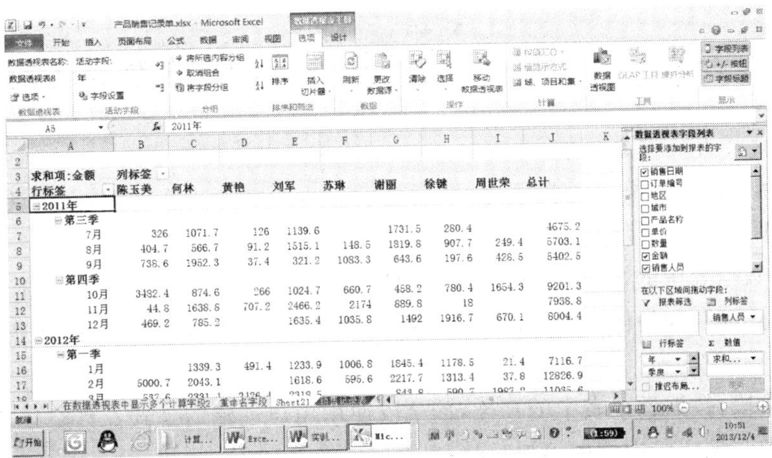

图 9-48

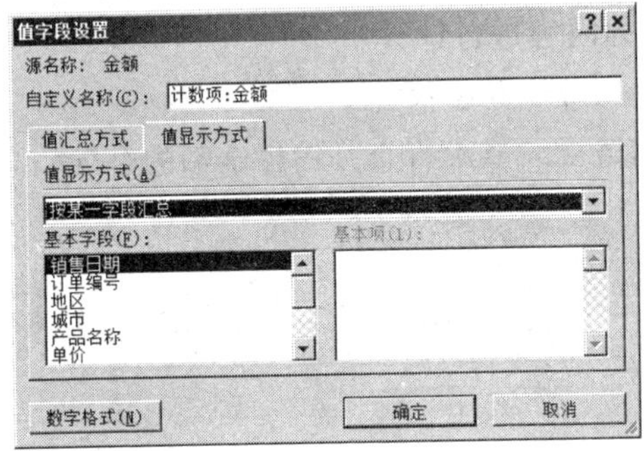

图 9-49

另外，用户还可以通过“值显示方式”选项卡中的“数字格式”修饰字段格式，使其保留 2 位小数。将数值字段名称“求和项:金额”和“求和项:金额 2”分别改为“当月发生额”和“金额累计”，生成如图 9-50 所示的数据透视表。

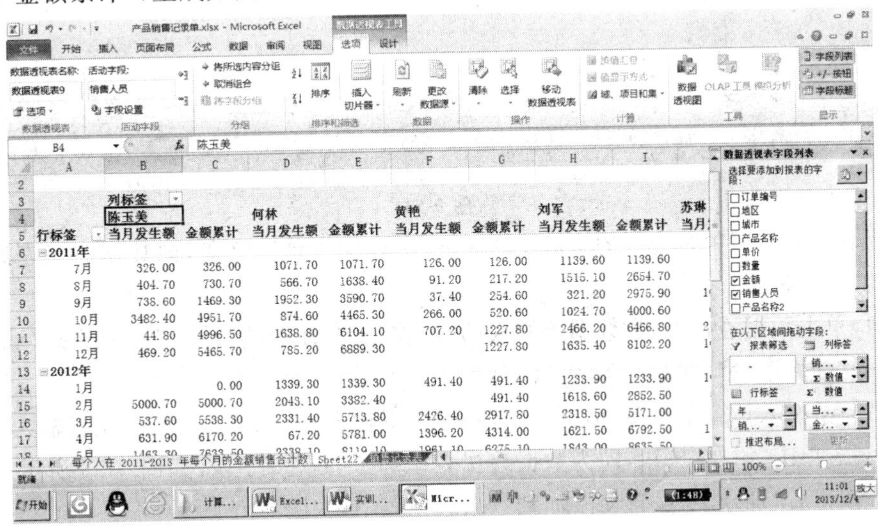

图 9-50

任务6　创建、编辑或删除数据透视表公式

1. 创建公式的有关概念

在使用数据透视报表的时候，如果汇总函数和自定义计算(值显示方式)没有提供所需的结果，则可在计算字段或计算项中创建自己的公式。

字段：数据表中的每一列称为字段，如地区、城市、产品名称、金额等项。字段里面的每个值称为项，如地区字段中的东北、华北、西北；城市字段中的北京、上海、广州都称为项。

计算字段：数据透视表中的字段，该字段使用用户创建的公式。计算字段可使用数据透视表中其他字段中的内容执行计算。

计算项：数据透视表字段中的项，该项使用用户创建的公式。计算项使用数据透视表中相同字段的其他项的内容进行计算。

2. 在数据透视表中使用计算字段

如图9-51所示数据透视表显示每个月销售金额的合计信息。

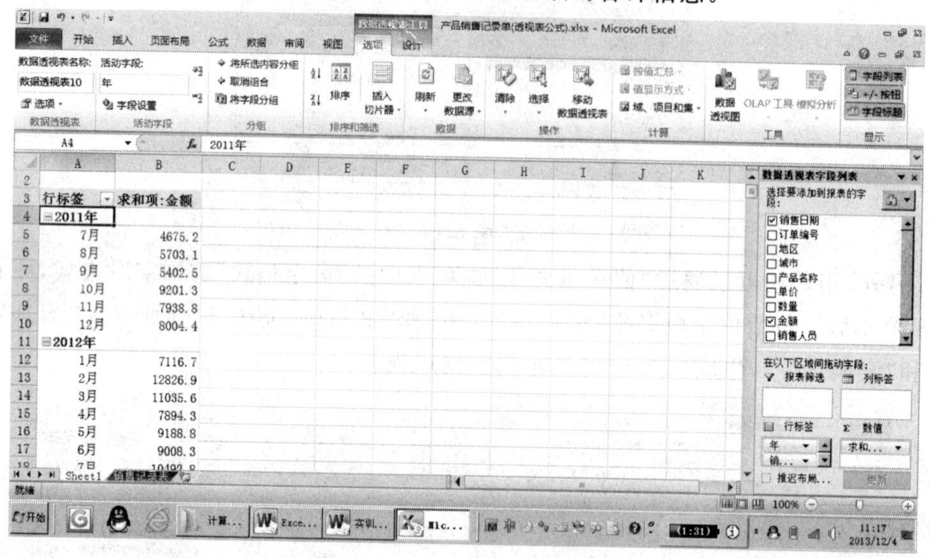

图 9-51

但若需要按照销售金额的6%计算税金，可以使用计算字段，向数据透视表添加一个新的字段“税金”。

(1)单击数据透视表，在数据透视表的“选项”工具面板的“计算”组中选择“域、项目和集”→“计算字段”，如图9-52所示。

(2)在“插入计算字段”对话框中，“名称”位置输入“税金”，在“公式”位置输入“ =金额＊6%”，单击“添加”按钮，即为数据透视表添加了“税金”字段，如图9-53所示。单击“确定”按钮后“税金”字段自动添加到数据透视表中，如图9-54所示。

图 9-52

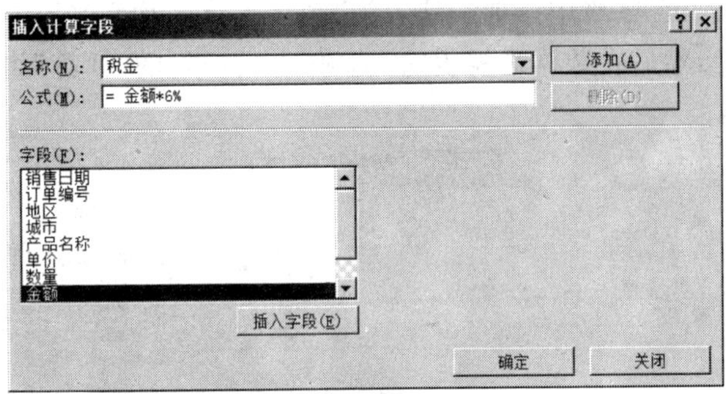

图 9-53

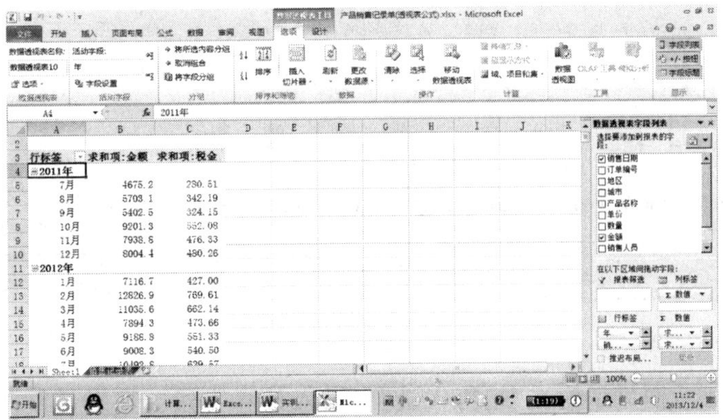

图 9-54

3. 在数据透视表中使用计算项

如图 9-55 所示为每个销售人员销售每种产品的金额汇总表，那么能否通过数据透视表计算销售为人员销量的平均水平是多少呢？我们可以通过数据透视表计算项来实现。

求和项:金额	列标签								
行标签	陈玉美	何林	黄艳	刘军	苏琳	谢丽	徐键	周世荣	总计
茶叶	12033.3	13733.3	5089.3	12610.6	8527.8	18525.4	8239.9	4822.3	83581.9
大米	1.4	201.3	60.4	305	105.1	165.7	39.8		878.7
海台	1256.5	1584.6	2149	3058.1	2362.9	3568	1710.7	412	16101.8
花生	295	451.2	249.1	360.3	367.8	1232.5	189.5	1383.7	4529.1
鸡肉	2410.2	6110.5	2392	4987.2	3926.6	6598.1	3160	2034.2	31618.8
麻油	316.8	110.1	483.5	1400.1	502.7	1019.9	479.4	330.9	4643.4
牛奶	1750.6	3578.8	448.8	5384.8	5893.5	8228.9	149.5	1517.9	26952.8
牛肉	3154.3	7607.1	9021.5	10639.2	5487.7	9842.8	5506.5	3364.9	54624
酸奶	719.1	2123	394.4	1553.2	432.8	1095.3	664	147.7	7129.5
虾子	228	2617.5		1326.8	942.7	1793.8	862	1591.1	9361.9
小米	46.8	385.8	107.4	76	118.1	417.9	243.5	72	1467.5
猪肉	1622.7	1862.6		2142.4	1377.5	193.2	560.3	114.4	7873.1
总计	23834.7	40365.8	20395.4	43843.7	30045.2	52681.5	21805.1	15791.1	248762.5

图 9-55

首先为“销售人员”字段中添加一项名为“销售人员平均水平”的项。将光标定位在“销售人员”字段上，然后在数据透视表的“选项”工具面板的“计算”组中选择“计算项”，如图 9-56 所示。

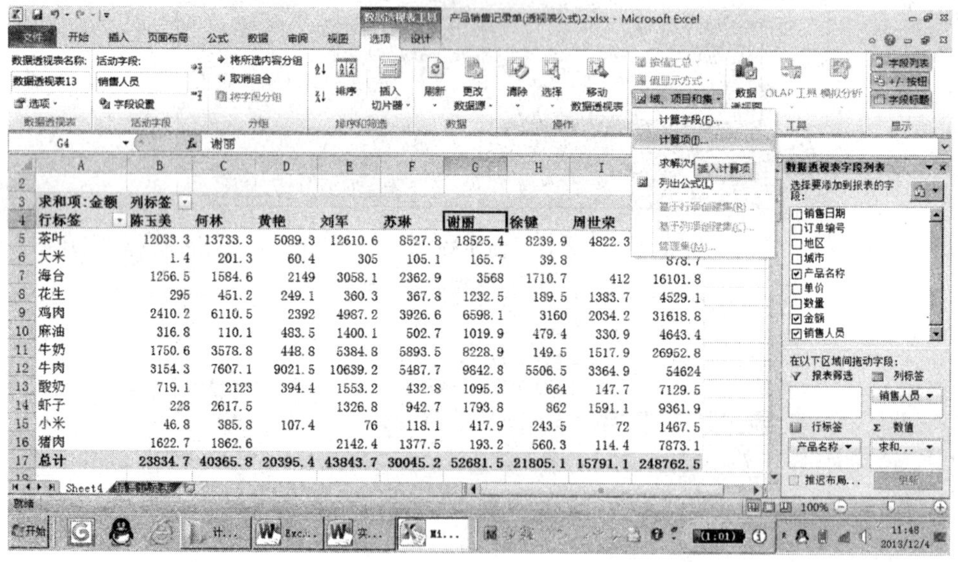

图 9-56

“计算项”对话框显示为在“销售人员”中插入计算字段。在对话框的名称位置输入“销售人员平均水平”，在公式位置输入“=average(陈玉美，何林，黄艳，刘军，苏琳，谢丽，徐键，周世荣)”。单击“添加”按钮，“销售人员平均水平”项即添加到数据透视表的“销售人员”字段中，如图 9-57 所示。

若要删除添加的计算字段或计算项，在计算字段或计算字段对话框的名称中选择要删除的字段，单击对话框右侧的“删除”按钮即可。

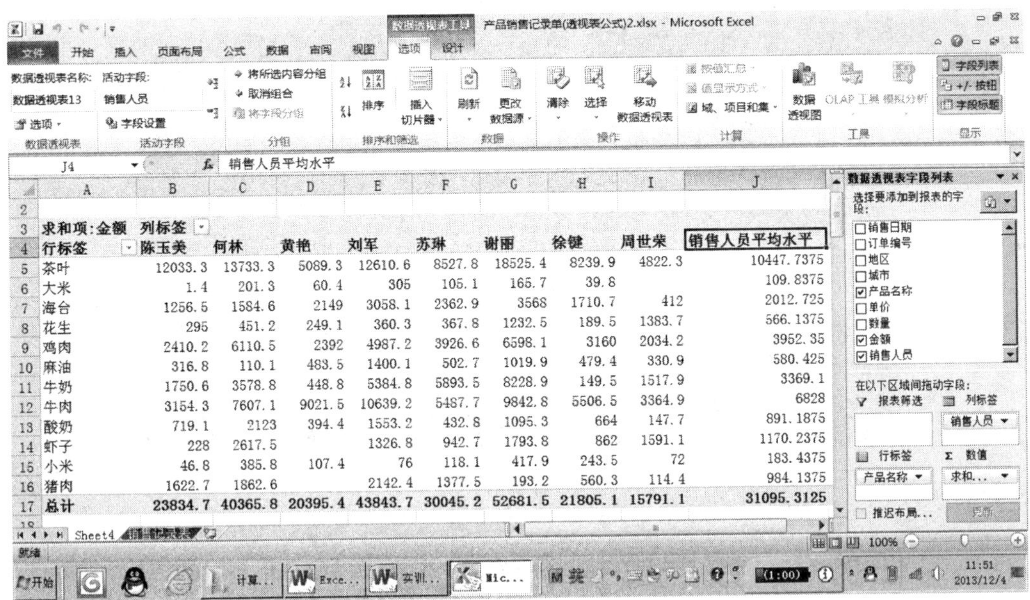

求和项:金额	列标签								
行标签	陈玉美	何林	黄艳	刘军	苏琳	谢丽	徐键	周世荣	销售人员平均水平
茶叶	12033.3	13733.3	5089.3	12610.6	8527.8	18525.4	8239.9	4822.3	10447.7375
大米	1.4	201.3	60.4	305	105.1	165.7	39.8		109.8375
海台	1256.5	1584.6	2149	3058.1	2362.9	3568	1710.7	412	2012.725
花生	295	451.2	249.1	360.3	367.8	1232.5	189.5	1383.7	566.1375
鸡肉	2410.2	6110.5	2392	4987.2	3926.6	6598.1	3160	2034.2	3952.35
麻油	316.8	110.1	483.5	1400.1	502.7	1019.9	479.4	330.9	580.425
牛奶	1750.6	3578.8	448.8	5384.8	5893.5	8228.9	149.5	1517.9	3369.1
牛肉	3154.3	7607.1	9021.5	10639.2	5487.7	9842.8	5506.5	3364.9	6828
酸奶	719.1	2123	394.4	1553.2	432.8	1095.3	664	147.7	891.1875
虾子	228	2617.5		1326.8	942.7	1793.8	862	1591.1	1170.2375
小米	46.8	385.8	107.4	76	118.1	417.9	243.5	72	183.4375
猪肉	1622.7	1862.6		2142.4	1377.5	193.2	560.3	114.4	984.1375
总计	23834.7	40365.8	20395.4	43843.7	30045.2	52681.5	21805.1	15791.1	31095.3125

图 9-57

如果要查看每个销售人员与“销售人员平均水平”的差异，可以通过更改值显示方式来实现。光标定位在数据透视表的值字段，然后在“选项”工具面板的“活动字段”组中单击“字段设置”命令，在弹出的“值字段设置”对话框中选择“值显示方式”选项卡，在下拉列表中选择“差异”，在“基本字段”中选择“销售人员”，在基本项中选择“销售人员平均水平”，单击“确定”按钮，如图 9-58 所示。

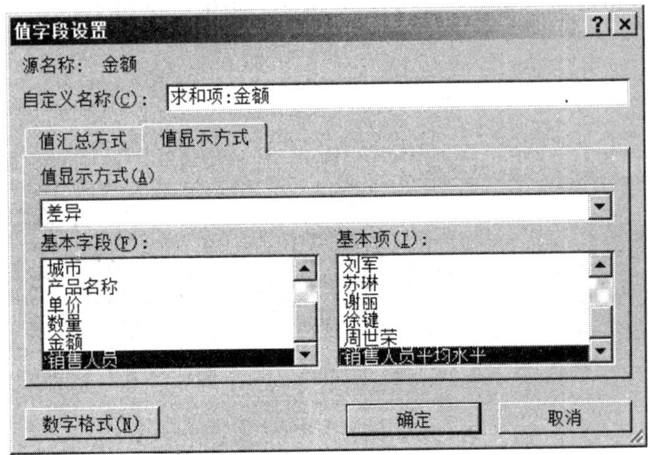

图 9-58

数据透视表的值已显示为每个销售人员的销售额与“销售人员平均水平”的差异值，正数表示此雇员的销售额高于销售人员平均水平，负数表示此销售人员的销售额低于销售人员平均水平，如图 9-59 所示。

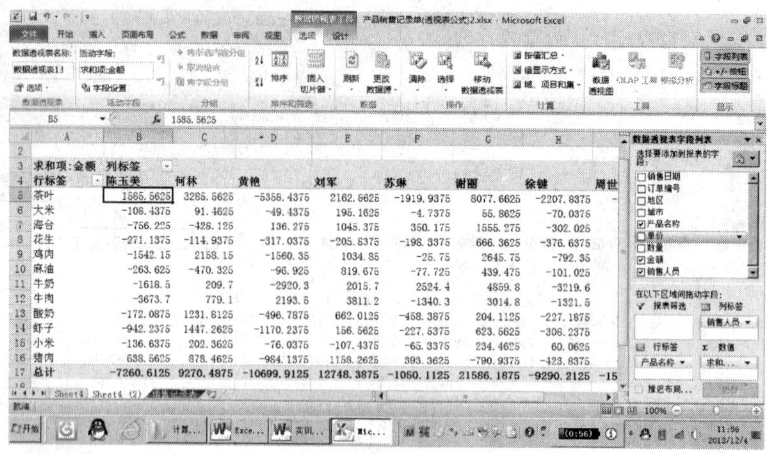

图 9-59

任务 7　数据透视表的数据源控制与刷新

用户可以使用数据透视表功能，在数据源的基础上生成各种不同的报表，以满足不同层次的需求。当用户使用数据透视表生成报告后，如果数据源变化了，数据透视表报告的信息会不会自动跟着变化呢？

当更改数据源后，默认情况下数据透视表并不会自动更新。当数据源的值更改过以后，用户可以通过数据透视表的“选项”工具面板中“数据”组的“刷新”命令来刷新数据透视表，这样数据透视表报告就变成最新的了，如图 9-60 所示。

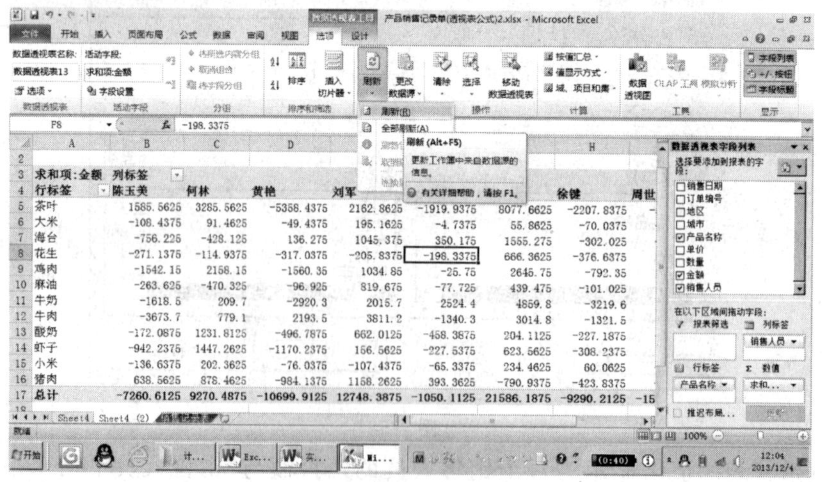

图 9-60

但是“刷新”命令只是刷新数据透视表所引用的数据源的值。当数据源的范围变化了以后(如数据源增加了新的记录)，则使用刷新命令就不能将数据范围一起更新了。

此时，用户可以通过数据透视表的“选项”工具面板中“数据”组的“更改数据源”命令来重新选择数据透视表所引用的数据范围，如图 9-61 所示。

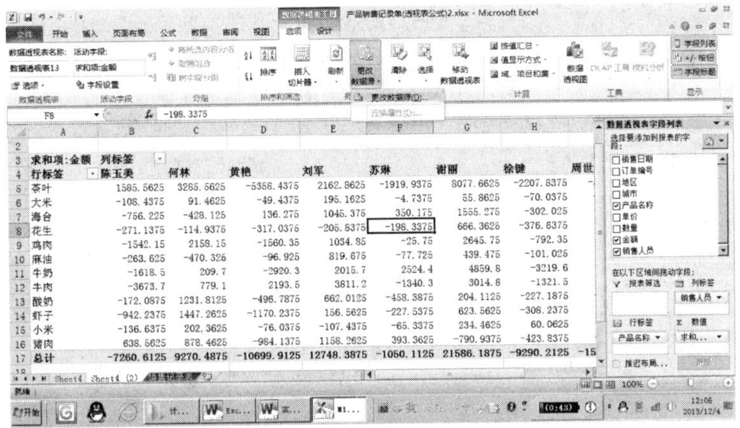

图 9-61

任务 8　创建数据透视图

1. 什么是数据透视图

数据透视图中的报表在数据透视表中，以便用户排序和筛选数据透视图报表的基本数据。相关联的数据透视表中的任何字段布局更改和数据更改将立即在数据透视图报表中反映出来。

与标准图表一样，数据透视图报表显示数据系列、类别、数据标记和坐标轴。用户还可以更改图表类型及其他选项，如标题、图例位置、数据标签和图表位置。

2. 基于现有的数据透视表创建数据透视图

(1)单击数据透视表，将显示“数据透视表工具”，其上增加了“选项”和“设计”选项卡。

(2)在“选项”选项卡上的“工具”组中，单击“数据透视图”，如图 9-62 所示。

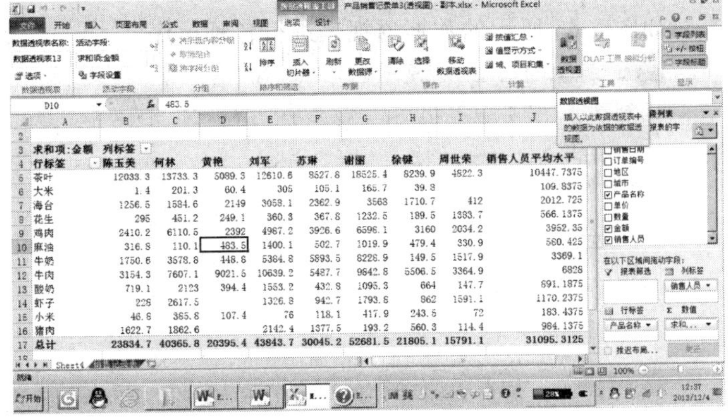

图 9-62

(3)在"插入图表"对话框中,单击所需的图表类型和图表子类型。这里可以使用除XY散点图、气泡图或股价图以外的任意图表类型,单击"确定"按钮,如图9-63所示。

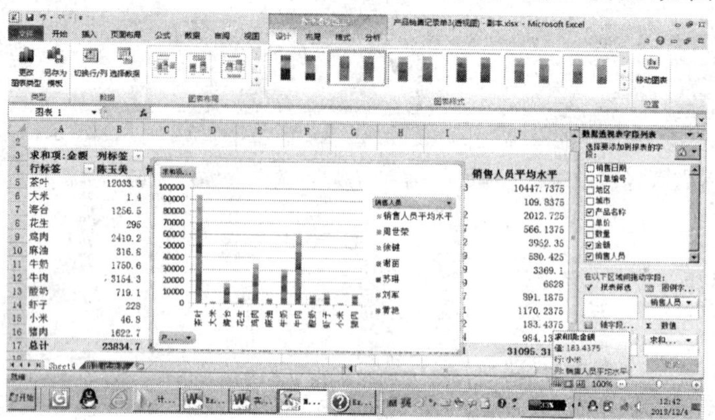

图 9-63

(4)移动并修改图表类型,如图9-64所示。

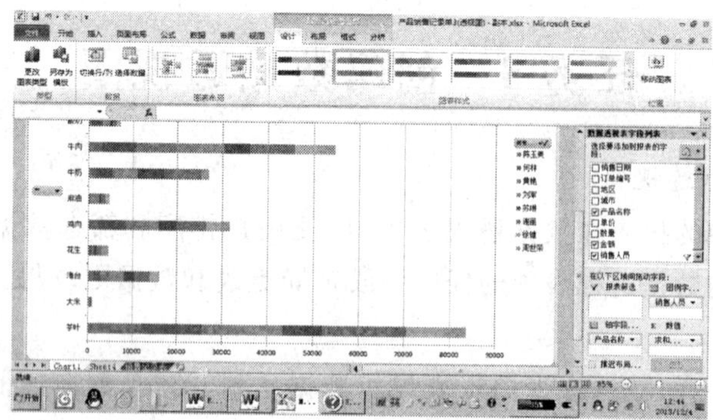

图 9-64

显示的数据透视图中具有数据透视图筛选器,可以用来更改图表中显示的数据。

任务9 数据透视表的排序

我们现在来对如图9-65所示的数据透视表进行各种排序。

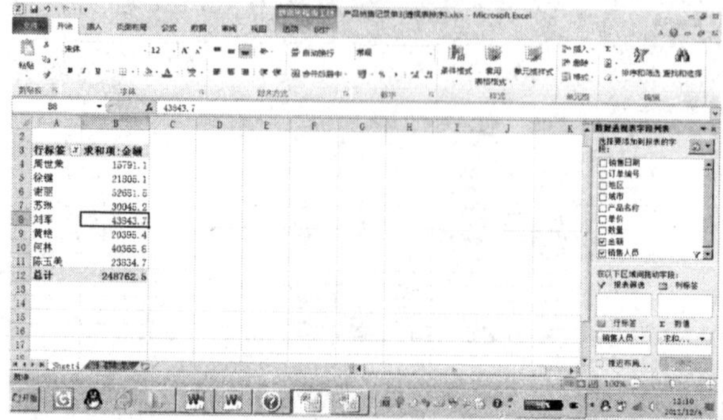

图 9-65

1. 按姓名升序排列——利用行标签旁的筛选按钮排序(见图 9-66)

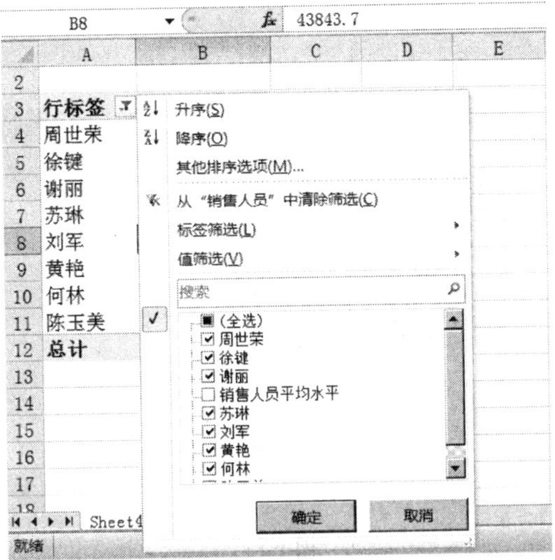

图 9-66

2. 按金额降序排列

单击数据透视表工具中的"选项"选项卡,单击排序和筛选组中的按钮,如图 9-67 所示。

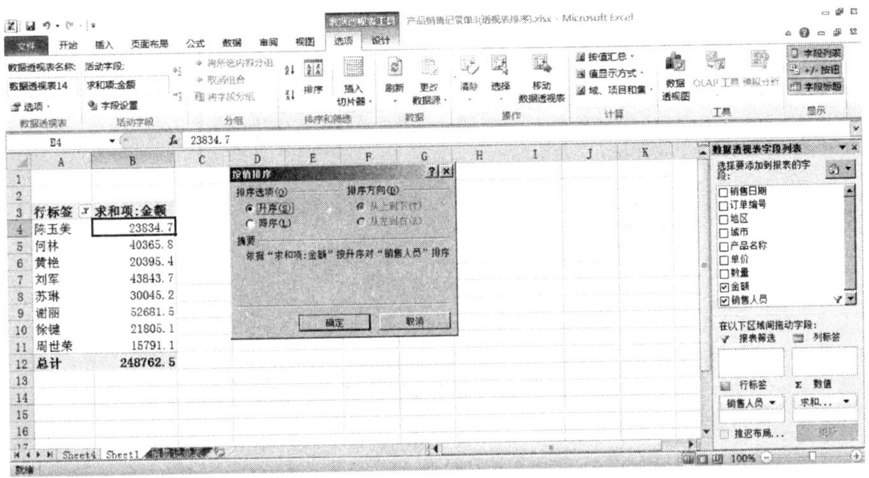

图 9-67

3. 手动排序

默认为手动排序方式,这时用户可以拖动相应字段的项目到任意位置,按照需要的方式排序。

4. 按照姓氏笔画排序

如图 9-68 所示为单击行标签旁漏斗后从出现的快捷菜单中选中"其他排序选项"后出现的对话框。

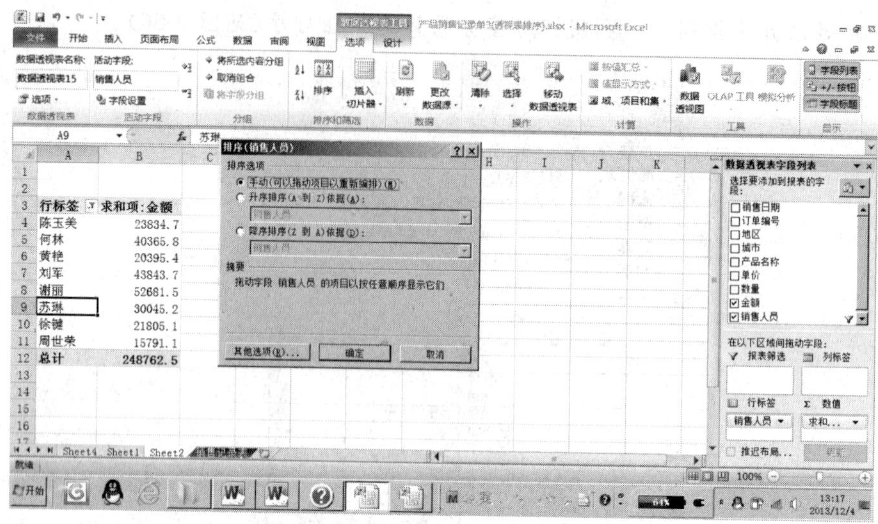

图 9-68

再单击“其他选项”按钮,可按字母或笔画排序,如图 9-69 所示。

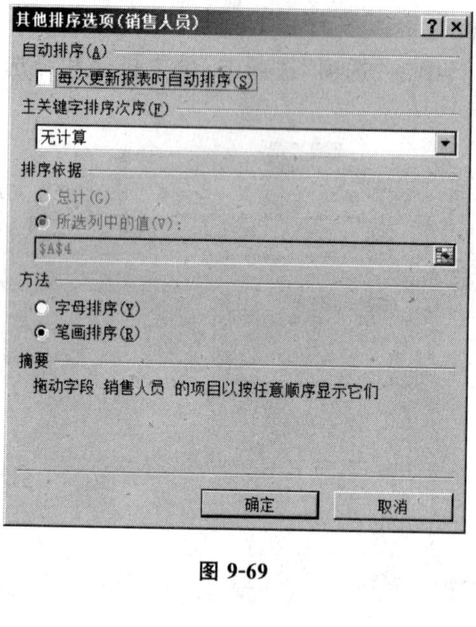

其他排序选项(销售人员)

自动排序(A)

☐ 每次更新报表时自动排序(S)

主关键字排序次序(F)

无计算

排序依据

○ 总计(G)

◉ 所选列中的值(V):

$A$4

方法

○ 字母排序(Y)

◉ 笔画排序(R)

摘要

拖动字段 销售人员 的项目以按任意顺序显示它们

确定　取消

图 9-69

任务 10　综合练习

在如图 9-70 所示文件“综合练习.xls”的工作表“数据透视表”中,利用数据透视表完成以下操作。

(1)每个销售人员的总销售额。

(2)特定国家地区销售人员的销售额。

(3)个人销售额占总额的百分比。

(4)按照销售业绩排列销售人员。

(5)查看某个时期内(月、季度)销售人员的业绩。

(6)特定时期内某销售员的销售业绩的明细。

(7)按销售金额的 3%计算每个销售人员应得多少提成。

B11 fx '中国

	A	B	C	D	E	F	G
10		国家（地区）	销售人员	日期	定单号	销售额	
11		中国	刘远	2007-5-10	10249	1863.40	
12		美国	赵小	2007-5-11	10252	3597.90	
13		美国	赵小	2007-5-12	10250	1552.60	
14		美国	张自中	2007-5-15	10251	654.06	
15		中国	马晓平	2007-5-15	10255	2490.50	
16		中国	王先	2007-5-16	10248	5478.00	
17		美国	张自中	2007-5-16	10253	1444.80	
18		美国	张自中	2007-5-17	10256	517.80	
19		美国	赵小	2007-5-22	10257	1119.90	
20		中国	王先	2007-5-23	10254	556.62	
21		美国	李丽	2007-5-23	10258	1614.88	
22		美国	赵小	2007-5-25	10259	100.80	
23		美国	卢永辉	2007-5-25	10262	584.00	
24		美国	赵小	2007-5-29	10260	1504.65	
25		美国	赵小	2007-5-30	10261	448.00	
26		中国	马晓平	2007-5-31	10263	1873.80	
27		美国	张自中	2007-5-31	10266	346.56	
28		美国	卢永辉	2007-6-2	10268	1101.20	

1、填充柄 / 2、定位替换 / 3、数据有效性 / 4、条件格式 / 5、函数a / 6、函数b / 7、筛选 / 8、透视表 / 9、图表

就绪

图 9-70

项目 10　Excel 2010 的图表制作

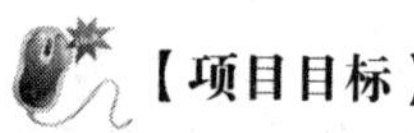

【项目目标】

(1)熟悉各种图表的制作及图表格式化。

(2)理解图表的作用。

【项目内容】

(1)制作饼图、制作柱形图。

(2)制作条形图、制作折线图、制作圆环图。

(3)格式化图表。

【相关知识】

1. 关于图表

图表是数据的一种可视表示形式。通过使用类似柱形(在柱形图中)或折线(在折线图中)这样的元素,图表可以按照图形格式显示系列数值数据。

图表的图形格式可以让用户更容易理解大量数据和不同数据系列之间的关系。图表还可以显示数据的全貌,以便用户分析数据并找出重要趋势。

若要在 Excel 中创建图表,首先要在工作表(工作表:在 Excel 中用于存储和处理数据的主要文档,也称为电子表格。工作表由排列成行或列的单元格组成)中输入图表的数值数据。然后,可以通过在“插入”选项卡上的“图表”组中选择要使用的图表类型来将这些数据绘制到图表中,如图 10-1 所示。

2. 图表的组成元素

图表中包含许多元素。默认情况下会显示其中一部分元素,而其他元素可以根据需要添加。通过将图表元素移到图表中的其他位置、调整图表元素的大小或者更改格式,用户可以更改图表元素的显示。用户还可以删除不希望显示的图表元素,如图 10-2 所示。

标注 1:图表的图表区(整个图表及其全部元素)。

标注 2:图表的绘图区(在二维图表中,绘图区是指通过轴来界定的区域,包括所有数据系列。在三维图表中,同样是通过轴来界定的区域,包括所有数据系列、分类名、刻度线标志和坐标轴标题)。

标注 3:在图表中绘制的数据点。

数据系列:在图表中绘制的相关数据点,这些数据源自数据表的行或列。图表中的每个数据系列具有唯一的颜色或图案,并且在图表的图例中表示。用户可以在图表中绘制一个或多个数据系列,饼图只有一个数据系列。

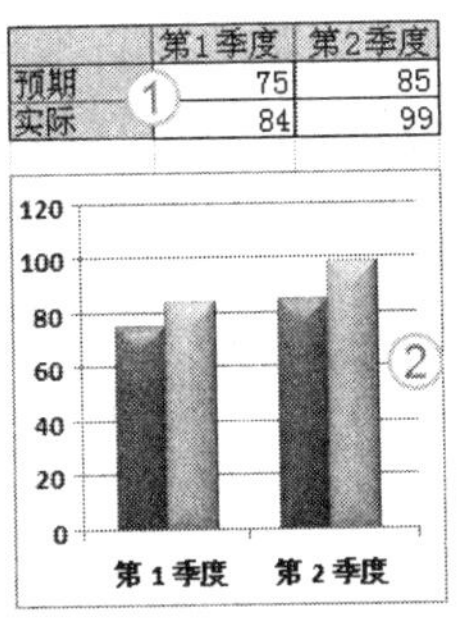

1 工作表数据

2 根据工作表数据创建的图表

图 10-1

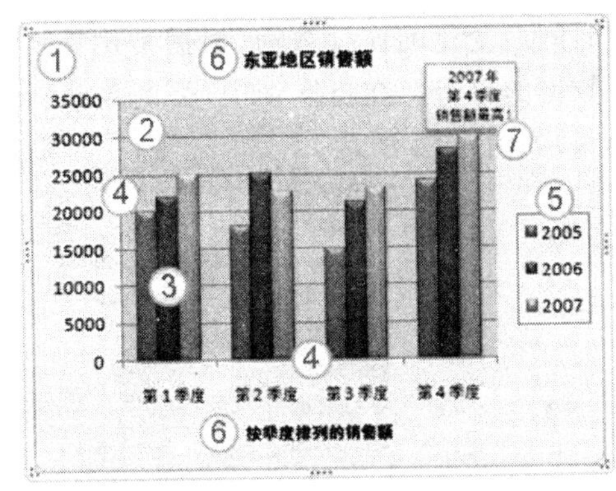

图 10-2

数据点:在图表中绘制的单个值,这些值由条形、柱形、折线、饼图或圆环图的扇面、圆点和其他被称为数据标记的图形表示。相同颜色的数据标记组成一个数据系列。

标注 4:横(分类)和纵(值)坐标轴(坐标轴:界定图表绘图区的线条,用作度量的参照框架。Y 轴通常为垂直坐标轴并包含数据,X 轴通常为水平轴并包含分类),数据沿着横坐标轴和纵坐标轴绘制在图表中。

标注 5:图表的图例(图例是一个方框,用于标识为图表中的数据系列或分类指定的图案或颜色)。

标注 6:图表以及可以在该图表中使用的坐标轴标题(图表标题是说明性的文本,可以自动与坐标轴对齐或在图表顶部居中)。

标注 7:可以用来标识数据系列中数据点的详细信息的数据标签(数据标签为数据标记提供附加信息的标签,代表源于数据表单元格的单个数据点或值)。

3. 图表类型

Microsoft Excel 支持许多类型的图表,因此用户可以采用对自己最有意义的方式来显示数据。Excel 提供了柱形图、折线图、饼图、条形图、面积图、散点图、股价图、曲面图、圆环图、气泡图、雷达图共 11 种标准类型图表,每种类型又包含多种子图表类型。用户选定某一图表类型,可以查看根据用户选定数据而产生的图表示例。

(1)柱形图。排列在工作表(工作表:在 Excel 中用于存储和处理数据的主要文档,也称为电子表格。工作表由排列成行或列的单元格组成)的列或行中的数据可以绘制到柱形图中。柱形图用于显示一段时间内的数据变化或说明各项之间的比较情况,如图 10-3 所示。

东亚销售额

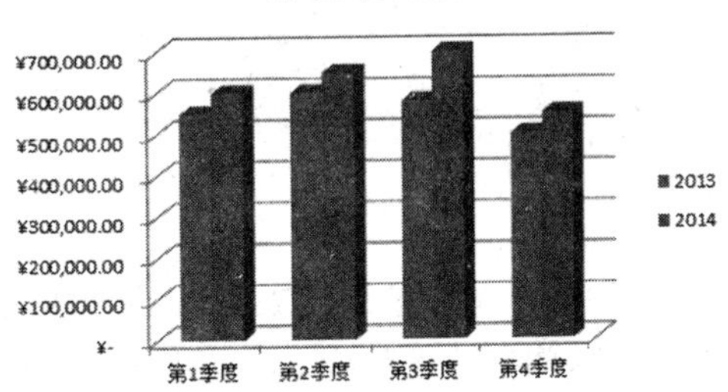

图 10-3

在柱形图中,通常沿横坐标轴组织类别,沿纵坐标轴组织值。

(2)折线图。排列在工作表的列或行中的数据可以绘制到折线图中。折线图可以显示随时间而变化的连续数据(根据常用比例设置),因此非常适用于显示在相等时间间隔下数据的趋势。在折线图中,类别数据沿水平轴均匀分布,所有的值数据沿垂直轴均匀分布,如图 10-4 所示。

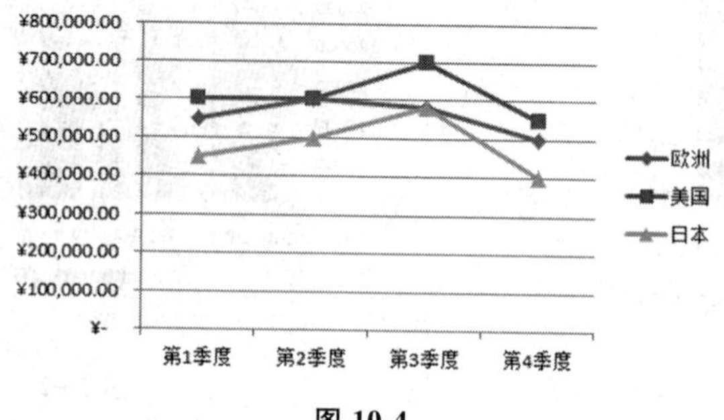

图 10-4

(3)饼图。仅排列在工作表的一列或一行中的数据可以绘制到饼图中。饼图显示一个数据系列(饼图只有一个数据系列)中各项的大小,与各项总和成比例。饼图中的数据点显示为整个饼图的百分比,如图 10-5 所示。

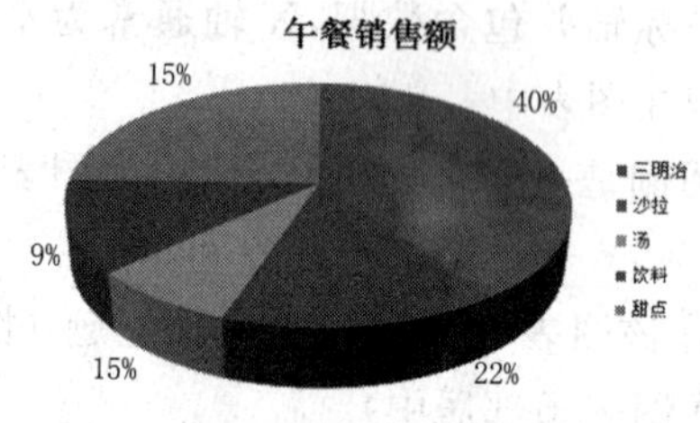

图 10-5

(4)条形图。排列在工作表的列或行中的数据可以绘制到条形图中。如图 10-6 所示为条形图显示各项之间的比较情况。

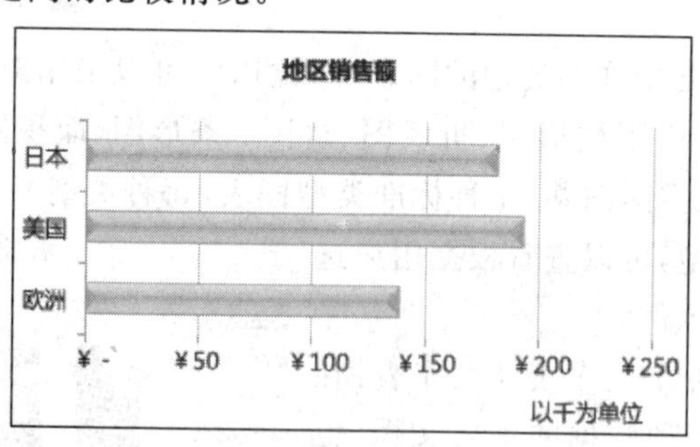

图 10-6

(5)面积图。排列在工作表的列或行中的数据可以绘制到面积图中。面积图强调数量随时间变化的程度,也可用于引起人们对总值趋势的注意。例如,表示随时间而变化的利润的数据可以绘制到面积图中以强调总利润。通过显示所绘制的值的总和,面积图还可以显示部分与整体的关系,如图 10-7 所示。

(6)XY 散点图。排列在工作表的列和行中的数据可以绘制到 XY(散点)图中。散点图显示若干数据系列中各数值之间的关系，或者将两组数字绘制为 XY 坐标的一个系列，如图 10-8 所示。

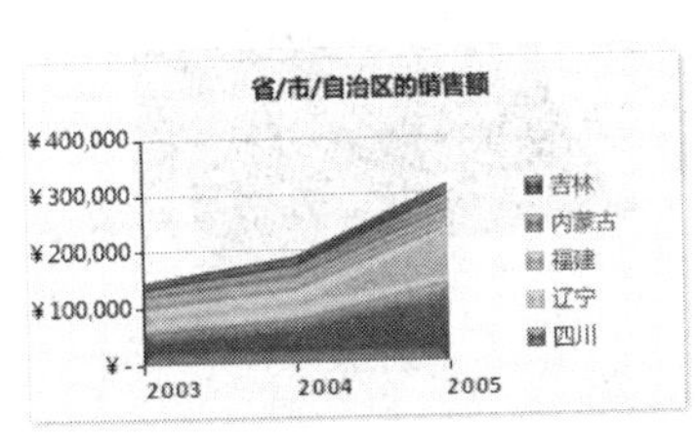

图 10-7

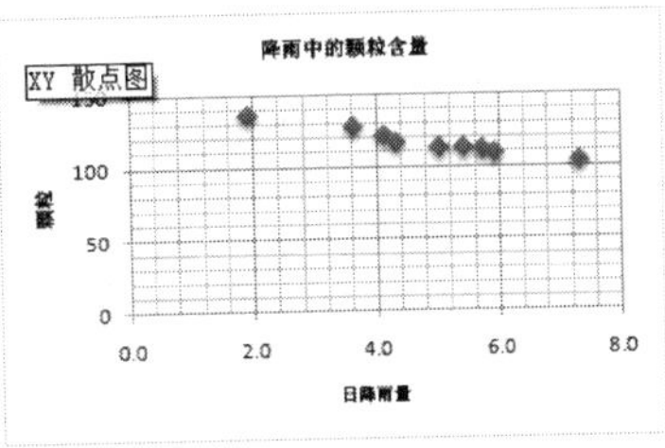

图 10-8

散点图有两个数值轴，沿横坐标轴（X 轴）方向显示一组数值数据，沿纵坐标轴（Y 轴）方向显示另一组数值数据。散点图将这些数值合并到单一数据点并按不均匀的间隔或簇来显示它们。散点图通常用于显示和比较数值，如科学数据、统计数据和工程数据。

适合使用散点图的情况如下。

①要更改水平轴的刻度。

②要将轴的刻度转换为对数刻度。

③水平轴的数值不是均匀分布的。

④水平轴上有许多数据点。

⑤要有效显示包含成对或成组数值集的工作表数据，并调整散点图的独立刻度以显示关于成组数值的详细信息。

⑥要显示大型数据集之间的相似性而非数据点之间的区别。

若用户要在不考虑时间的情况下比较大量数据点——在散点图中包含的数据越多，所进行比较的效果就越好。

若要在工作表上排列使用散点图的数据，应将 X 值放在一行或一列，然后在相邻的行或列中输入对应的 Y 值。

（7）股价图。以特定顺序排列在工作表的列或行中的数据可以绘制到股价图中。顾名思义，股价图通常用来显示股价的波动。不过，这种图表也可用于科学数据。例如，可以使用股价图来说明每天或每年温度的波动，而且必须按正确的顺序来组织数据才能创建股价图。

股价图数据在工作表中的组织方式非常重要。例如，若要创建一个简单的盘高一盘低一收盘股价图，应根据按盘高、盘低和收盘次序输入的列标题来排列数据，如图 10-9 所示。

（8）曲面图。排列在工作表的列或行中的数据可以绘制到曲面图中。如果用户要找到两组数据之间的最佳组合，可以使用曲面图。就像在地形图中一样，颜色和图案表示处于相同数值范围内的区域，如图 10-10 所示。

当类别和数据系列都是数值时，可以使用曲面图。

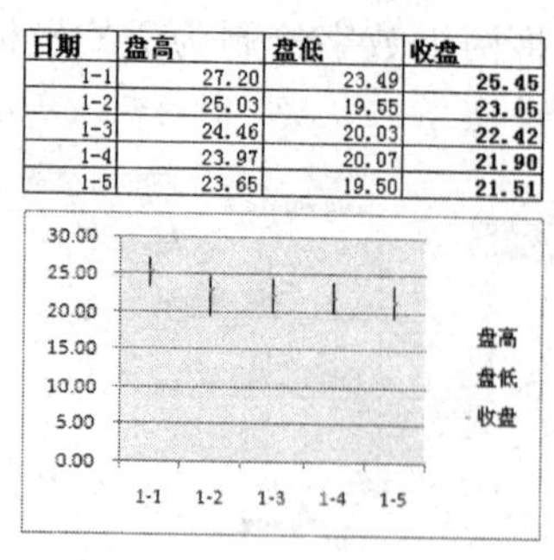

日期	盘高	盘低	收盘
1-1	27.20	23.49	25.45
1-2	25.03	19.55	23.05
1-3	24.46	20.03	22.42
1-4	23.97	20.07	21.90
1-5	23.65	19.50	21.51

图 10-9

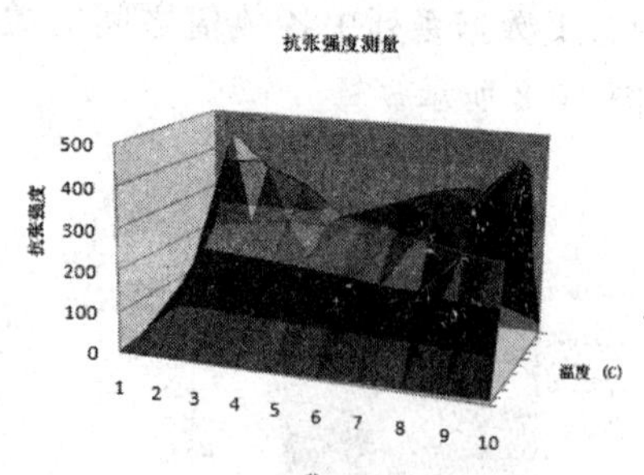

图 10-10

(9)圆环图。仅排列在工作表的列或行中的数据可以绘制到圆环图中。像饼图一样,圆环图显示各个部分与整体之间的关系,但是它可以包含多个数据系列,如图 10-11 所示。

(10)气泡图。排列在工作表的列中的数据(第一列中列出 X 值,在相邻列中列出相应的 Y 值和气泡大小的值)可以绘制到气泡图中。

例如,用户可以按如图 10-12 所示组织数据。

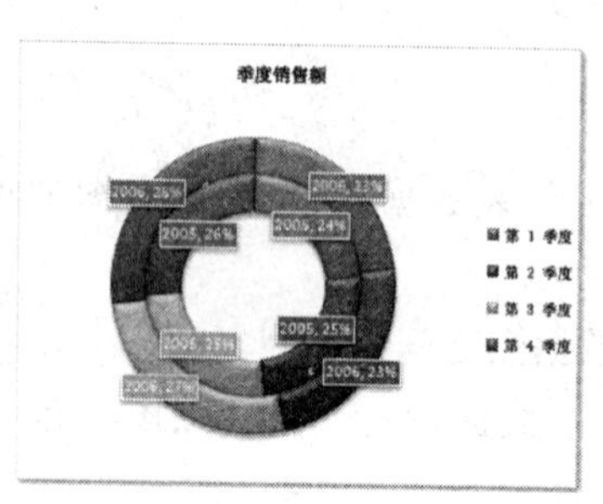

图 10-11

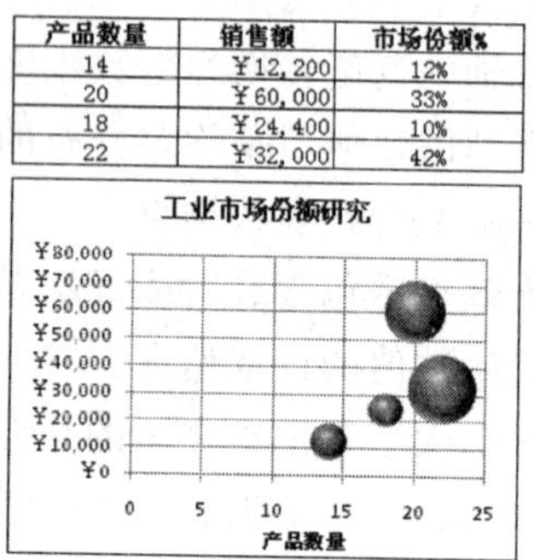

产品数量	销售额	市场份额%
14	¥12,200	12%
20	¥60,000	33%
18	¥24,400	10%
22	¥32,000	42%

图 10-12

(11)雷达图。排列在工作表的列或行中的数据可以绘制到雷达图中。雷达图可以比较几个数据系列的聚合值,如图 10-13 所示。

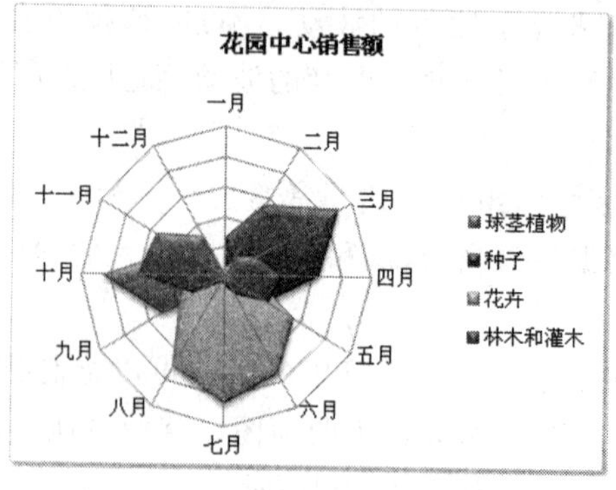

图 10-13

4. 图表的数据源

图表类型确定以后，应进一步选择产生图表的系列数据及图表 X 轴的刻度单位。此时图表的雏形已定。

5. 图表的各种选项

通过设置图表标题、图例、网格线、数据标志等多种选项，为图表增加可读性。

6. 图表的放置位置

用户可将绘制好的图表作为一个独立的工作表，也可将图表嵌入已经存在的工作表中。

7. 打印

在工作表中选中图表后，选择“文件”菜单中的“打印”命令，默认就只打印图表，如图 10-14 所示。当只选中工作表中某个单元格，则图表与其他内容同时打印。

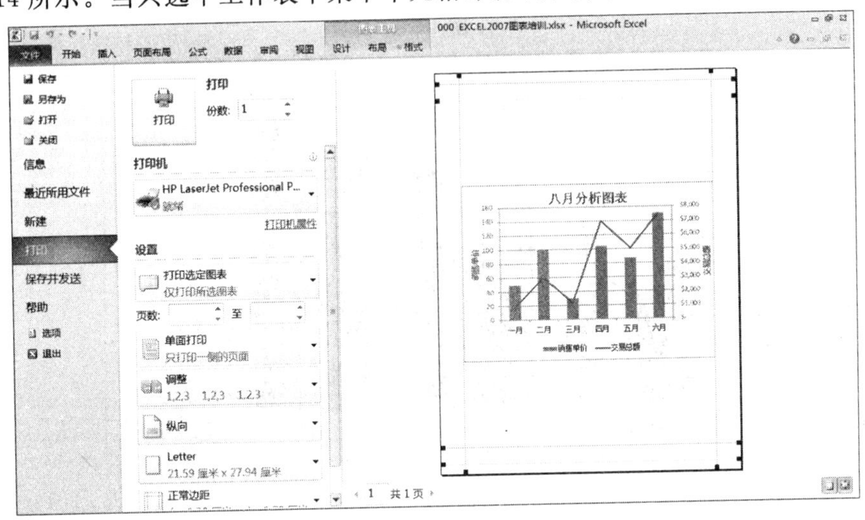

图 10-14

任务 1　处理图表的方法

如图 10-15 所示为数据表格和由数据表格中的前面 4 行制作的柱形图，下面介绍对其进行处理的一些方法。

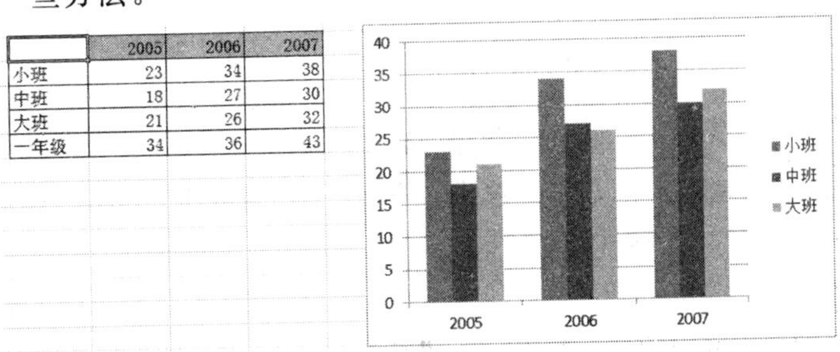

	2005	2006	2007
小班	23	34	38
中班	18	27	30
大班	21	26	32
一年级	34	36	43

图 10-15

1. 添加数据到图表

(1)用菜单的方法来实现。选中图表→鼠标右键→选择数据,弹出如图 10-16 所示的对话框,重新选择数据区域,将一年级的记录选择进去,则图表中加入新的数据,如图 10-17 所示。

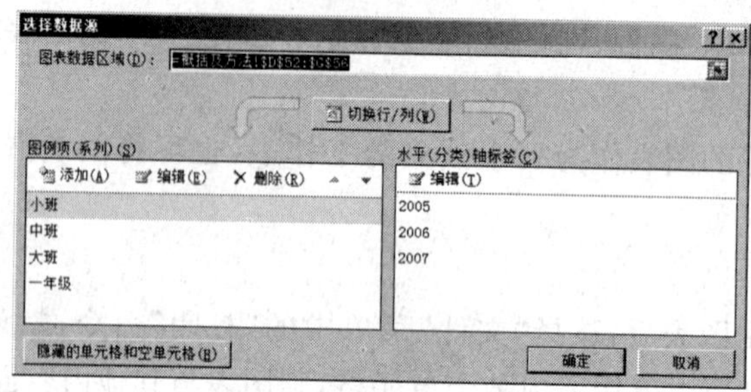

图 10-16

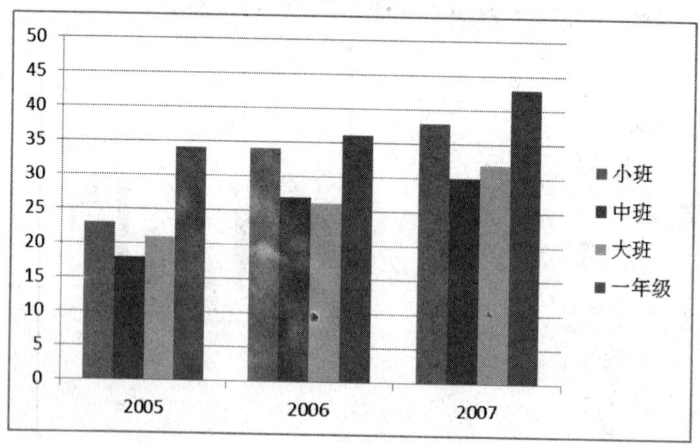

图 10-17

(2)在功能区中选择。选中图表→图表工具→设计→选择数据,弹出如图 10-18 所示对话框,接下来的操作同上。

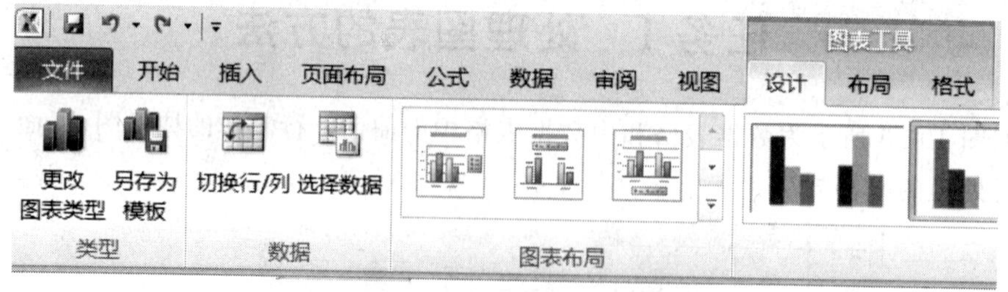

图 10-18

(3)用键盘上的快捷键来实现。选中一年级一行的数据。按"Ctrl+C"快捷键,然后选择图表按"Ctrl+V"快捷键。

2. 快速删除

(1)选中想要删除的图柱,再按"Delete"键。

(2)选中想要删除的图柱,鼠标右键之后按“Delete”键。

3. 快速调换柱形次序

若要更改公式中数据系列的序数,可将如图 10-19 所示的 1 改为 4,仔细观察将会出现什么效果?

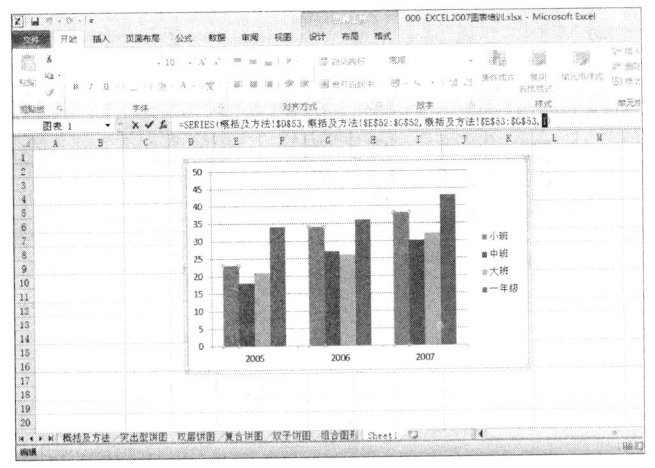

图 10-19

4. 在图表中显示数据标签等

(1)选中要添加数据标签的图柱,单击鼠标右键,选择“添加数据标签”命令,如图10-20。

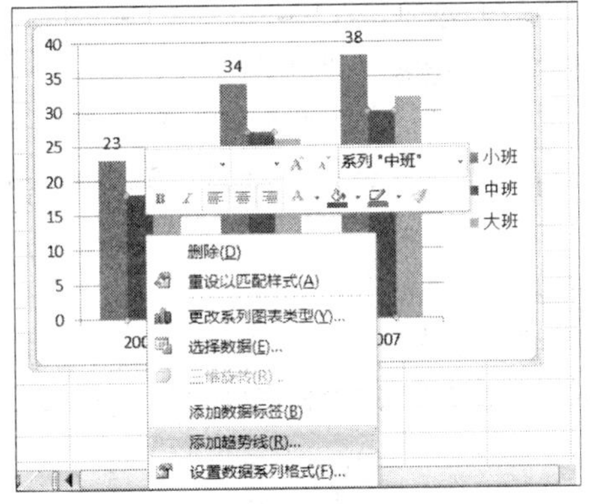

图 10-20

(2)在功能选项卡中,进行布局→标签→数据标签→指定数据标签操作,如图 10-21 所示。用同样的方法,还可以添加和更改图表标题、图例等。

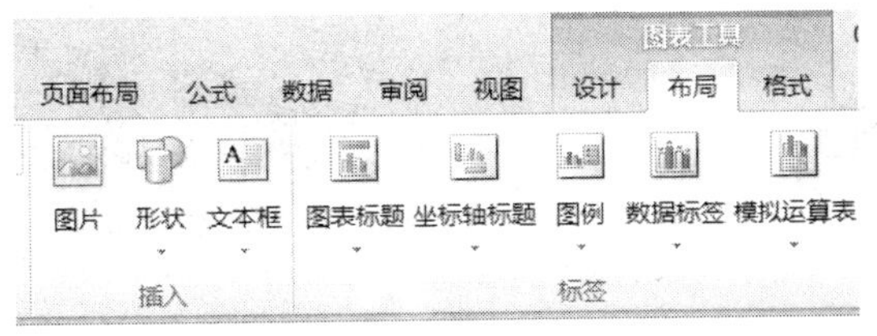

图 10-21

5. 显示数据表或标题

在一些情况下，可能要在图表中直接以表格的形式显示出图表中的数据，也就是显示数据表，如图 10-22 所示。方法：图表工具→布局→标签→模拟运算表。

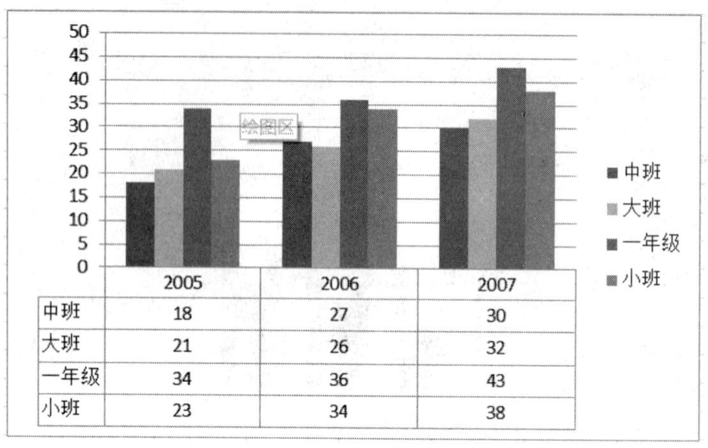

图 10-22

任务 2　创建突出型图表

为了突出某一块区域或某个数据，达到一下子能吸引住大家的视线在指定位置，可以采用如下方法达到如图 10-23 右图所示的效果。

(1)在图 10-23 左边表格中从 A1 单元格开始输入原始数据。

(2)选择数据区域 A1：B4→"插入"→图表→饼图→完成。

(3)单击选择饼图→右键，添加数据标签→右键数据标签格式→勾选类别名称和百分比。

(4)单击选择图例→右键，选择删除。

(5)单击选择图表→拖动调整大小。

(6)单击选择饼图→单击选择高级部分（两下)→向外拖动。

级别	人数
初级	135
中级	109
高级	99

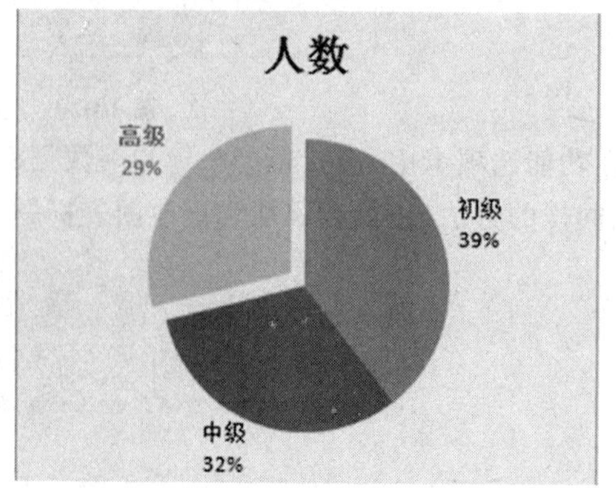

图 10-23

任务 3 制作双层饼图

(1)在图 10-24 所示表格中选中 B4:B12 单元格区域,选择“插入”→饼图→二维饼图→饼图(删除图例项)。

(2)右击图表区域,选择“选择数据”,单击“添加”。

(3)弹出“编辑数据系列”对话框,单击“系列值”后的按钮,选中 D4:D12 数据,系列二的轴标签也相应改为 C4:C12。

(4)右击图表处,选中“设置数据系列格式”,弹出“设置数据系列格式”对话框,系列绘制在里选择“次坐标轴”,饼图分离程度输入 50%,单击“关闭”按钮。

(5)接着依次选中图表各分块拖动至圆点中心。右击外圈图表处,选中(重复步骤 4)。

(6)依次右击两圈图表选择“添加数据标签”,勾选“类别名称”复选框(按自己喜欢的方式稍做调整,双层饼图就做好了,如图 10-25 所示)。

F11 fx

	A	B	C	D
1				
2	业务单元	金额	部门	金额
3	A	981	A1	432
4			A2	187
5			A3	362
6	B	869	B1	256
7			B2	316
8			B3	297
9	C	1028	C1	310
10			C2	420
11			C3	298

图 10-24

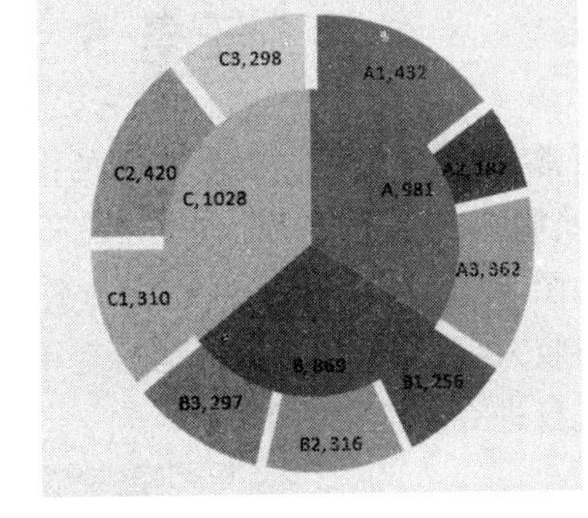

图 10-25

任务 4 制作复合饼图

当组成结构存在包含关系时,如图 10-26 所示的复合饼图是一种更好的表现方式,而且其制作方法也很简便快捷。

现在假设某咨询公司在进行营销人力资源分析时,希望绘制一张复合饼图来表示人员构成情况:现有员工总共 1070 人,其中管理人员 122 人,生产人员约 375 人,营销人员约 573 人(其中业务员 231 人,促销员 160,其他营销人员 182 人),如图 10-26 左表所示。

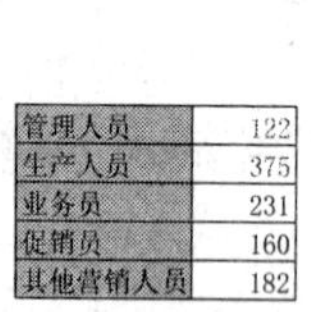

管理人员	122
生产人员	375
业务员	231
促销员	160
其他营销人员	182

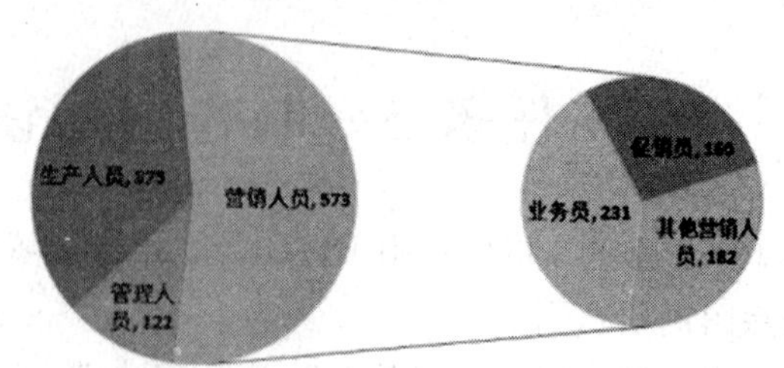

图 10-26

(1)把数据输入 Excel,注意不要输入“营销人员”的数据。

(2)选中数据,单击“插入”→“饼图”→“复合饼图”。

(3)复合饼图出现了,只是小饼图里还缺“业务员”,怎么办呢?我们还要做些调整。

(4)在饼图上单击右键,选择“设置数据系列格式”。

(5)在“系列选项”→“第二绘图区包含最后一个”中,将“2”改成“3”。

(6)为了在饼图上显示数据,在饼图上单击右键,选择“添加数据标签”。

(7)在饼图上直接将“其他”改为“营销人员”,复合饼图就完成了,如图 10-26 中的右图所示。

任务 5 创建组合图表

通常,创建比较不同类型数据的图表是有用的。要快速且清晰地显示不同类型的数据,绘制一些在不同坐标轴上带有不同图表类型的数据系列是很有帮助的。

如图 10-27 所示,假设一个制造公司想要分析超过前几个月的销售单价和每个月的总销售收入,并且希望识别哪里出现了问题,如高的销售单价而低的交易额,从而显示可以进行进一步折扣的单价。

3	Column	销售单价	交易总
4	一月	50	900
5	二月	100	3000
6	三月	30	1200
7	四月	104	7000
8	五月	87	5050
9	六月	150	7500
10			

图 10-27

此时可以制作两个不同的图表:一个绘制每月的销售单价,一个绘制每月的交易额,但是要单独分析两个图表。因此,需要创建如图 10-28 所示的图表。

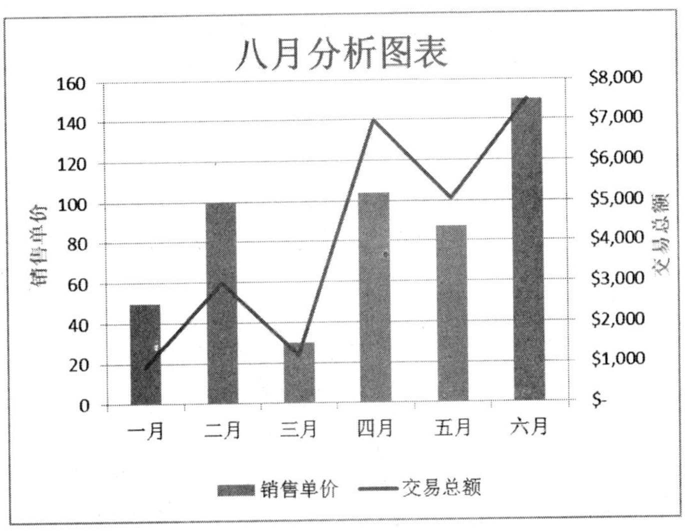

图 10-28

(1)步骤 1:在工作表中输入下面的数据。

单击功能区“开始”选项卡中样式“套用表格格式”命令,选择其中的样式,将数据格式为一个表。建立表后,更容易读取数据,也可以执行一些更高级的操作,如筛选数据(这里只是顺便提一下这个功能,后面的内容并没有用到)。

组合不同的图表类型,创建带有多种类型图表的第 1 步实际上只建立一种类型的图表。这里,想创建的图表带有柱状和折线,但将以规则的柱状图开始。

注意:事实上创建图表类型与开始的图表类型无关,但如果使用许多系列,则应选择应用主要系列的图表类型,这样,以后可以少一些工作量。

(2)步骤 2:选择在步骤 1 中所输入的数据,在功能区“插入”选项卡中插入柱形图。

现在,创建了一个带有两个系列的柱状图,如图 10-29 所示,均绘制在相同的坐标轴上,但与我们意图不相符,因为在交易额和销售单价之间的比例不同,而且看不到销售单价系列。

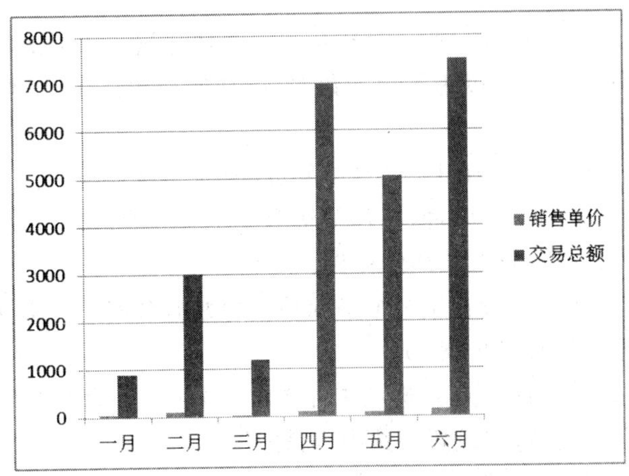

图 10-29

(3)步骤 3:将"交易总额"系列的图表类型改为折线。

选择想要改变为不同类型的系列,本例中为"交易总额"系列。一般有多种方法选择一个数据系列,这里只简要讲述其中最常用的两种。注意,要选择某系列而不是整个图表或单个的数据点。

方法 1:单击图表中想要选中的系列。注意,不要单击图例文本"交易总额($)",而是单击图表中红色的柱状条之一。现在,应该看到此系列高亮显示,如图 10-30 所示。

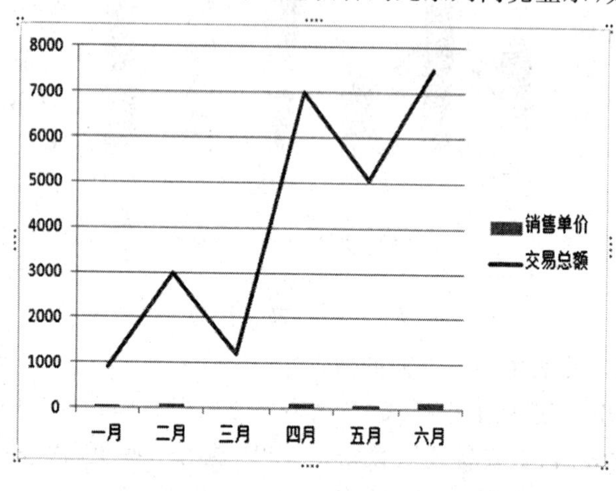

图 10-30

方法 2:单击功能区中"图表格式"选项卡或者"图表布局"选项卡(注意,仅当选择图表时这些选项卡才出现)。在这些选项卡最左侧部分,有一个名为"当前所选内容"的组,其中有一个名为"图表区"的下拉菜单。

(4)步骤 4:改变所选择系列的图表类型。先在功能区的"设计"选项卡中单击功能区最左侧的"更改图表类型"。或在选中的柱形图上直接单击右键→更改系列图表类型→选择折线图。

此时,将弹出"更改图表类型"对话框,在其中选择想要的新类型。在本例中,选择折线图,单击"确定"按钮。

现在,已创建了一个带有两种类型(柱状和折线)的图表,如图 10-31 所示。实际上,通过重复上面介绍的过程,可以为不同的数据系列应用不同的图表类型,从而组合出多种图表类型。

添加第二个坐标轴:上面的图表仍难以分析,因为交易总额的比例远大于销售单价的比例。结果是难以读取销售单价,并且柱状图也不可分辨。所以,交易总额应该移到第二个坐标轴中,允许坐标轴有不同的比例。

(5)步骤 5:选择想要放置在第二个坐标轴上的数据系列。在本例中是"交易总额"系列(如何选择数据系列参见步骤 3)。

(6)步骤 6:在"格式"或"布局"选项卡左侧的"当前所选内容"中,确保下拉框中为"系列'交易总额'",然后单击"设置所选内容格式"。

(7)步骤 7:在弹出的"设置数据系列格式"对话框中,打开"系列选项",单击"次坐

标轴”,然后单击“关闭”按钮。

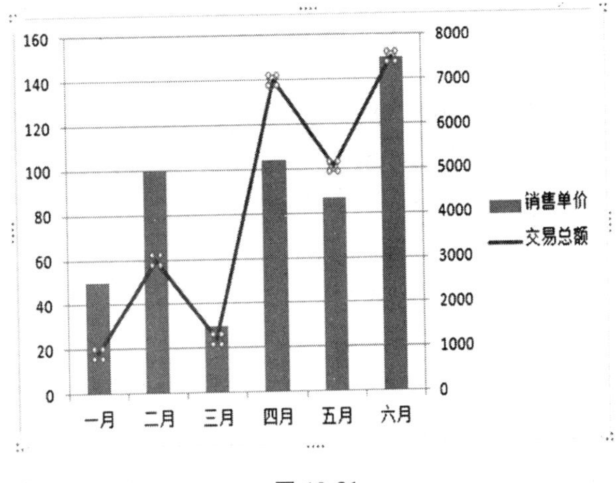

图 10-31

下面介绍的内容将对已完成的组合图表进行格式设置。

(8)步骤 8：将图例移到底部。单击功能区中的“图表布局”选项卡,然后单击“图例”,选择“在底部显示图例”。

(9)步骤 9：改变第二个坐标轴标签来显示货币符号。在坐标轴标签上单击右键,选择“设置坐标轴格式”。然后,单击“设置坐标轴格式”对话框左侧的“数字”选项卡,单击类别列表中的“货币”,在“格式代码”中设置格式后单击“添加”按钮,最后单击“关闭”按钮。

(10)步骤 10：添加坐标轴标题。在功能区“布局”选项卡中,选择“坐标轴标题”。在下拉菜单中,选择“主要纵坐标轴标题”,然后选择“旋转过的标题”,输入标题。

对“次要纵坐标轴”进行相同的操作。

(11)步骤 11：添加图表标题。在功能区“布局”选项卡中,单击“图表标题”,输入标题名。这样,就完成的图表制作。

任务 6　制作动态条饼组合图表

下面来制作如图 10-32、图 10-33 所示的动态条饼组合图表。

1. 构造辅助数据表(见图 10-33)

(1)绘制控件。在 G7 单元格输入公式＝OFFSET($A$2,,ROW(A1)),下拉至 G10 单元格作为控件列表的引用数据源。单击“开发工具”选项卡→“控件”组→“插入”→单击“表单控件”下的“组合框”窗体控件→在表格的空白处按下鼠标左键不放,拖动鼠标绘制出大小合适的组合框。右击组合框→单击“设置控件格式”→“数据源区域”选择$G$7:$G$10 单元格区域→“单元格链接”选择$G$3 单元格→单击“确定”按钮关闭“设置控件格式”对话框。

(2)构造饼图数据。在 I3 单元格输入公式＝IF($G$3＝4,IF(ROW()<5,"",$E$2),OFFSET($A$2,,MOD($G$3＋ROW(),3)＋1)),下拉填充至 I5 单元

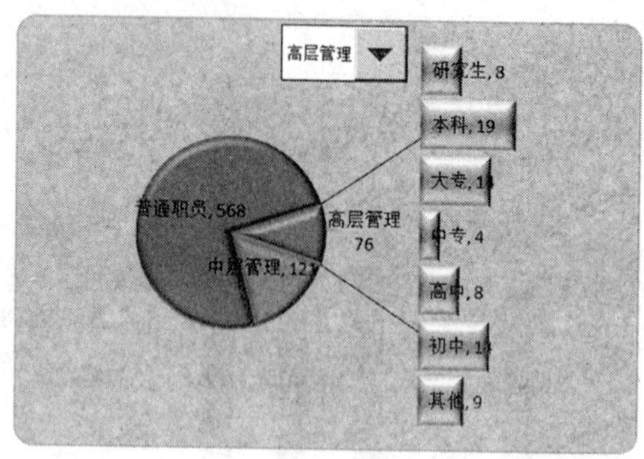

图 10-32

P15　*fx*

某企业员工学历构成

学历 \ 职位	高层管理	中层管理	普通职员	全体
研究生	8	12	49	*69*
本科	19	36	167	*222*
大专	14	27	77	*118*
中专	4	21	106	*131*
高中	8	14	118	*140*
初中	14	7	35	*56*
其他	9	4	16	*29*
小计	*76*	*121*	*568*	*765*

辅助数据区

高层管理 ▼
1

列表引用区域

高层管理
中层管理
普通职员
全体

饼图数据表

职位	人数
中层管理	121
普通职员	568
高层管理	76

百分比堆积条形图数据表

学历	空白1	人数	空白2
研究生	57	8	11
本科	57	19	0
大专	57	14	5
中专	57	4	15
高中	57	8	11
初中	57	14	5
其他	57	9	10

图 10-33

格;在 J3 单元格输入公式=HLOOKUP(I3,$B$2:$E$10,9,),下拉填充至 J5 单元格。

(3)构造百分比堆积条形图数据。在 L3 单元格输入公式=A3,下拉填充至 L9 单元格;在 N3 单元格输入公式=VLOOKUP(L3,$A$2:$E$10,$G$3+1,),下拉填充至 N9 单元格;在 M3 单元格输入公式=3 * MAX($N$3:$N$9),下拉填充至 M9 单元格;在 O3 单元格输入公式=MAX($N$3:$N$9)-N3,下拉填充至 O9 单元格。

2. 绘制条形图系列

(1)创建百分比堆积条形图。选择 L2:O9 单元格区域→单击“插入”选项卡→“图表”组→“条形图”→“百分比堆积条形图”,如图 10-34 所示。

(2)格式化图表。删除图例、网格线,设置图表大小、边框、填充颜色。右击垂直坐标轴→单击“设置坐标轴格式”→勾选“逆序类别”复选框→设置“主要刻度线类型”为“无”→设置“坐标轴标签”为“无”→单击“线条颜色”选项→“无线条”→关闭“设置坐标轴格式”对话框。右击水平坐标轴→单击“设置坐标轴格式”→设置“主要刻度线类型”为“无”→设置“坐标轴标签”为“无”→单击“线条颜色”选项→“无线条”→关闭“设置坐标轴格式”对话框。结果如图 10-35 所示。

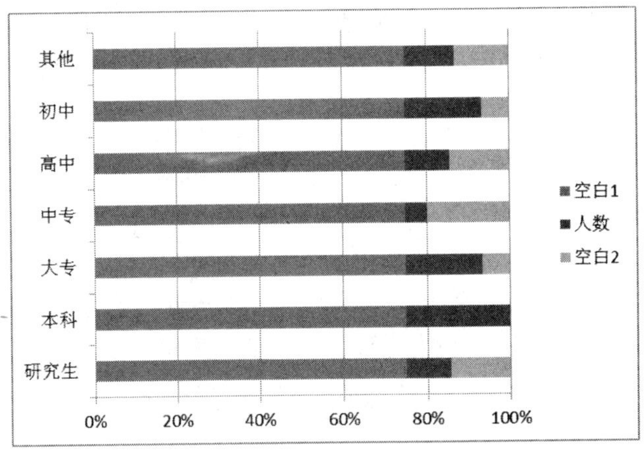

图 10-34

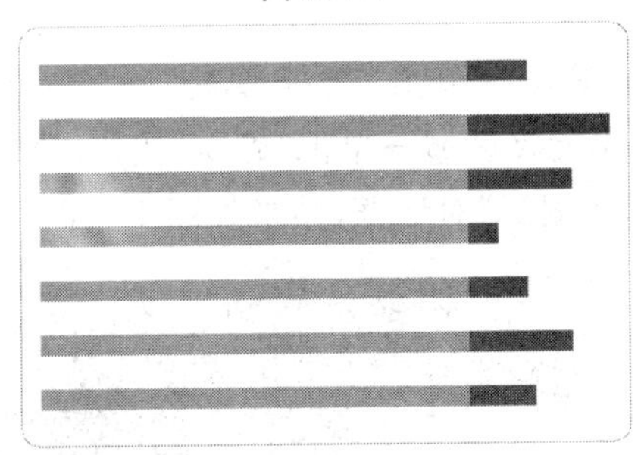

图 10-35

(3)格式化条形图系列。右击“空白 1”系列→单击“设置数据系列格式”→单击“填充”选项→“无填充”→关闭“设置数据系列格式”对话框。采用同样的方法将“空白 2”系列设置为无填充。右击“人数”系列→单击“设置数据系列格式”→设置“分类间距”为 10%→单击“填充”选项→“渐变填充”→设置渐变类型及颜色→单击“三维格式”选项→设置棱台顶端宽度和高度均为 6 磅→关闭“设置数据系列格式”对话框。结果如图 10-36 所示。

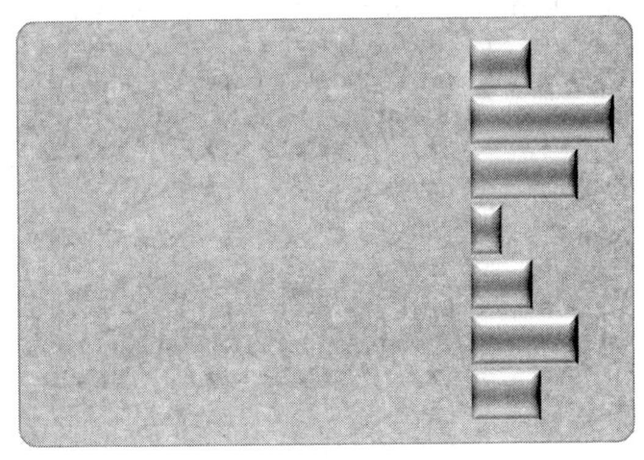

图 10-36

(4)添加标签。单击“人数”系列→“布局”选项卡→“标签”组→“数据标签”→“其他数据标签选项”→勾选“标签包括”下的“类别名称”、“值”复选框→“标签位置”设置为“轴内侧”→关闭“设置数据标签格式”对话框。具体如图 10-37 所示。

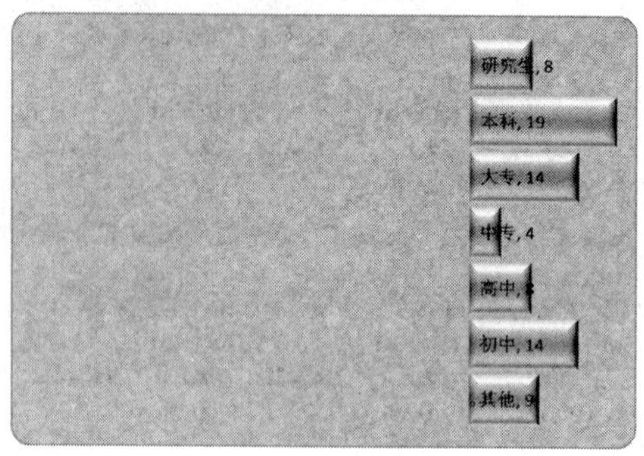

图 10-37

3. 绘制饼图系列

(1)添加新系列。右击图表→单击“选择数据”→“添加”→“系列名称”输入“饼图”→“系列值”选择 J3:J5 单元格区域→单击“确定”按钮退出“编辑数据系列”对话框→单击“确定”按钮退出“选择数据源”对话框,结果如图 10-38 所示。

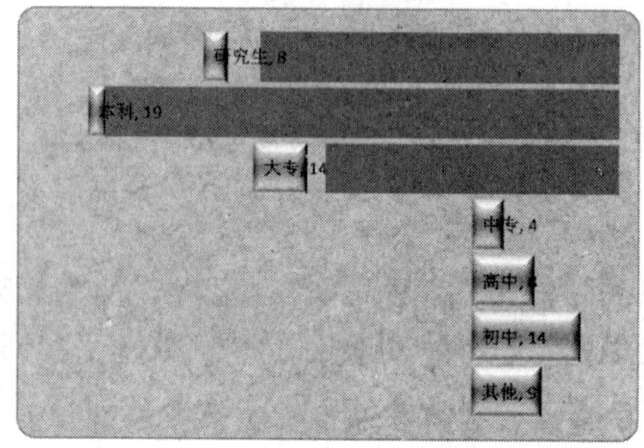

图 10-38

(2)更改图表类型。右击“饼图”系列→单击“更改系列图表类型”→“饼图”→“复合条饼图”→单击“确定”按钮退出“更改图表类型”对话框,如图 10-39 所示。

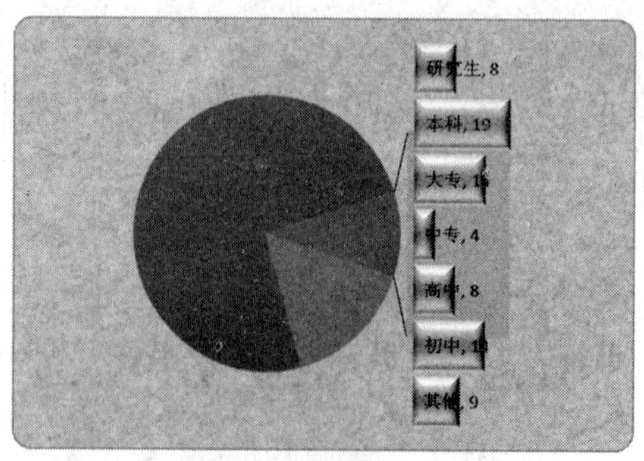

图 10-39

(3)格式化饼图系列。右击“饼图”系列→单击“设置数据系列格式”→“分类间距”

设置为 200%→"第二绘图区大小"设置为 100%→单击"三维格式"选项→设置棱台顶端宽度和高度均为 6 磅→选中第二绘图区→单击"填充"选项→"无填充"→关闭"设置数据系列格式"对话框，结果如图 10-40 所示。

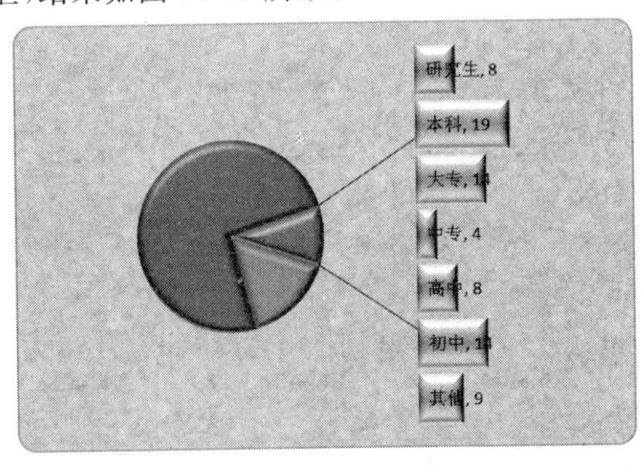

图 10-40

(4)添加标签。右击图表→单击"选择数据"→单击"系列"列表框中的"饼图"系列→单击"水平轴标签"下的"编辑"按钮→"轴标签区域"选择 I3:I5 单元格区域→单击"确定"按钮退出"轴标签"对话框→单击"确定"按钮退出"选择数据源"对话框。单击"饼图"系列→"布局"选项卡→"标签"组→"数据标签"→"其他数据标签选项"→勾选"标签包括"下的"类别名称"、"值"复选框→"标签位置"设置为"居中"→关闭"设置数据标签格式"对话框。删除饼图系列第二绘图区的数据标签，将饼图系列第一绘图区的"其他"数据点的数据标签与 I5:J5 单元格区域建立链接。结果如图 10-41 所示。

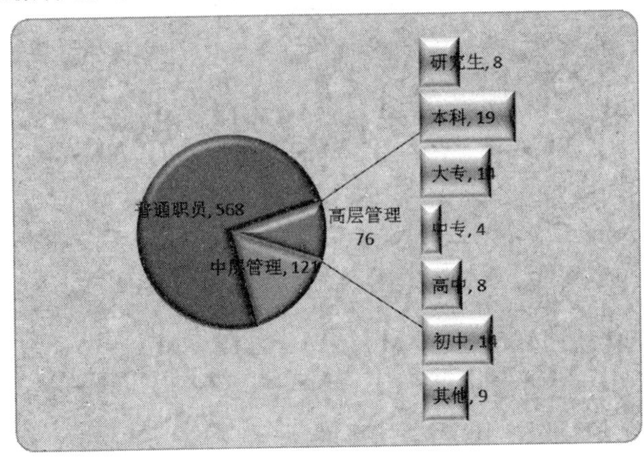

图 10-41

4. 组合图表

右击组合框→单击"叠放次序"→"置于顶层"；将组合框移动至图表的适当位置→按住"Ctrl"键选中组合框及图表→单击鼠标右键→单击"组合"→完成动态复合条饼图的绘制。

任务 7　综合练习

1. 练习 1

制作饼图(制作该图表时,需要录入原始表格)。

要求:分析 CN 下注册的域名数。

(1)在子文件夹项目 10-7 中建立饼图. xls,在 Sheet1 中输入以下表格。

CN 下注册的域名数

域名总数为 340040 个

按域名类别划分:

	AC	COM	EDU	GOV	NET	ORG	行政区域名	二级域名(.CN)
数量	666	140779	1915	11764	16189	7369	3286	158072
百分比	0.2%	41.4%	0.5%	3.5%	4.7%	2.2%	1.0%	46.5%

(2)用公式和函数计算域名总数和百分比。

(3)在 Sheet1 工作表中制作如图 10-42 所示饼图:各类域名所占的比例图。

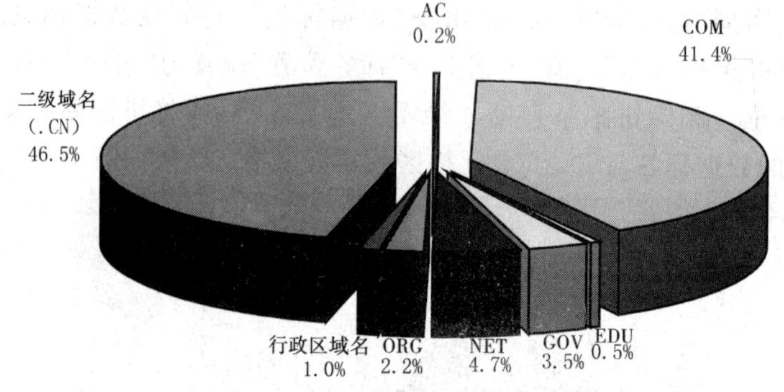

图 10-42

2. 练习 2

制作柱形图(制作该图表时,需要自行录入表格)

要求:分析用户上网的主要地点。

(1)在子文件夹"项目 10"中建立"柱形图. xls",在 Sheet1 中输入以下表格。

用户上网的主要地点

家　中	单　位	学　校	网吧、网校、网络咖啡厅	公共图书馆	移动上网,地点不固定	其　他
66.1%	43.6%	18.4%	20.3%	0.5%	0.6%	0.1%

(2)在 Sheet1 工作表中制作如图 10-43 所示柱形图。

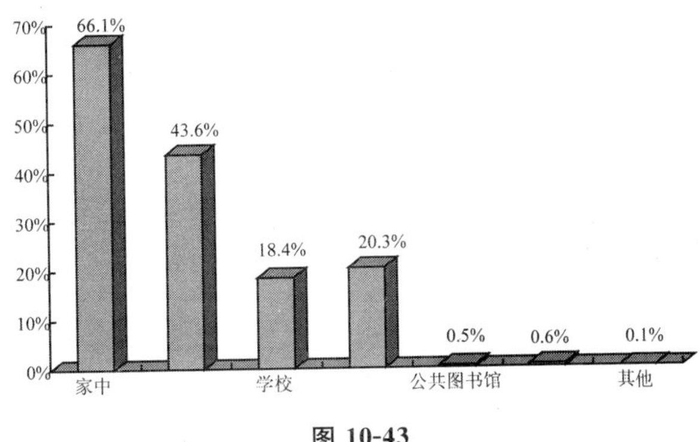

图 10-43

3. 练习 3

制作格式化的柱形图(制作该图表时，需要从下面所述文字中获得数据，然后设计表格，再作图表)。

要求：分析网民职业分布。

如图 10-44 所示是第十三次(2004 年 1 月)CNNIC“中国互联网络发展状况统计报告”显示上网用户数增长率情况。专线上网用户人数增长率为 13.6%，同前两次调查(2003 年 1 月、2003 年 7 月)的 26.%、15.8%相比，增长率有所降低；拨号上网用户人数增长率为 9.2%，同前两次调查的 22.1%、10.3%相比，增长率有所降低；ISDN 上网用户人数增长率为12.7%，同前两次调查的 37.1%、13.4%相比，增长率有所降低；宽带上网用户人数增长率为 77.6%，同上一次调查的 48.5%相比，增长率有所提高，但和 2013 年同期的 230%相比，增长率有所降低。

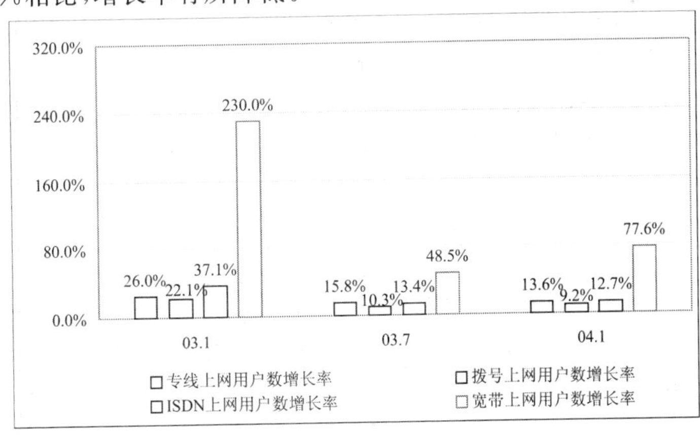

图 10-44

请完成以下操作。

(1)根据以上图表在 Excel 中的一个新工作簿的 Sheet1 中制作表格，以文件名“柱形图.xls”保存到子文件夹“项目 10”中。

(2)在 Sheet1 工作表中建立以上图表。

4. 练习 4

制作折线图(制作该图表时，需要从下图所示图表中获取数据，然后设计表格，再作图表)。

要求:分析网民的上网方式。

第十三次(2004 年 1 月)CNNIC“中国互联网络发展状况统计报告”显示最近四次调查(2002 年 7 月、2003 年 1 月、2003 年 7 月、2004 年 1 月)不同上网方式网民人数(万人)。

请完成以下操作。

(1)根据图 10-45 所示在 Excel 中一个新工作簿的 Sheet1 中制作表格,以文件名“折线图. xls”保存到子文件夹“项目 10”中。

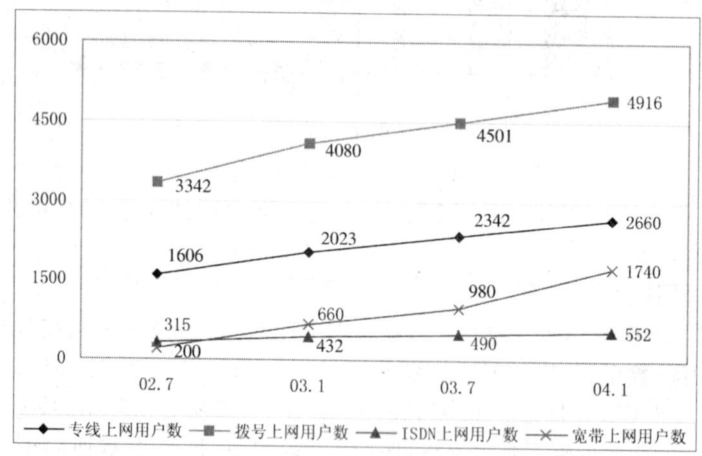

图 10-45

(2)在 Sheet1 工作表中建立以上图表。

5. 练习 5

制作圆环图(制作该图表时,先根据下面的文字获得数据,然后设计表格再作图表)。

要求:分析预期可能上网的非网民部分特征。

根据第十三次 CNNIC 调查结果显示,预期可能上网的非网民中男性占 57.1%,女性占 42.9%;而网民中男性占 60.4%,女性占 39.6%,如图 10-46 所示。

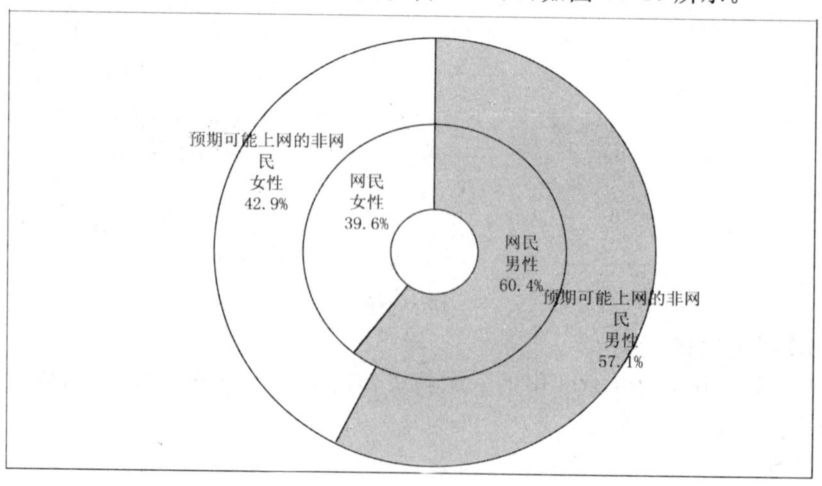

图 10-46

请完成以下操作。

(1)根据以上图表在 Excel 中一个新工作簿的 Sheet 1 中制作表格,以文件名“圆环图.xls”保存到子文件夹“项目 10”中。

(2)在 Sheet 1 工作表中建立以上图表。

项目 11 PPT 的排版原则

【项目目标】

(1)熟悉 PPT 的排版原则。

(2)了解用十字坐标和九宫格进行定位。

(3)熟悉掌握 PPT 中的图片处理方法。

【项目内容】

制作项目中的示例 PPT。

任务 1 PPT 的排版原则

PPT 中的排版可以总结为 6 个原则:对齐、聚拢、留白、降噪、重复、对比,它们将让原本混乱的版面变得生动有序。

1. 对齐原则

相关内容必须对齐,次级标题必须缩进,方便读者视线快速移动,一眼看到最重要的信息。

2. 聚拢原则

将内容分成几个区域,相关内容都聚在一个区域中,段间距应该大于段内的行距。

3. 留白原则

千万不要把页面排得密密麻麻,要留出一定的空白,而且这本身就是对页面的分隔。这样既减少了页面的压迫感,又可以引导读者视线,突出重点内容。

4. 降噪原则

颜色过多、字数过多、图形过繁,都是分散读者注意力的“噪声”。

5. 重复原则

多页面排版时,注意各个页面设计上的一致性和连贯性。另外,在内容上,重要信息值得重复出现。

6. 对比原则

加大不同元素的视觉差异,这样既增加了页面的活泼,又方便读者集中注意力阅读某一个子区域。

任务 2 认识对齐

1. 对齐的三条线

版面要好看,对齐是必需的。优秀的 PPT 版面里,总能找到隐藏的对齐线。

2. 基本对齐方式

左对齐：文字图片其他各类元素，靠左边对齐，如图 11-1 所示。

右对齐：同理，靠右对齐，如图 11-2 所示。

居中对齐：同理，找到中间那条线对齐即可，如图 11-3 所示。

对齐线是参考线，编辑的时候才可见，演示播放时是看不见的。

3. 对齐操作步骤

选中需要对齐的各类元素，选择“格式”→“对齐”，选一种对齐方式即可。

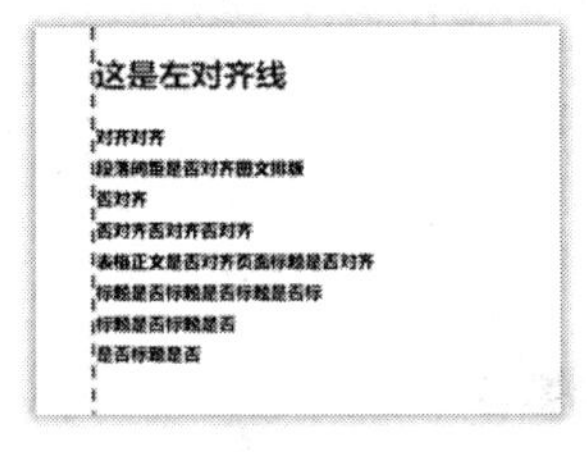

图 11-1

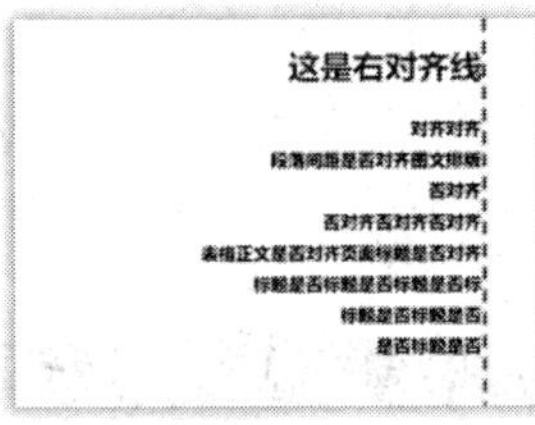

图 11-2

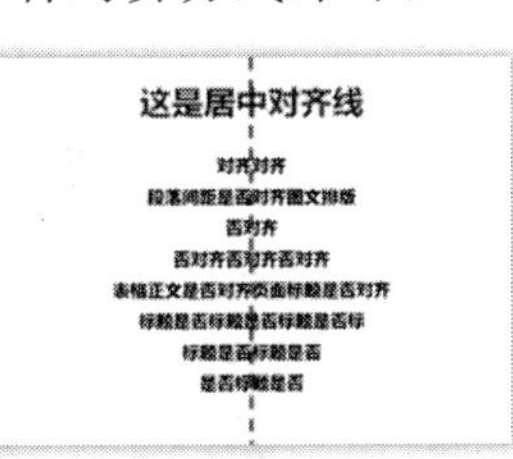

图 11-3

4. 需要对齐的内容

(1)图文排版要对齐。如图 11-4 所示，从其中的左图可以明显地看到，页面里文字是居中对齐的，而在右图里根本找不到一条这样的线。这就是为什么右图感觉比较乱的原因，页面一乱，重点信息更是不容易突出。

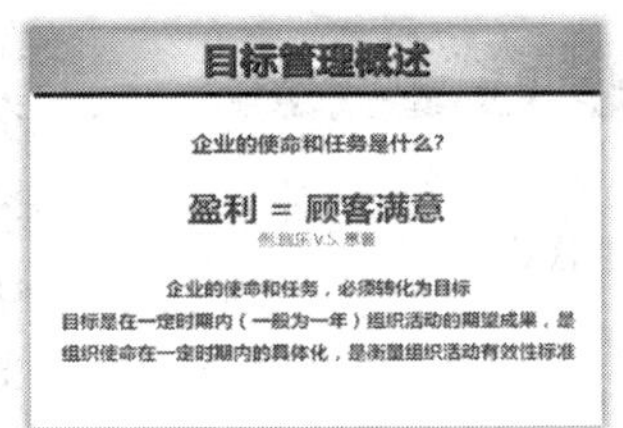

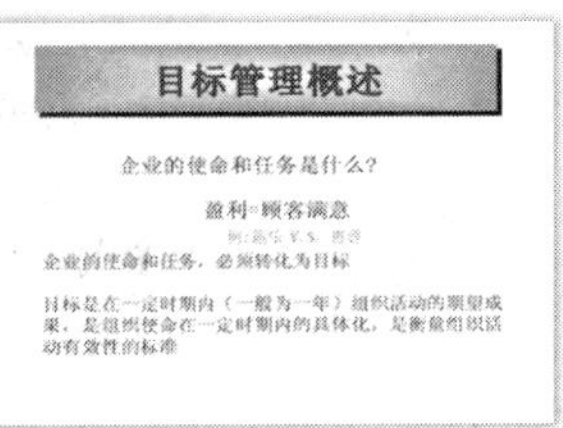

图 11-4

(2)表格正文要对齐。表格在默认状态下，都会自动选择一种对齐方式。但是，有时候录入内容的时候是用复制粘贴的，粘贴过来往往除了文本还包括文本的格式。

保险的方式：先把内容全填满，然后再统一设置对齐方式和格式。

在图 11-5 中，左图中的文本没有使用对齐，中间图使用了居中对齐，右图使用了左对齐。不难发现，使用对齐方式排版显得比较整洁。

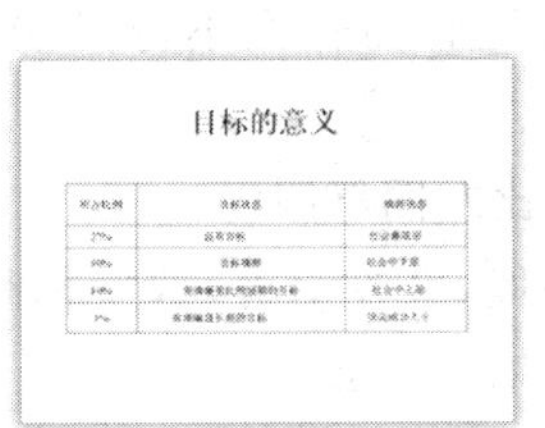

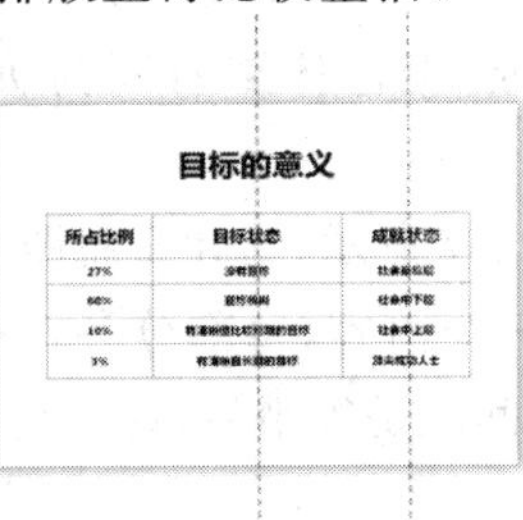

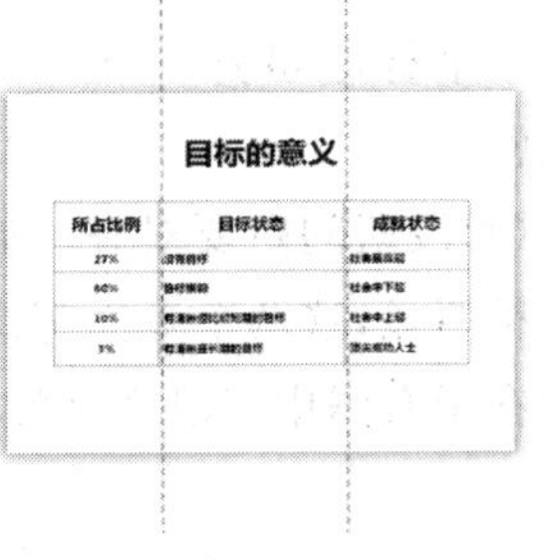

图 11-5

(3)页面标题要对齐。如图 11-6 所示,3 个页面是同一个 PPT 文件里的三个页面,注意看它们标题的对齐方式:P1、P2 的标题使用了居中对齐,P3 的标题却使用了左对齐。

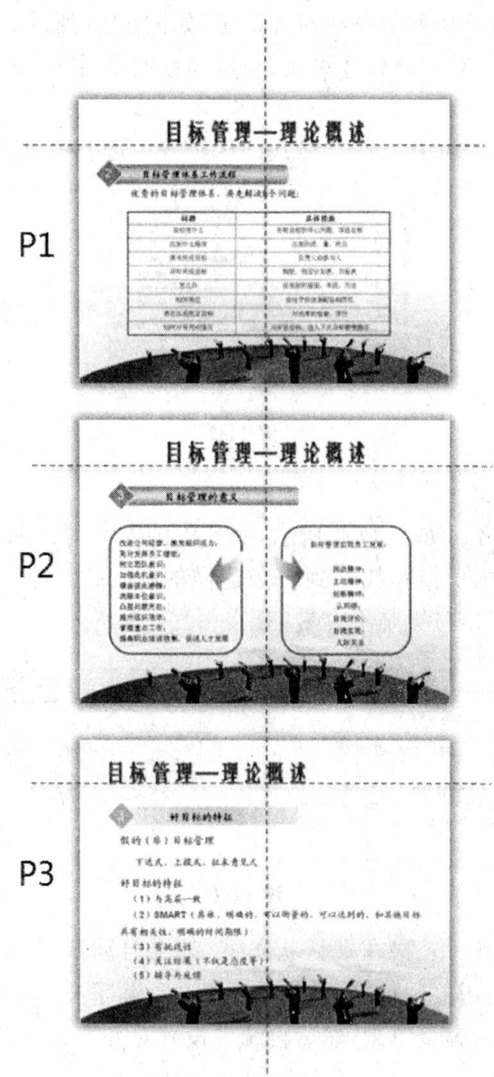

图 11-6

三个标题虽然不在一个页面,但总体来看同为页面标题,为什么不都是居中对齐呢?

(4)段落间距要对齐。如图 11-7 所示,为什么右图看着比左图舒服呢?

很明显,这两个页面都讲了三个内容,每部分各占一小段,并左对齐,这些都很好。区别在于右图中三段文字的段落间距是等距的,这就是一种对齐方式。

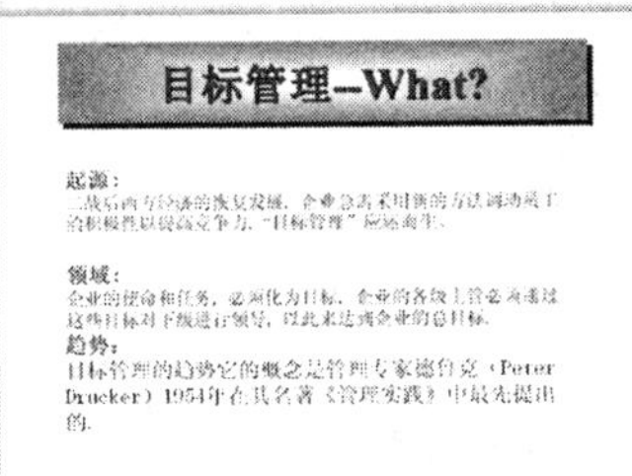

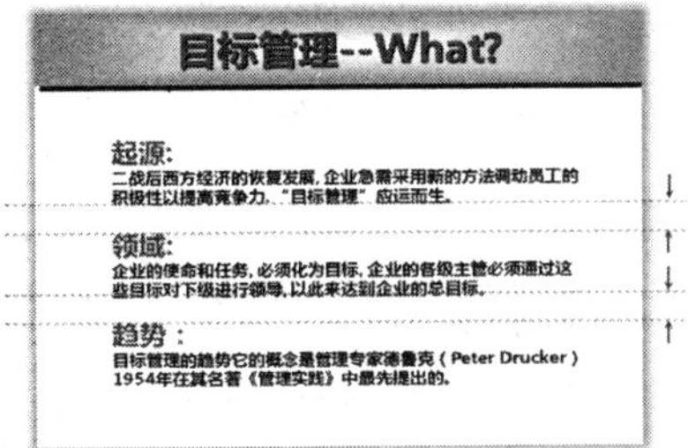

图 11-7

练习 1

请找出如图 11-8 所示幻灯片中隐藏的对齐线。

图 11-8

练习 2

使用对齐操作，左对齐右边的三个元素，如图 11-9 所示。

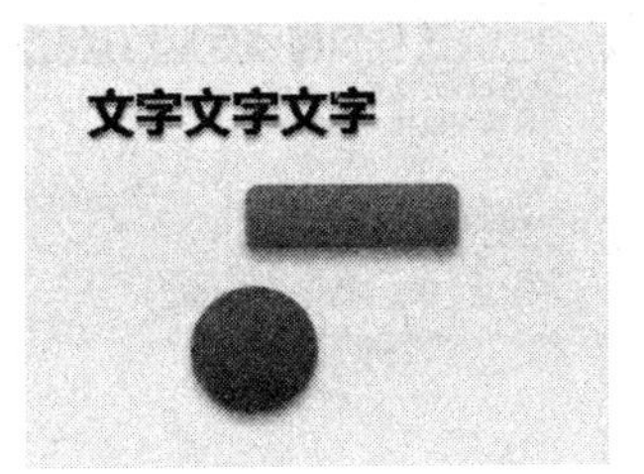

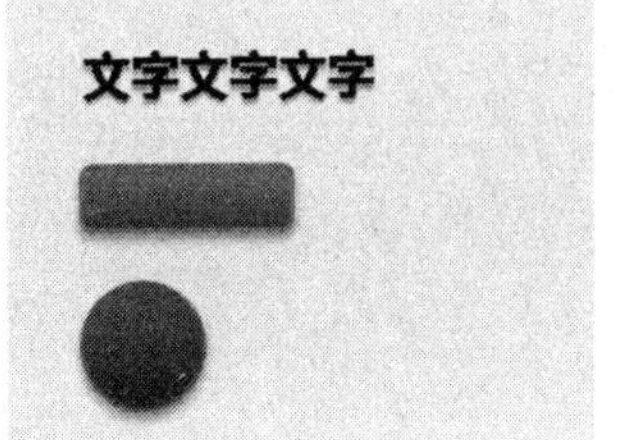

图 11-9

任务 3　认识聚拢

所谓聚拢，就是指相关内容是否汇聚、无关内容是否分离，段落层次是否区隔，图片文字是否协调。

色块框起来的各部分,文字或图片都聚在一起,它们内容相关;色块与色块之间拉开了距离,内容上它们基本不相关或相关度低。这种把内容上相关度高的东西放在一起的做法,就是聚拢。经过聚拢后的版面,看着清晰、简洁、舒服,这个正是用户所需要的。

聚拢的具体操作如下:

调整段落间距和对齐,强调段落小标题,改变字体或颜色。

从三个方面检查是否聚拢:

· 相关内容是否汇聚;

· 段落层次是否区隔;

· 图片文字是否协调。

如图 11-10 所示是一个很好的例子:

· 文字和对应图片聚拢在一起;

· 图文分三段,每段之间拉开段间距;

· 看着清晰明了,结构感也很好。

图 11-10

练习:使用聚拢操作,重新排版成如图 11-11 右边所示的页面

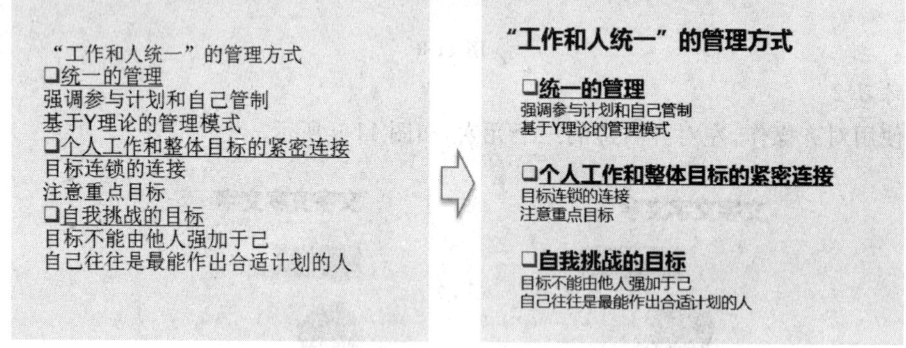

图 11-11

任务 4　认识对比

如图 11-12 所示,排版上使用对比,目的就是强调要表达的内容。这则新闻里,最吸引人们眼球注意的是什么内容呢?显然是字体加粗的"中广网",红色字的"首场强降雪"和字号特别大的"br761 航班"这些信息。

所以，实现对比的三种具体操作就是：**加粗字体、加大字号、改变颜色。**

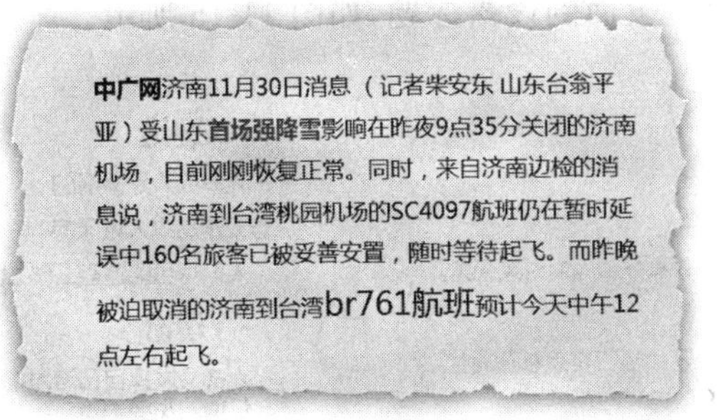

中广网济南11月30日消息（记者柴安东 山东台翁平亚）受山东**首场强降雪**影响在昨夜9点35分关闭的济南机场，目前刚刚恢复正常。同时，来自济南边检的消息说，济南到台湾桃园机场的SC4097航班仍在暂时延误中160名旅客已被妥善安置，随时等待起飞。而昨晚被迫取消的济南到台湾br761航班预计今天中午12点左右起飞。

图 11-12

三种操作后的效果对比如图 11-13 所示。

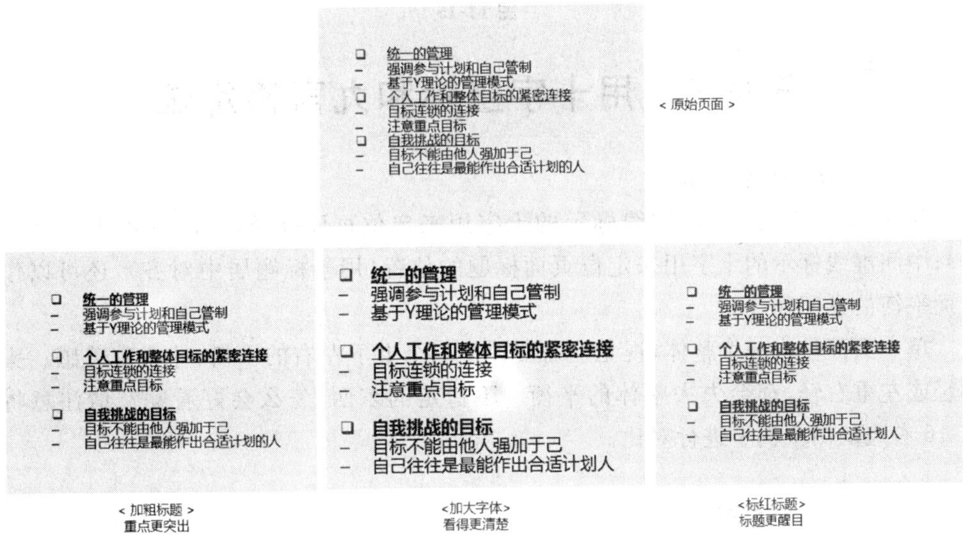

❑ 统一的管理
– 强调参与计划和自己管制
– 基于Y理论的管理模式
❑ 个人工作和整体目标的紧密连接
– 目标连锁的连接
– 注意重点目标
❑ 自我挑战的目标
– 目标不能由他人强加于己
– 自己往往是最能作出合适计划的人

< 原始页面 >

< 加粗标题 >
重点更突出

<加大字体>
看得更清楚

<标红标题>
标题更醒目

图 11-13

注意：演示 PPT 避免使用宋体。因为宋体字的笔画横太细，投影出来看不清甚至看不见，建议统一使用如图 11-14 所示的微软雅黑字体。

雅黑字体32磅 宋体字体32磅
雅黑字体28磅 宋体字体28磅
雅黑字体24磅 宋体字体24磅
雅黑字体20磅 宋体字体20磅
雅黑字体18磅 宋体字体18磅
雅黑字体16磅 宋体字体16磅
雅黑字体14磅 宋体字体14磅
雅黑字体12磅 宋体字体12磅
雅黑字体10磅 宋体字体10磅

图 11-14

练习

使用对比操作,突显页面的段落标题,如图 11-15 所示。

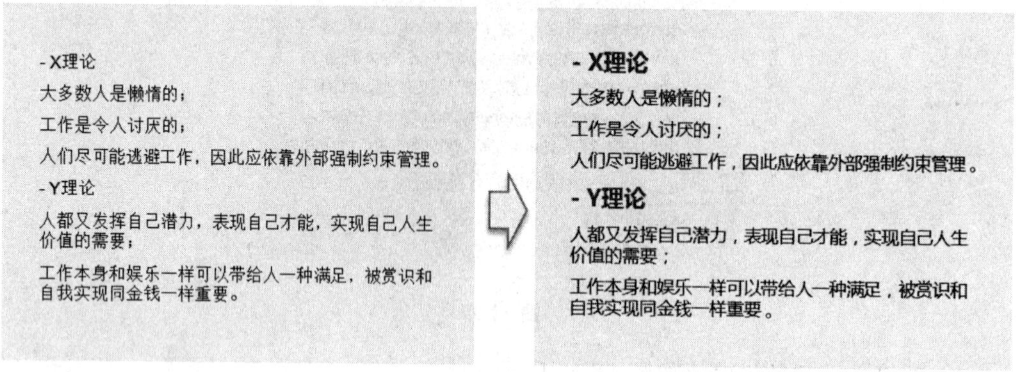

- X理论

大多数人是懒惰的;

工作是令人讨厌的;

人们尽可能逃避工作,因此应依靠外部强制约束管理。

- Y理论

人都又发挥自己潜力,表现自己才能,实现自己人生价值的需要;

工作本身和娱乐一样可以带给人一种满足,被赏识和自我实现同金钱一样重要。

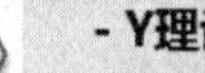

- X理论

大多数人是懒惰的;

工作是令人讨厌的;

人们尽可能逃避工作,因此应依靠外部强制约束管理。

- Y理论

人都又发挥自己潜力,表现自己才能,实现自己人生价值的需要;

工作本身和娱乐一样可以带给人一种满足,被赏识和自我实现同金钱一样重要。

图 11-15

任务 5 用十字坐标和九宫格定位

1. 常用两个十字坐标

如图 11-16 所示,左边虚线标示的十字用来定位页面标题的位置(用于标题左对齐);中间虚线标示的十字用来定位页面标题的位置(用于标题居中对齐),还可以作为页面平衡的参照物。

单个页面作为一个整体,视觉上需要保持一个上下左右的平衡,才会有美感。头重脚轻或左重右轻,都会失去整体的平衡。不稳定的东西,怎么会好看呢?请注意将图 11-16 右边的两个例子进行对比。

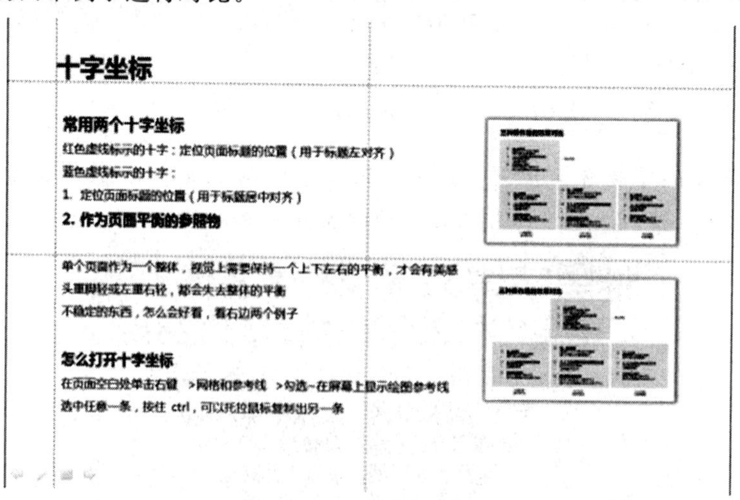

图 11-16

打开十字坐标的方法:在页面空白处单击右键→网格和参考线→勾选,在屏幕上显示绘图参考线,选中任意一条,按住"Ctrl"键拖动鼠标可以复制出另一条线。

2. 九宫格

九宫格将整个页面分成九个相同大小的矩形块；页面中间形成四个交点，即页面的焦点信息所在。九宫格对图片在页面上怎么摆放，非常有用。

我们要把重要信息放在焦点上。如图 11-17 所示的人物横跨两个焦点之上，成为页面的核心。

图 11-17

任务 6　PPT 中文字排版原则的应用

下面用一个 PPT 的例子演示排版六原则。

如图 11-18 所示，这张 PPT 有两个问题：一是字数太多，抓不住重点；二是右边没有对齐，使得读者的视线只能一行行地从行首到行尾移动，不能直上直下。

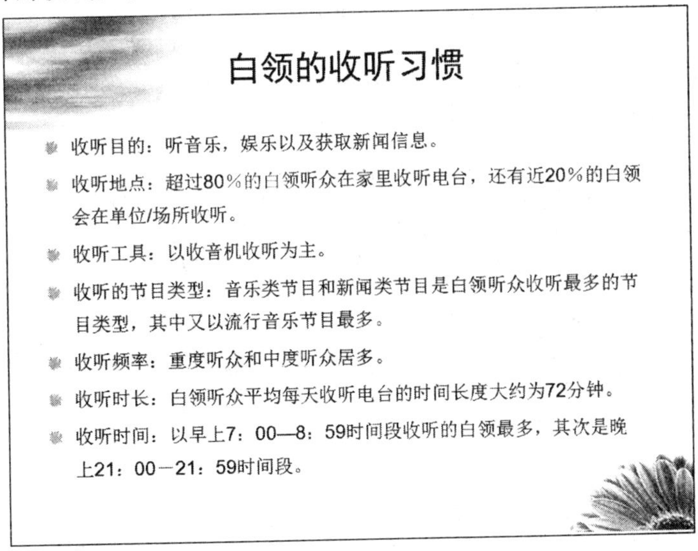

白领的收听习惯

- 收听目的：听音乐，娱乐以及获取新闻信息。
- 收听地点：超过80%的白领听众在家里收听电台，还有近20%的白领会在单位/场所收听。
- 收听工具：以收音机收听为主。
- 收听的节目类型：音乐类节目和新闻类节目是白领听众收听最多的节目类型，其中又以流行音乐节目最多。
- 收听频率：重度听众和中度听众居多。
- 收听时长：白领听众平均每天收听电台的时间长度大约为72分钟。
- 收听时间：以早上7：00—8：59时间段收听的白领最多，其次是晚上21：00－21：59时间段。

图 11-18

第 1 步：增加可读性。根据“聚拢原则”，将六点分成六个区域。

(1)增加段落间距，如图 11-19 所示。

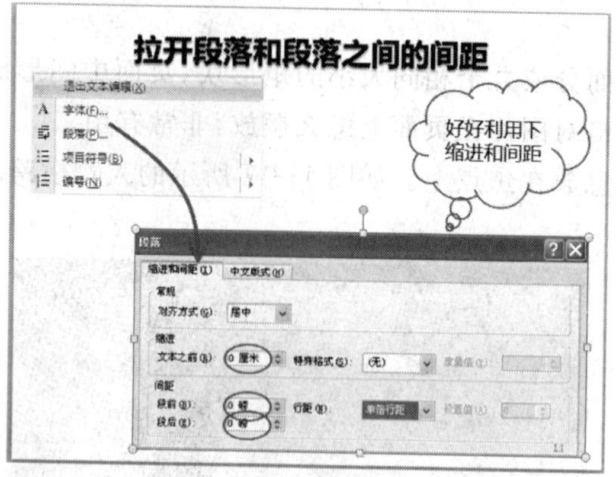

图 11-19

(2)段落之间增加一条线,线可以做渐变填充,如图 11-20 所示。

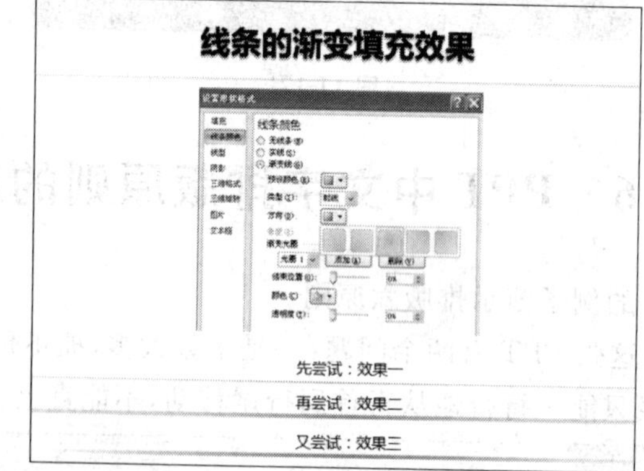

图 11-20

(3)聚拢的效果,如图 11-21 所示。

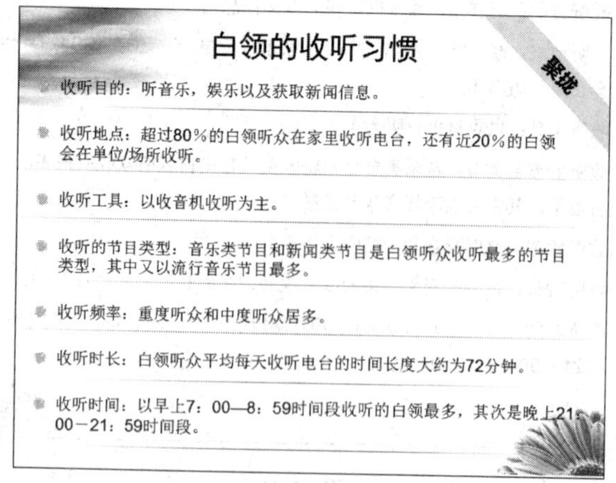

图 11-21

第 2 步:根据"降噪原则",将每一点分成"小标题"和"说明文字"两部分,如图 11-22 所示。

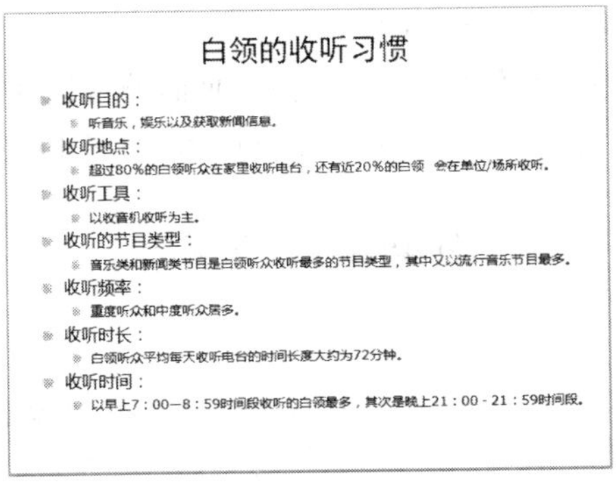

白领的收听习惯

- 收听目的：
  - 听音乐，娱乐以及获取新闻信息。
- 收听地点：
  - 超过80%的白领听众在家里收听电台，还有近20%的白领 会在单位/场所收听。
- 收听工具：
  - 以收音机收听为主。
- 收听的节目类型：
  - 音乐类和新闻类节目是白领听众收听最多的节目类型，其中又以流行音乐节目最多。
- 收听频率：
  - 重度听众和中度听众居多。
- 收听时长：
  - 白领听众平均每天收听电台的时间长度大约为72分钟。
- 收听时间：
  - 以早上7：00—8：59时间段收听的白领最多，其次是晚上21：00 - 21：59时间段。

图 11-22

第 3 步：根据“对齐原则”，将每一个部分、每一种元素对齐，如图 11-23 所示。

标题正文都重新对齐，造成标题和正文之间的分离，也可以增加一条竖线增强分离的视觉效果。

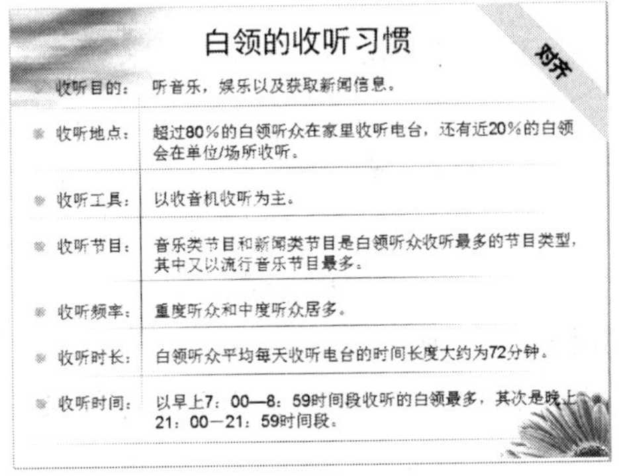

图 11-23

第 4 步：根据“对比原则”，加大“小标题”和“说明文字”在字体和颜色上的差异，如图 11-24 所示。另外，给大标题文本框设置一个颜色。

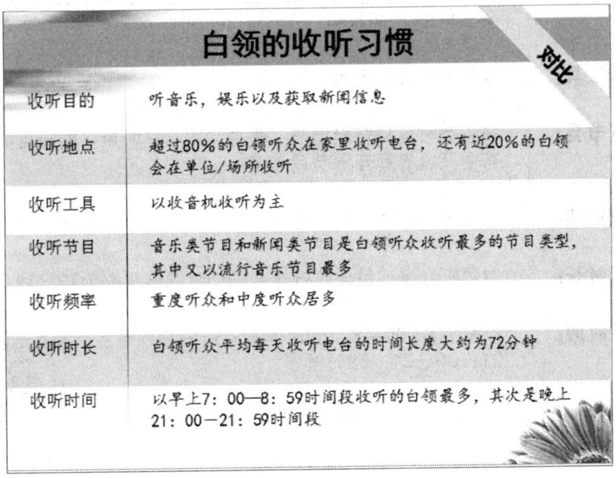

白领的收听习惯

对比

收听目的	听音乐，娱乐以及获取新闻信息
收听地点	超过80%的白领听众在家里收听电台，还有近20%的白领会在单位/场所收听
收听工具	以收音机收听为主
收听节目	音乐类节目和新闻类节目是白领听众收听最多的节目类型，其中又以流行音乐节目最多
收听频率	重度听众和中度听众居多
收听时长	白领听众平均每天收听电台的时间长度大约为72分钟
收听时间	以早上7：00—8：59时间段收听的白领最多，其次是晚上21：00—21：59时间段

图 11-24

用户也可以隔一段文字在后面增加一个色块。

第 5 步:根据“留白原则”,留出一定的空白,页面的可读性大大增加。

(1)标题字体改成华文行楷、正文字体改成楷体,如图 11-25 所示。

白领的收听习惯

换字体字号

收听目的	听音乐,娱乐以及获取新闻信息。
收听地点	超过80%的白领听众在家里收听电台,还有近20%的白领会在单位/场所收听。
收听工具	以收音机收听为主。
收听节目	音乐类节目和新闻类节目是白领听众收听最多的节目类型,其中又以流行音乐节目最多。
收听频率	重度听众和中度听众居多。
收听时长	白领听众平均每天收听电台的时间长度大约为72分钟。
收听时间	以早上7:00—8:59时间段收听的白领最多,其次是晚上21:00—21:59时间段。

图 11-25

(2)用艺术字出彩,如图 11-26 所示。

大标题采用艺术字,并增加倒影;小标题采用有加深效果的艺术字。

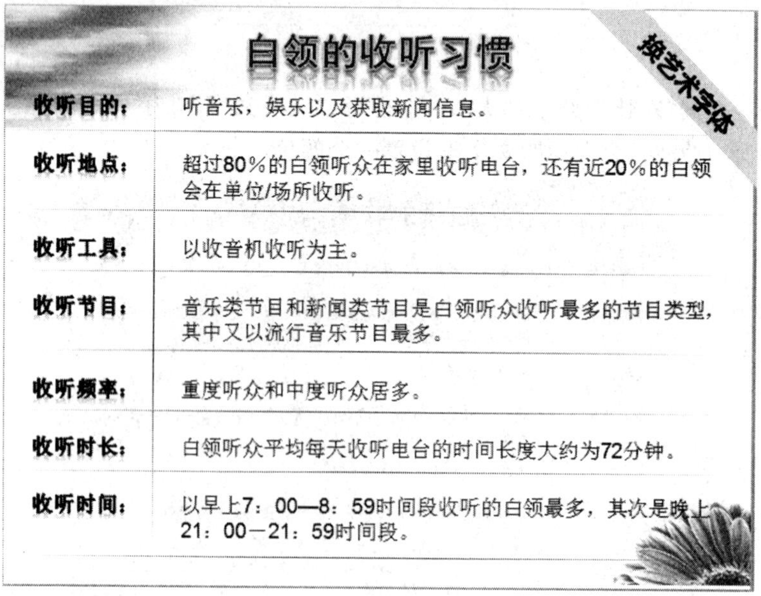

白领的收听习惯

换艺术字体

收听目的:	听音乐,娱乐以及获取新闻信息。
收听地点:	超过80%的白领听众在家里收听电台,还有近20%的白领会在单位/场所收听。
收听工具:	以收音机收听为主。
收听节目:	音乐类节目和新闻类节目是白领听众收听最多的节目类型,其中又以流行音乐节目最多。
收听频率:	重度听众和中度听众居多。
收听时长:	白领听众平均每天收听电台的时间长度大约为72分钟。
收听时间:	以早上7:00—8:59时间段收听的白领最多,其次是晚上21:00—21:59时间段。

图 11-26

还可以修改成各种艺术字体,如图 11-27 所示。

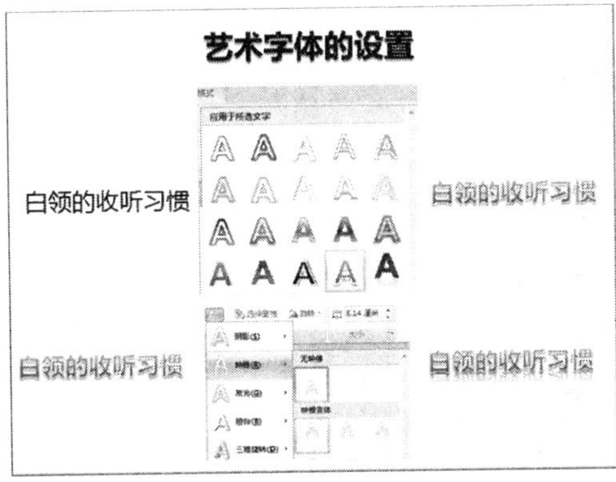

图 11-27

(3)可以用 SmartArt，这是 2007 版里面的“垂直块列表”，如图 11-28 所示。

图 11-28

还可以用 SmartArt，这是 2010 版里面的“线型列表”，如图 11-29 所示。

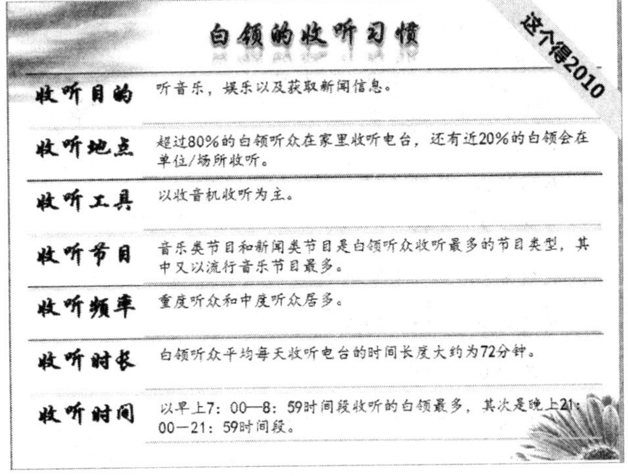

图 11-29

(4)精减文字——寻找句子中的关键词,如图 11-30 所示。

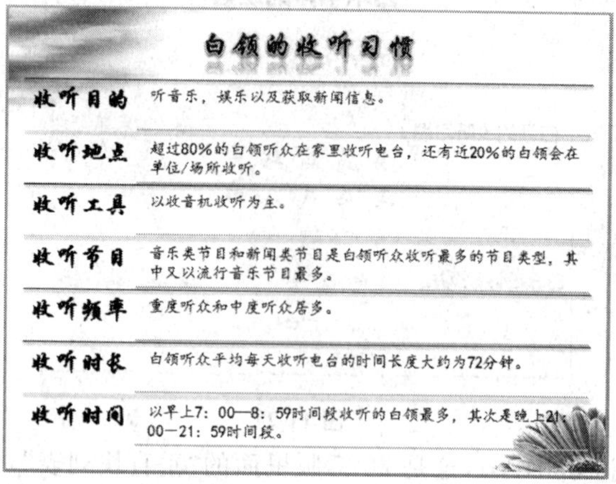

白领的收听习惯

收听目的	听音乐，娱乐以及获取新闻信息。
收听地点	超过80%的白领听众在家里收听电台，还有近20%的白领会在单位/场所收听。
收听工具	以收音机收听为主。
收听节目	音乐类节目和新闻类节目是白领听众收听最多的节目类型，其中又以流行音乐节目最多。
收听频率	重度听众和中度听众居多。
收听时长	白领听众平均每天收听电台的时间长度大约为72分钟。
收听时间	以早上7：00—8：59时间段收听的白领最多，其次是晚上21：00—21：59时间段。

图 11-30

我们先把重点文字加黑,把非重点部分变成灰色,如图 11-31 所示。

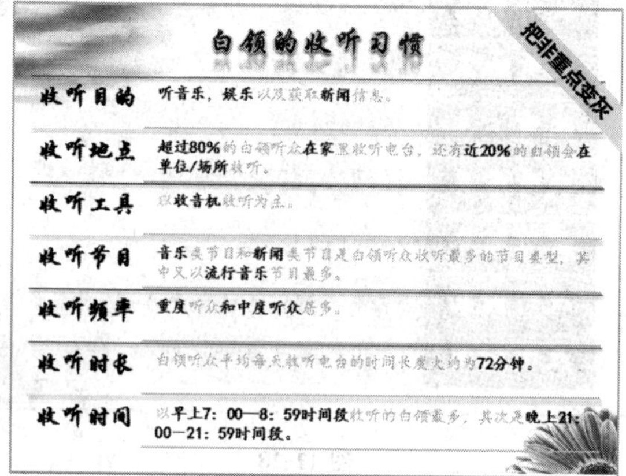

图 11-31

把非重点部分的文字删掉,如图 11-32 所示。

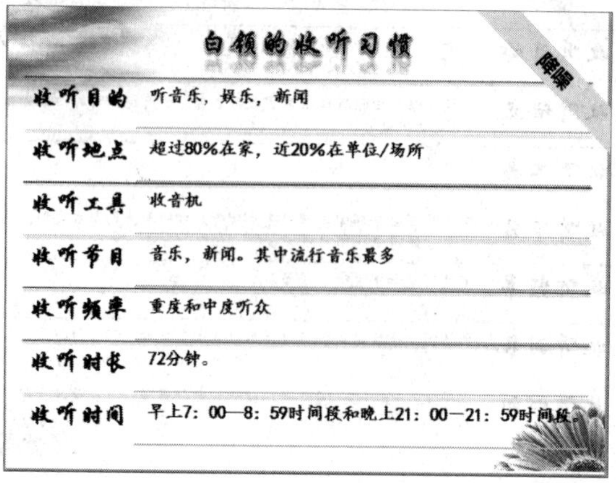

白领的收听习惯

降噪

收听目的	听音乐，娱乐，新闻
收听地点	超过80%在家，近20%在单位/场所
收听工具	收音机
收听节目	音乐，新闻。其中流行音乐最多
收听频率	重度和中度听众
收听时长	72分钟。
收听时间	早上7：00—8：59时间段和晚上21：00—21：59时间段。

图 11-32

还可以变化一下 SmartArt 图形，如图 11-33 所示。

图 11-33

(5)使用艺术字和图形项目符号，如图 11-34 至图 11-36 所示。

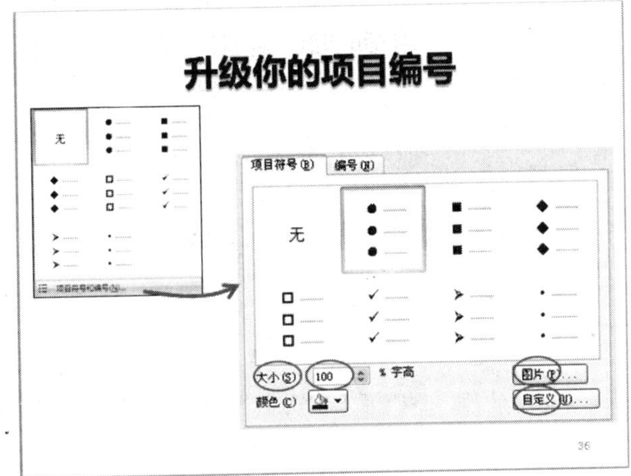

图 11-34

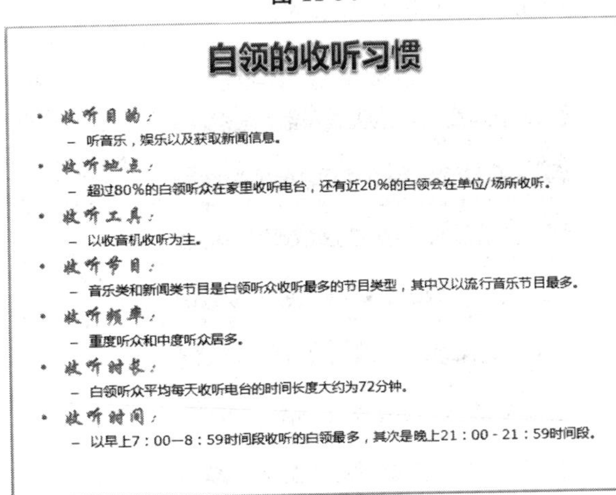

图 11-35

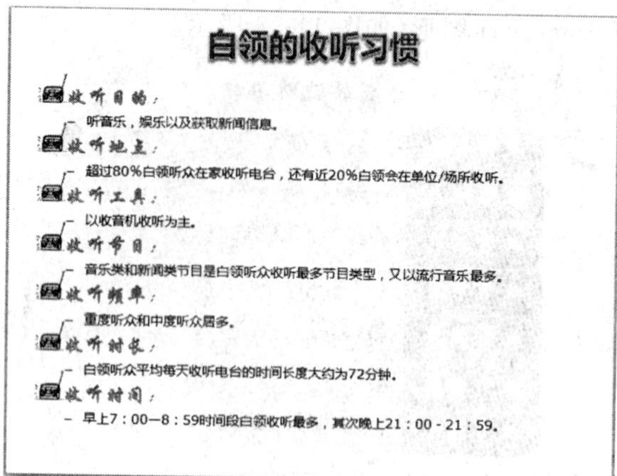

图 11-36

(6)还可以做成如下的效果,如图 11-37 所示。

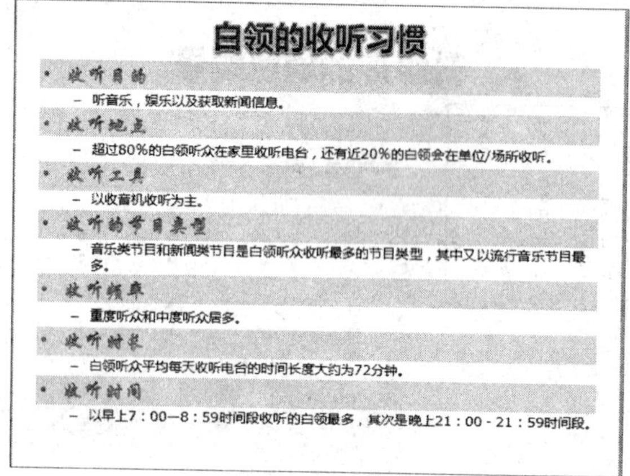

图 11-37

如图 11-38 所示是 SmartArt 图做出来的。

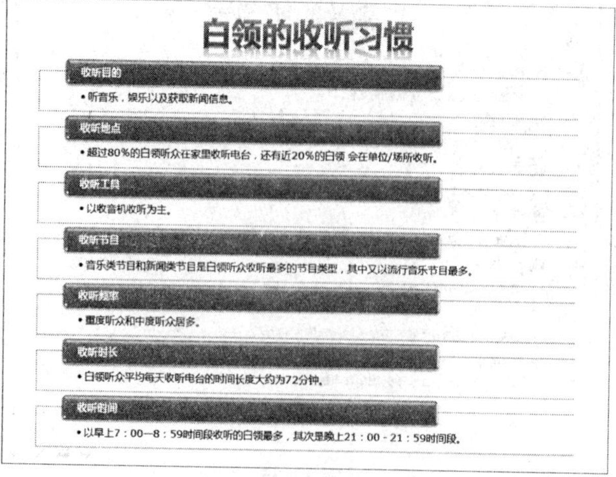

图 11-38

如图 11-39、图 11-40 所示是发散的指向。

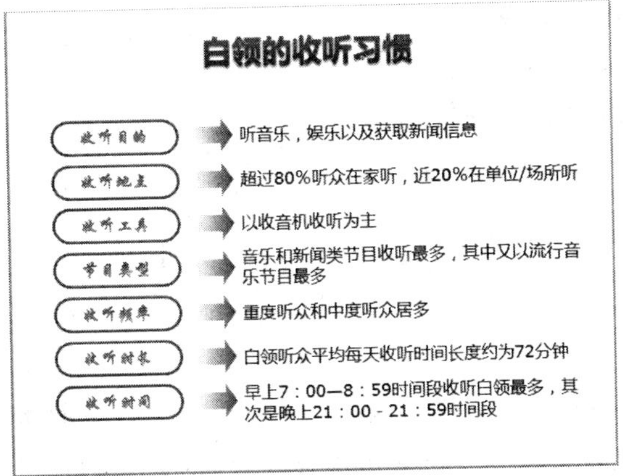

图 11-39

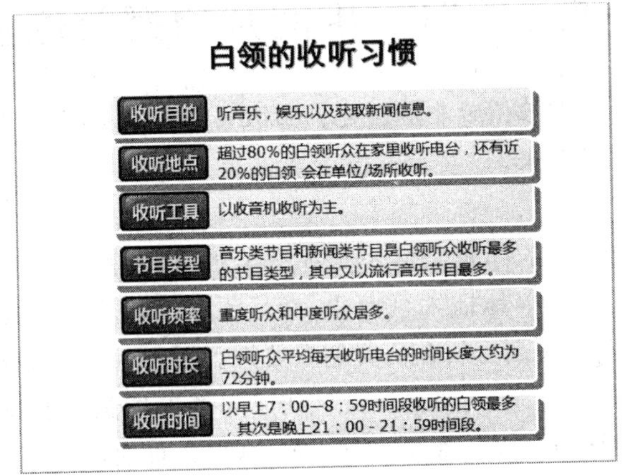

图 11-40

小结：通过上面的练习，我们学到了以下技巧：

- 操作技巧：项目编号、缩进排版、重复；
- 字体设置；
- 画渐变颜色的线条；
- 画形状；
- 调整叠放次序；
- 艺术字；
- SmartArt 效果。

如图 11-41 所示的 PPT 中文字较多，有时候字多可能是没办法的，但是把字进行简单的堆砌这一点在制作 PPT 时一定要避免。

如图 11-42 所示是对前面的 PPT 进行了修改，加上一个城市剪影的线条，下面用大号字体、红色突出年代，把不同年代用版面分割，中间穿插箭头表示发展线路。这样一修改是不是清晰很多了呢？

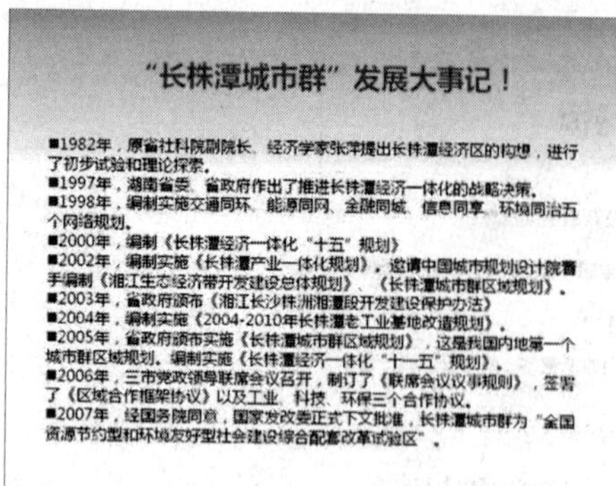

图 11-41

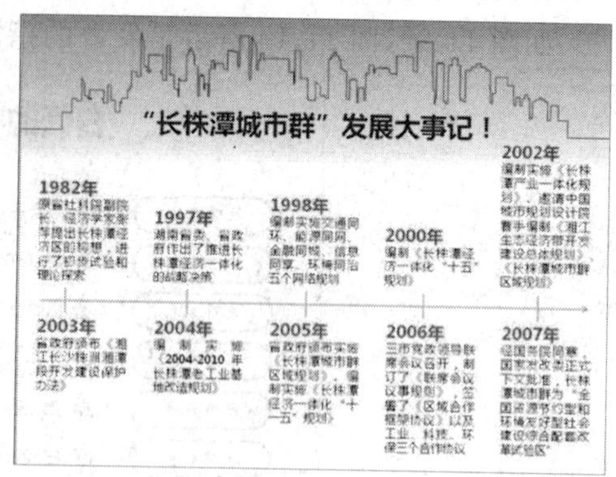

图 11-42

当然，这些原则也可以用于 Word 的排版当中，如项目 2 的 Word 文档"求职简历"。

任务 7　PPT 中图片的摆放位置

在 PPT 中，图片的摆放位置非常重要。哪怕只是一些小图片，只要排版巧妙，同样可以使得整个页面活跃起来。

1. 图片平衡感

很多 PPT 中虽然有图片，但仍然不是那么美观，很大程度上是因为杂乱无章的排版。很多人只是将图片简单地插入页面中，然后看什么地方有空白，就将其拖至该位置，并没有深入考虑其在页面上所在位置的重要性。图 11-43 中人物的视线朝向页面外部，并且图片与文字两部分脱节，页面因此失去了平衡的感觉。当我们将人物与文字互换位置，并将这两部分有机关联，如图 11-44 所示，那么页面不但有了平衡感，而且图片中人物的视线和手指都会引导观众的关注点转移到文字部分。这样图片就和文字有机地结合在一起，形成一个整体，其表现力也自然大大加强。

图 11-43

图 11-44

2. 对齐图片

上面所说是一幅图片的情况，当有多幅图片时，许多 PPT 的摆放就更加杂乱。图片在页面上毫无顺序可言，图片与图片之间的联系也被打破，这样的 PPT 页面的表现效果会非常不好。实际上，只要将图片对齐，使得图片之间有一条隐藏的线将它们关联起来，页面的表现力便会大大加强，页面内容也会更为有序。

而对于图片的对齐，PowerPoint 版本中的“对齐”功能项就可以非常迅速有效地实现。

3. 倾斜图片

图片对齐之后，页面整体性便有了一个大幅提升，而为了增强页面的灵动性，使页面看起来更加有趣而不死板，这些工作尚且不够。事实上，从未有规定要求图片一定是横平竖直进行摆放。

在某些时候，将图片倾斜一些放置往往会有眼前一亮的感觉，如图 11-45 所示。该图是宣传产品的页面，这里将其中的一幅图片倾斜放置而将其余对齐放置，页面就产生了活跃灵动的效果。倾斜的图片增加了页面的趣味性，但又未削弱其他图片的表现力。若将所有产品图片整齐地排列在一起，同样是不错的排版方式，但在灵动性方面较该图要稍差一些。

图 11-45

一般而言,是否改变图片的摆放角度取决于 PPT 使用的场合。例如,在联欢会的背景 PPT 中放置人物照片时,倾斜放置往往会带来轻松的感觉,如图 11-46 所示;而在工作汇报中,人物的放置显然是直立更为合适。

图 11-46

任务 8　大胆剪裁图片

在很多 PPT 中,页面上仍然需要放置较多的文字进行阐述,这样空白区域便会所剩无几,很多人便因此陷入两难境地:不加入图片,怕页面显得呆板没有生气;加入图片,又挤占了页面的空间,使得文字空间不足。事实上,在工作汇报、培训授课等场合中,这种情况经常遇到,此时不妨对图片进行大胆剪裁,往往会有别出心裁的感觉。

图片较大时,可以保留图片中的主要元素,剪裁成横向或纵向的长幅图片,这样既节省版面,又充分传递了图片信息,同时图片又活跃了版面。

如图 11-47 所示,将原本大幅的风车图片进行狭长剪裁,仅保留风车的主体,将更多的版面用来承载文字。这样一来,文字部分有较大的空间可以运用,从而可以将字号放大,方便观众阅读;另外,剪裁后的图片仍保留了图片所要传达的信息。对比之下,可以看出图 11-47 的排版方式显然要优于图 11-48,而关键信息并未损失。

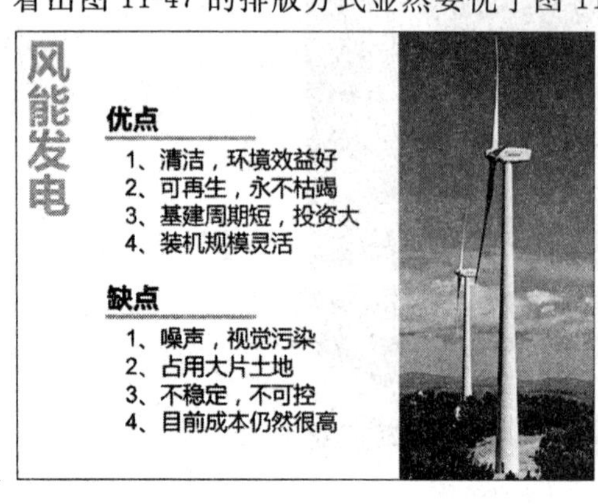

图 11-47

图 11-48

当页面需要放置较多文字，而图片较大时，两者就会形成冲突。一个有效的办法是对图片进行大胆剪切，只保留图片中最主要的部分，这样就可以节省出许多空间用于文字。此外我们在 PPT 中也经常使用自己拍摄的照片，而在拍摄时，总会有一些不速之客不请自来，那么在应用照片时也可以将这些部分统统去掉，以使得我们传递的信息更加明确。

在图 11-49 中，因图片本身较大，为在页面上留出足够的空间放置文本，我们将其剪裁为横向的长条，这样原图的重要信息得以保存而页面图版率也得到有效控制。如果图片以辅助表达为主或者仅是作页面点缀时，剪裁可以选择尽可能包含较多元素的区域予以保留，这样可以充分容纳原图信息又同时起到活跃版面的作用。

图 11-49

实际上，当我们表达比较紧促、有压迫感的主题时，经常会将图片剪裁为纵向长条。因为纵向细长图片能传递紧迫、庄重的信息，如图 11-50 所示。

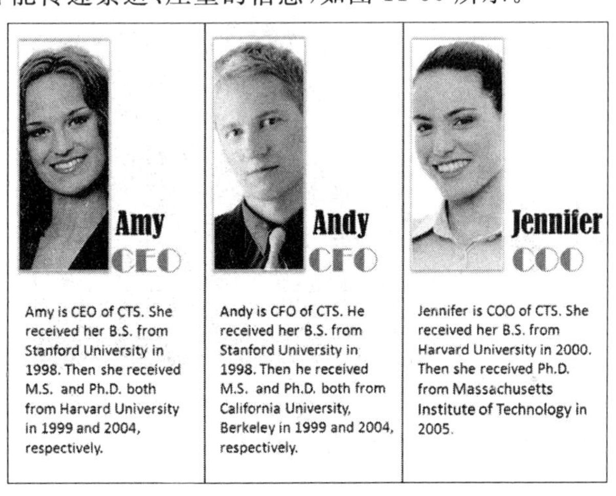

图 11-50

人物的裁切也可以大胆突破，有时甚至剪裁至只剩面部的一部分，但此时可能会传递出不一样的感觉。在我们要重点强调面部的某一部分时，是可以对人物进行大胆剪裁的。例如，图 11-51 是保持了人物面部完整的剪裁方式，而在这个画面中意在强调“关注你所渴望的”，不难看出图片的使用是为了强调关注。为此我们可以对人物进行更大胆的剪裁，在图 11-52 中，我们仅保留了眼睛部分，以更强调关注，而将其余部分全部剪去。画面减少了，但表达的内容更加集中和突出了。

图 11-51

图 11-52

有些图片色彩十分丰富，在应用时较难融入页面的底色。此时，我们只需在图片一侧添加一个填充颜色为页面背景色的方框，并设置其为自页面到图片的“透明度”渐变，其中页面一侧透明度为 0，图片一侧透明度为 100%，这样图片将呈现 Photoshop 中的“蒙板渐变”效果。如图 11-53 所示，页面的整体性大大增强。

图 11-53

此外，当文字有多个部分时，还可以增强不同大小的图片整齐性的处理方法，给狭长图片增加与相应文字对齐的线条，从而使得图片与文字之间形成内部关联。线条的颜色设置为页面背景颜色，这样可以弱化颜色的表现力，使之融入页面中。如图 11-54 所示，在细长图片中加入了与页面相同的墨绿色线条，并设置墨绿色线条与三块文字的右边线进行对齐。

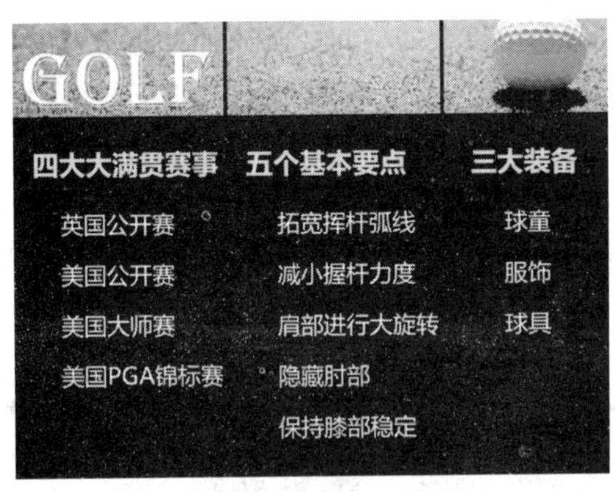

图 11-54

任务 9 巧用小图片点缀

在页面留给图片的区域十分有限时，可以利用背景透明的小图片（PNG 格式图片）来点缀。这种图片的边界不规则，趣味性和灵动性要明显优于其他格式的图片，因此十分适合用来活跃页面。如图 11-55 所示，其中的枫叶图片和石头图片可以使图片、文字段落等所形成的硬边感觉得到软化，使之更加亲切有趣。

图 11-55

在没有合适的 PNG 图片而手中所有的图片底色均匀时，可以使用 PPT 中的“设置透明色”功能去除底色来达到同样的效果。若熟悉 Photoshop 软件，则可以更容易地从图片中抠出各种各样的图案。此外,在各种图片中,美女(Beauty)、孩童(Baby)、动物(Beast)是各种广告中常用的图案类型,PPT 也可以借鉴此"3B 原则"来选取图片来调节页面。

在页面上对图片进行排版时,多数人都先入为主地认为要把图片完整地呈现在页面上。实际上,我们可以改变这一思路:页面的空间并不局限于我们所看到的空间,而是可以通过适当的改造营造出更大的空间。常用的改造方法是将图片的一部分放置在页面边缘做出血处理,借助我们的想象来构造更大的空间范围。这种残缺式的表达方法,更能吸引观众的注意力,使其自然地进入画面,也自然参与到演讲人的叙述之中。如图 11-56 所示,飞机并不完整,但借助观众的想象,它把表现的空间范围给扩大了。此例中的图片大小不到整个页面的一半,这里将该页面的背景颜色设置为云朵的灰色,使得页面背景看起来是一幅大图。

图 11-56

任务 10　剪贴簿效果趣味强

为了使得插入页面的图片显得更加真实,我们还可以通过为图片增加相片边框、添加阴影、增加曲别针/图钉/粘贴纸/凤尾夹、复制为多张堆叠等技巧来消除图片冷冰冰的观感。下面我们将通过一系列示例来具体说明。

增加图片真实感的最简单办法是给图片添加一个白色的边框,这可以使得图片看起来更像是传统冲洗的相片。在 PowerPoint 2007/2010 中"图片样式"选项下各种预设的"图片样式"可以快速实现。在 PowerPoint 2003 及其以前版本中可以单击图片增加白色形状轮廓,根据图片大小调整轮廓粗细并增加阴影,也可以得到同样的效果,如图 11-57 所示。

图 11-57

在为图片增加了相片边框后，还可以进一步将其复制为两到三张，然后上下堆叠放置，这样可以更好地传递随意的信息，增强图片对页面的调节作用，如图 11-58 所示。

图 11-58

当有多张图片时，如表达外出旅游中的美丽风景，同样可以如上处理后，将各张图片任意的变换角度进行倾斜放置，这样可以营造出一种多张图片随意放置在桌面上的感觉，更贴近现实中的情形，如图 11-59 所示。

图 11-59

再进一步，还可以对图片增加各种装饰元素，利用这些装饰元素增强图片的真实感。常用的装饰元素包括凤尾夹、曲别针、图钉、粘贴纸等。

我们可以通过图片搜索快速找到适用的 PNG 图片,在应用时要注意图片与装饰元素之间的相互遮挡关系,当装饰元素效果不突出时,还可通过增加阴影的办法进行改善,如图 11-60 所示。

图 11-60

类似的,在处理文字时,也可以借助上述元素结合几何图形将其图片化,如图 11-61 所示。

图 11-61

除此之外,若图片较小而页面中文字又很少,如过渡页、重点强调页等,我们还可以借助阴影和图片修饰来构造页面的层次感。如图 11-62 所示,插入页面的图片较小,强行拉伸做出处理只能使其模糊不清,单独放置又略显视觉冲击力不够,而在图片后面借助不规则图形与阴影人为地增加一个层次,并将文字置于其上,可以页面层次丰富起来。

图 11-62

现在我们已经熟悉了通过图片(多是小图片)来增强页面灵动性的常用方法，我们的原则无非就是增强真实感、增强随意性而已，这就是核心。

任务 11 小图片大文章

图片有大有小时，还可以通过添加网格的办法增加整齐性。

实际上通过合适的处理，小图片一样可以达到足够的视觉冲击力。全图式 PPT 增强视觉冲击力的原因在于图片占据了整个版面，因此我们可以通过增加色块的方式，来扩展图片的版面范围，从而增加视觉冲击力，如图 11-63、图 11-64 所示。

图 11-63

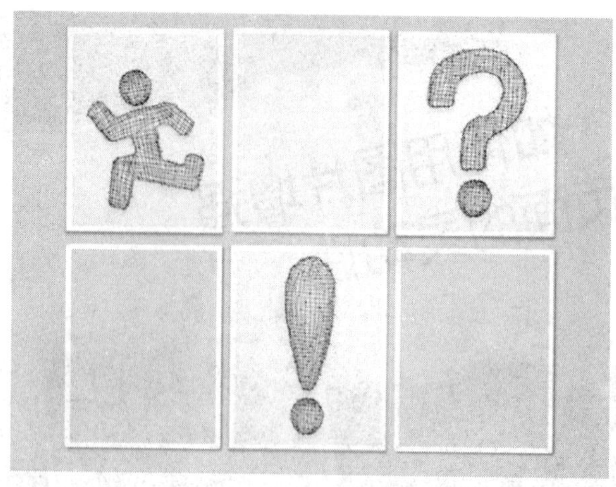

图 11-64

通过增加色块增强视觉冲击力时,需要注意所添加的色块颜色通常取自图片中的主要颜色或者其邻近色,以取得色块与图片之间的内在关联性。我们多采用取色软件对图片中的色块区域取色,然后选择颜色填充色块。当使用多幅图片但各幅图片的主要颜色不相同时,可将色块设置为图片主要颜色之间的过渡色,以使得多幅图片与色块呈现为一个整体,如图 11-65 所示。

图 11-65

如果图片形状不规则(通常 PNG 格式图片会出现这种情况),不宜通过增加色块的方式来增强视觉冲击力,此时可以通过将小图片放大至整个屏幕大小并增加透明度(通常将透明度设置为 80%~90%,具体情况要以目测为准),设置其为背景。此时图片虽然较为模糊,但因为处于背景的位置上,反而更有利于前端文字的显示,同时也具有较高的视觉冲击力,如图 11-66 所示。

图 11-66

在图 11-66 中，大家可以看到利用小图片在前端显示，两张图片之间容易形成协调一致的版面效果。这种将同一张图片使用两次的方式，背景有若隐若现的效果，前端有强调信息的效果，两项互应，信息传达更为强烈。背景中半透明的图片还帮助烘托出前端小图，使我们能够更为容易地注意到前端小图。

当某个类别的小图有一组时，可以将这一组图片堆叠作为背景，以传递产品丰富、景象繁华等信息，如图 11-67 所示。

图 11-67

当这组图片色相、色调等不一致时，页面往往容易变得花里胡哨，此时可以通过将所有图片设置为灰度图，页面将变得统一协调。人们容易陷入一个误区，以为要增加视觉冲击力，图片就要大红大紫，页面要色彩斑斓。实不尽然，将图片设置为黑白模式，而将页面背景或文字背景设置为彩色，或者点缀少量的彩色文字，利用黑白图片与其他色彩的强烈对比，反而更使黑白图片呈现一种怀旧、高雅的感觉，如图 11-68 所示。

图 11-68

若一组图片大小不一致，又因模糊原因不宜将其设置为同一的高度或宽度时，可通过填入适当数量的线条对画面进行划分，增强整齐性，其效果就如同多块整齐罗列的图片，只不过其中若干幅共同构成一个画面，如图 11-69 所示。

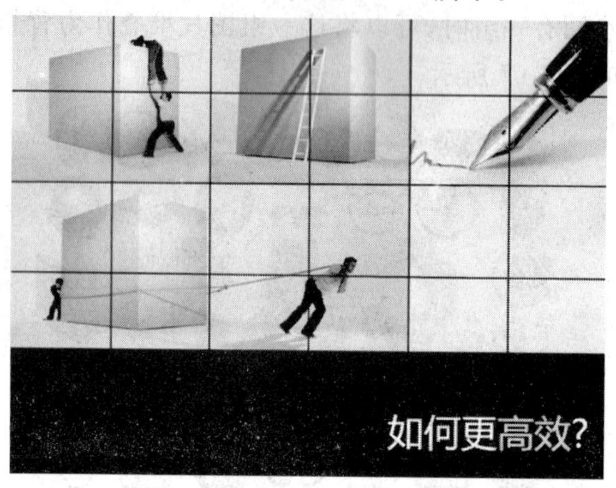

图 11-69

不管怎样设置，图片对页面的加分效果首先还是取决于图片是否与主题相符，没有明显关联关系的图片不但不能起到锦上添花的作用，相反还会大大削弱用户想要表达的效果。因此，我们一定要选择合适的图片来辅助表达，再辅以适当的设计，制作出精美的 PPT。

任务 12　模糊次要部分

很多时候，手头上的图片或者搜集来的图片并不能直接应用，如有的图片中有冗余信息，可能会干扰主题的表达；有的图片太大，页面上余留的空间不够等。接下来，我们就结合示例具体谈谈在获取了图片之后，如何通过一些快速处理，使其更符合我们的

要求。

模糊次要部分在摄影时特别常见，其主要想法就是突出主体元素，增强表现张力。如图 11-70 所示，除了前端重点突出的人物外，其余两人都做了模糊处理。模糊化的背景人物与清晰的前景人物形成对比，使得观众的注意力都集中到前景人物上。其实在看电视的时候，我们经常会看到这种镜头处理方式。模糊化的背景不仅可以衬托前景主题，还适合放置文本。

图 11-70

为实现这种效果，往往需要借助第三方图片处理软件，如 Photoshop、Fireworks 等。如果觉得这些软件过于庞大，体积小巧的软件下载是一个不错的选择，它可以帮助我们快速实现常见的一些基本需求。

如果不使用图片处理软件，在 PPT 中也可以借助半透明蒙板来实现类似的效果。但这种方法一般适用于待模糊区域比较规则的情况，对于如图 11-70 所示的不规则区域较难实现。如图 11-71 所示，在 6 个人物中，我们要突出介绍左起第 4 个，则在其余部分增加两个白色矩形，填充颜色为白色(与背景颜色相同)并设置透明度为 25%，就实现了模糊其余部分的效果。

图 11-71

任务13 巧妙利用颜色

在PPT中,为了突出重要的文本,常用的方式就是将所要突出的部分换成另一种颜色来标识。在图片处理中,我们也可以借鉴这种思路,即在一张图片中保留所要强调的部分为彩色,而将其余元素都处理为灰白。这样就形成一种强烈的对比关系,从而突出重点表现的内容。这种处理方式适用于一个图片中多个元素均要表达的情况(此时剪切会造成信息遗失)。

如图11-72所示,这是我们将要介绍的一个小团队,介绍每个人时,仅将他/她处理为彩色,而其他人物全部为灰度图(这里黑白印刷可能看不出效果)。前面提到的软件光影魔术手,其中的方法功能就可以迅速实现这一点,只需找到这一功能对着图片涂抹一下就可以了。

图11-72

这种只留局部为彩色的处理方式,可以使图片显得富有诗意、高雅、有品位。而将这种图片应用到PPT中,也会使用户的PPT充满创意。类似的思想还可以应用于PPT的设计,如设计基本文字都是素色,而将重点文字处理为彩色,这样即使整个PPT只有两种颜色,也可以设计出新意十足的PPT。

如果希望对比更强烈一些,可以制造类似于舞台聚光灯的效果,这在Photoshop中非常容易实现,只需新建图层用圆形选择要处理的区域,然后反向羽化,设置前景色为黑色即可。在PPT 2010中,我们也可以制作相似但不同的效果,如图11-73所示。

图11-73

任务 14 增强融合

有时候，为了增强图片的冲击力，可以把图片的背景色扩充到整幅 PPT 中，营造一种融合的感觉。先看图 11-74，这是很多人在引用他人语录时会出现的页面。

图 11-74

但是我们注意到在图 11-74 中，图片和文字大约各占据了一半的页面，并且图片和文字两个部分相对独立，并没有恰好形成一个整体。有没有办法使图 11-74 有更强的视觉冲击力和更融合的页面排版？

操作方法很简单：用任一款取色软件从图片的背景色中选取占大部分版面的颜色，如这里取的色值为 RGB(16,0,1)，将页面背景色填充为该色，并把文字处理为白色，如图 11-75 所示。在该图中，图片仿佛占据了整个页面，自然视觉冲击力会进一步增强，深色背景上的浅色文字也很容易融入图片中，成为一体。

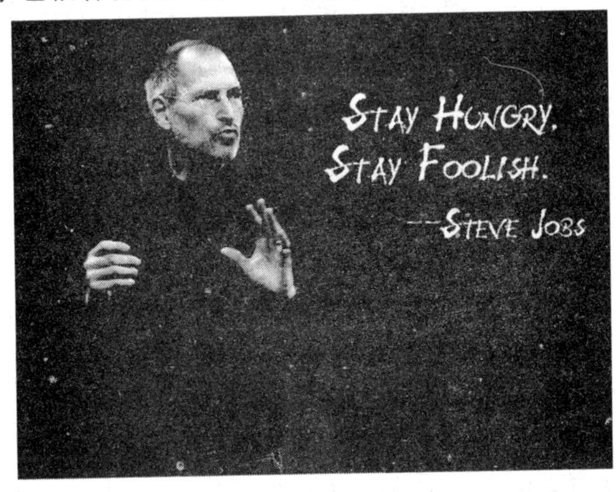

图 11-75

另外，当使用的图片和 PPT 中的背景颜色不一致时，可以将图片的背景色处理为透明，此时可通过图片工具中的“设置透明色”来实现。这一功能在 PPT 中十分常用，建议读者将其放入快速访问工具栏中,如图 11-76 所示。

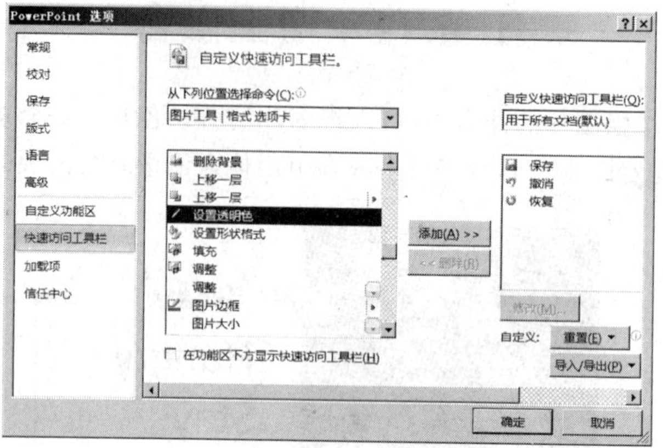

图 11-76

在 PPT 中,设置为透明色可以去掉图片中的某一种颜色。在图片背景色单一且不同于前景图像颜色时这一功能特别适用。如图 11-77 所示,PPT 的背景为模板背景,左侧是将图片直接插入的情形,而右侧则是将其背景色去掉后的效果。对比之下,去除了背景色的图片是不是更好地融合到页面中了?

图 11-77

任务 15　图片填充自选图形

很多人都应该用过 PPT 中的自选图形方案,这些自选图形包括线条、矩形、基本形状、箭头、公式、流程图、星与旗帜等。除线条外,用户可以在形状填充选项卡中选择填充图片。将自选图案与图片填充结合起来将达到意想不到的效果。

如图 11-78 所示,我们先选择了同心圆的图形,将其内圆缩小到合适程度,形状轮廓填充为 5%的灰色,然后将图形的填充内容改成一张竹子的图片并给整个图添加适当的阴影。这样填充后的同心圆看起来是不是颇像一张 CD 光盘的盘面?操作步骤很简单,不如动手试一试吧。

图 11-78

充分利用自选图案的形状，可以构造出许多新颖的图案，图 11-79 就是选择六边形的自选图案，然后填充图片并将图片的轮廓设置为无轮廓而得。这种图片通过其他方式来处理，相对要麻烦许多，而在 PPT 中我们只需简单地单击几下鼠标就可以完成。

注意：对图片单击右键，还可以调整偏移量和透明度以获得更为丰富的图案，如图 11-80 所示。

图 11-79

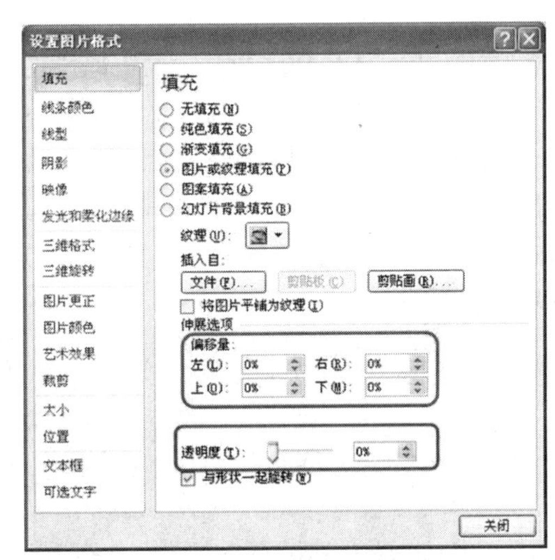

图 11-80

在 PPT 2010 中，PPT 已经内置了多种图片的艺术效果。单击图片后，在图片工具→格式→艺术效果中即可以看到内置的艺术效果。预置的艺术效果包括铅笔灰度、铅笔素描、线条图、虚化、发光散射、画面刷、混凝土等 22 种风格，基本可以实现常见的图画样式。

例如，图 11-81 是一张普通的照片，单击该图选择其艺术效果为混凝土时，即可得到如图 11-82 所示效果。这些预置的艺术效果使我们无须使用第三方图片处理工具就可以快速得到素描、模糊、水彩等样式，图片的处理变得更加方便。如果在此基础上再结合“颜色”选项卡和“亮度”选项卡，可以得到的图片样式将会更加丰富多彩。遗憾的是，目前 PPT 2007 及更低版本中没有这个效果选项卡。

图 11-81

图 11-82

任务 16　图片排版时的内在对齐

有时候我们还会遇到如图 11-83 所示的情况。这两幅图片已经剪裁至高度一样,左右排列并已经底端对齐。从页面排版来说,这样已经不错了。但仔细观察又有点怪怪的感觉,是什么原因导致的呢?其实这是由于两幅图中的海岸线是错位的,所以在视觉效果上就要差一些。

图 11-83

修改方法:拉一条水平线做参考,然后将两幅图片的海岸线都与参考线对齐,然后在此基础上再剪切图片至相同高度。如图 11-84 所示,这样看起来两张图片就通过海岸线联系起来了,整个画面形成一个整体。这也就是说,在对齐图片的时候,不仅要注意页面外围的对齐,还应该注意到页面的内部对齐。类似的,比如将田野和草原图片并置时,就要稍注意将两图内部沿地平线对齐。

图 11-84

在并排放置多个人物图像时，也要注意这种剪裁与对齐。如图 11-85 所示是四张人物图像。这四幅图像的大小是一样的，图片也已经对齐，但是每个人的拍摄角度不一样，就给我们造成了人物远近距离不同，并且人物的面部大小也不同的现象，就使得整个图片呈现参差不齐的感觉。

图 11-85

为了使四幅图像更加协调一致，我们首先需要确定一条基准线，并基于这条基准线对图片进行剪裁。对人物而言，一般是选择眼睛所在的水平线作为基准线。如图 11-86 所示，先画出眼睛的水平线，并将其余图片按照这些水平线进行缩放剪裁。在剪裁时，要注意不断调整使得每个人的面部大小给我们的感觉是差不多一致的，这样四个人并排放置就显得更为统一。

图 11-86

项目 12　PPT 的放映技巧

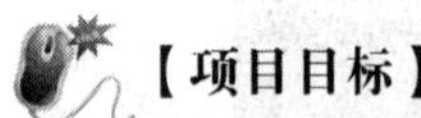

【项目目标】

熟悉 PPT 中的一些放映技巧。

【项目内容】

(1)操作 PPT 放映时的一些快捷键。

(2)操作演示的辅助软件 ZoomIt。

任务 1　认识“幻灯片放映”选项卡

PowerPoint 2010 功能区中的“幻灯片放映”选项卡(见图 12-1)分为三个功能组。

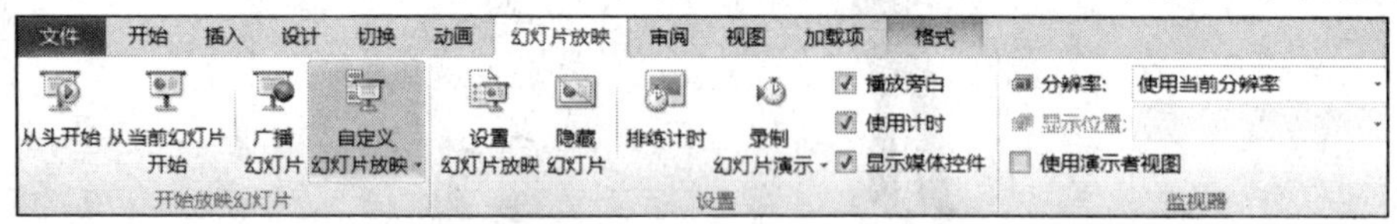

图 12-1

使用“幻灯片放映”选项卡可开始幻灯片放映、自定义幻灯片放映的设置和隐藏单个幻灯片。其中,“开始放映幻灯片”组,包括“从头开始”和“从当前幻灯片开始”。单击“设置幻灯片放映”可启动“设置放映方式”对话框。

任务 2　放映快捷键

(1)快速放映:无须单击菜单栏中“观看放映”选项,直接按“F5”键,幻灯片就开始放映;直接按“Shift+F5”键,从当前幻灯片开始放映。

(2)快速停止放映:除了按“Esc”键外还可以按“-”键,快速停止放映。

(3)任意进到第 n 张幻灯片:在放映中如果想回到或进到第 n 张幻灯片,只要按数字 n,再按“+”或“Enter”键,就可以实现。

(4)快速显示黑屏,或从黑屏返回到幻灯片放映:在放映中如果想显示黑屏,只要按一下“B”键或者“.”键就可以实现。此时再重复按一下“B”键或者“.”键,又可从黑屏返回到幻灯片放映。

(5)显示白屏,或从白屏返回到幻灯片放映:按“W”键或者“,”键,就可以从放映状态切换到显示白屏,再重复按一下“W”键或者“,”键,又可从白屏返回到幻灯片放映。

(6)隐藏和显示鼠标指针:放映时鼠标指针老是出现在画面上可能会让人感觉不舒服,此时按“Crtl+H”键就可以隐藏鼠标指针;反过来按“Ctrl+A”键隐藏的鼠标指针又会

重现。

(7)返回到第一张幻灯片：只要同时按住鼠标的左右键 2 秒以上，就可以从任意放映页面快速返回到第一张幻灯片。

(8)暂停或重新开始自动幻灯片放映：对于自动放映的幻灯片，如果想暂停或者重新开始自动放映，只要按“S”键或者“＋”键就可以实现。

(9)放映过程中也可以在幻灯片上书写：①在幻灯片的放映过程中，有可能要在幻灯片上写写画画，如画一幅图表或者在字词下面画线加注重号，这时可以利用 PPT 所拥有的虚拟注释笔，在做演示的同时也可以在幻灯片上做标记；②使用注释笔方法：先在幻灯片放映窗口中单击鼠标右键，出现图 5，再依次选择“指针选项”“绘图笔”即可，用画笔完成所需动作之后，再按“Esc”键退出绘图状态。

(10)在幻灯片放映过程中显示快捷方式：在放映 PPT 幻灯片时如果忘记了快速快捷方式，只需按下“F1”键(或“Shift＋?”键)，就会出现一个帮助窗口，参照如图 12-2 所示内容就可以实现。

图 12-2

任务 3 放映过程中的快捷菜单

在 PPT 放映的过程中，单击鼠标右键可弹出快捷菜单，如图 12-3 所示。

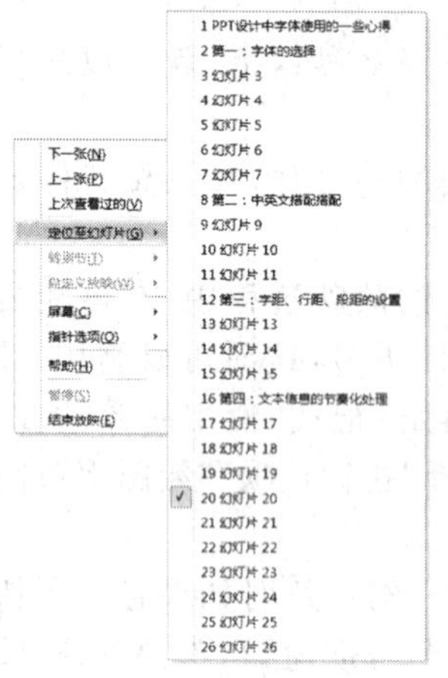

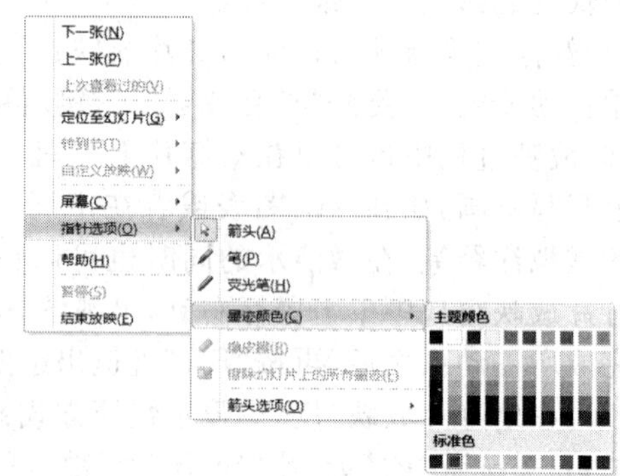

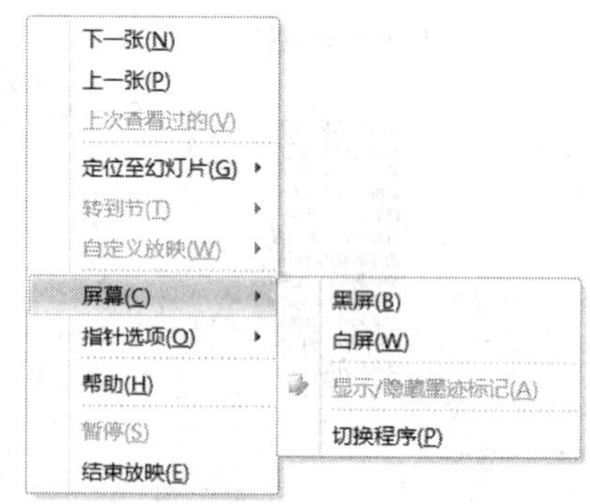

图 12-3

任务 4　设置自动循环播放

1. 设置放映法

在产品展销会、人才招聘会时,用户可能需要 PPT 自动循环播放。在 PowerPoint 2010 中可以很轻松地实现自动循环播放效果。

在 PowerPoint 2010 中,通过排练计时已经可以让 PPT 自动播放,但只能自动播放一遍,怎么实现自动循环播放呢?

单击"幻灯片放映"选项卡中的"设置幻灯片放映",在"设置放映方式"窗口中选中"循环放映"即可,如图 12-4 所示。这样操作后,PPT 就可以自动循环播放了,直到按"Esc"键才会停止。

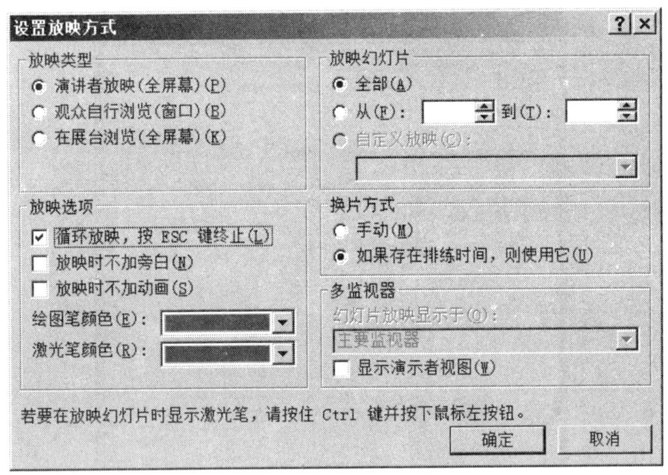

图 12-4

2. 转存视频法

如果要自动循环播放的 PPT 不止一个，设置放映法就不起作用了。此时可以考虑将这些 PPT 转存为视频文件，再设置循环播放。单击"文件"选项卡，选择"保存并发送"→"创建视频"→"计算机和 HD 显示"，从下拉列表中选择 960×720，这种模式的播放比较清晰。

再单击"创建视频"按钮，在弹出窗口中输入文件名和保存位置，单击"保存"即可。

重复操作将所有 PPT 转换成 WMV 视频文件，再将它们添加到播放器的播放列表中，设置为循环播放即可。

任务 5　演示必备辅助软件——ZoomIt

ZoomIt 是一款非常实用的投影演示辅助软件，它源自 Sysinternals 公司，后来此公司被微软收购，因此，有人也称 ZoomIt 为微软放大镜。ZoomIt 体积小巧(只有一个. exe 文件，0. 2 MB)、完全免费、易于使用。通过快捷键可以很方便地调用 ZoomIt 三项功能：屏幕放大、屏幕标注、定时提醒。

如果需要用计算机给别人做演示，无论是投影还是直接用屏幕，ZoomIt 都是一款很好的工具，不仅提高了演示效果，还可以令观众有眼前一亮的感觉。在所有功能中，放大和标注功能最为常用。而全热键不需要界面的设计，就可以减少对演示本身的干扰。

1. ZoomIt 下载安装及界面预览

在官方下载 ZoomIt 之后，无须安装，解压缩即可使用。

第一次运行时，程序会弹出如图 12-5 所示"汉化界面"的选项对话框，来提示用户：

(1)软件具备的功能：屏幕放大、屏幕标注、定时。

(2)设定相应快捷键(默认为"Ctrl+1/2/3"键)。

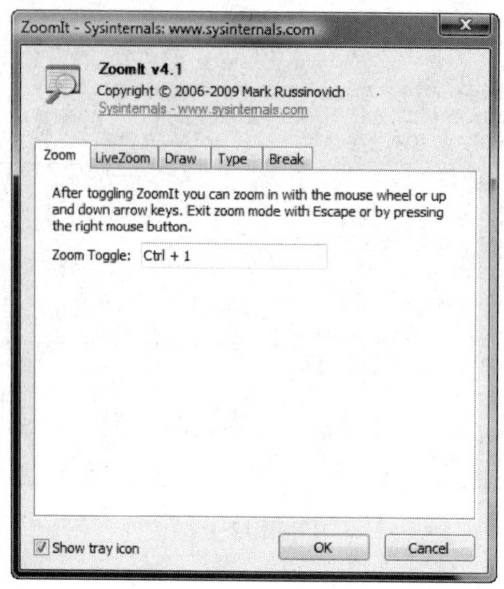

图 12-5

2. ZoomIt 的功能及使用

ZoomIt 的基本功能与快捷键操作参见图 12-6 所示的思维导图。

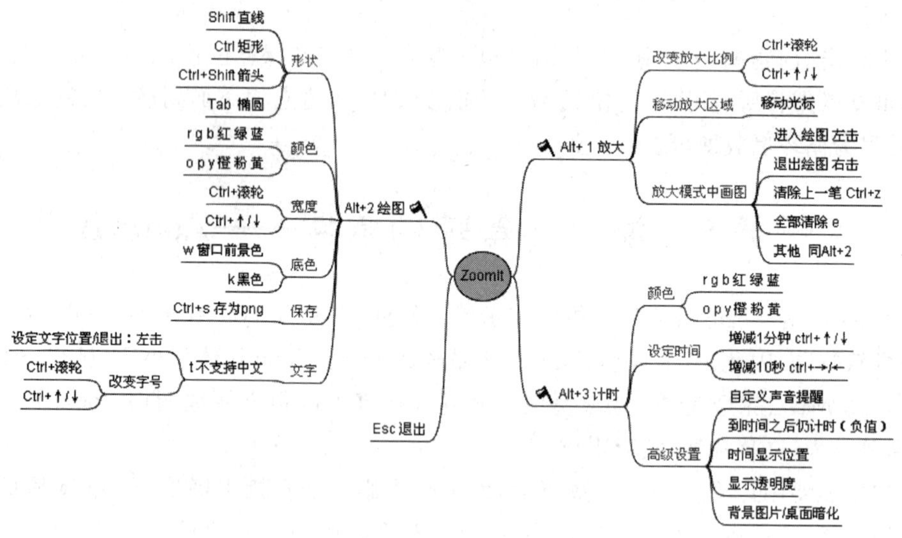

图 12-6

(1)配置:使用前设定快捷键。当用户第一次运行 ZoomIt,它将弹出一个配置对话框,描述 ZoomIt 能做什么,让用户指定热键来更方便地进入缩放或标注功能,而且还能够自定义绘图笔的颜色和大小。例如,用户可以用标注功能标注屏幕上的问题。ZoomIt 还包括一个定时器功能,当用户从定时器窗口切换出来,它仍然是可用的,并且还可以通过单击 ZoomIt 托盘图标再返回到计时器窗口,如图 12-7 所示。

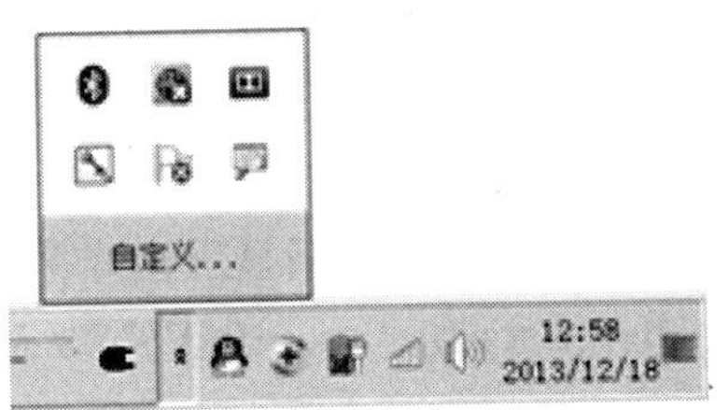

图 12-7

(2)屏幕放大。按下快捷键(默认是“Ctrl+1”键),即可进入 ZoomIt 的放大模式,这时屏幕内容将放大后(默认 2 倍)显示。

- 移动光标,放大区域将随之改变。
- 用鼠标滚轮或者上下方向键,将改变放大比例。

按下“Esc”键或鼠标右键,会退出放大模式。

在放大模式下,按下鼠标左键,将保持放大状态,启用标注功能。当然,也可以退出放大,只进行标注。

(3)屏幕标注。标注功能主要用来突出屏幕的某一部分内容,比如图片的某一细节、文章的关键段落。

按下快捷键(默认“Ctrl+2”键),或在放大模式下按下鼠标左键,可进入标注模式。这时,鼠标会变成一个圆形的笔点,其颜色、大小可调。

- 通过按住“Ctrl”键,使用鼠标滚轮或者上下箭头键调整画笔的宽度。
- 按键调整画笔颜色:R 红色;G 绿色;B 蓝色;O 橙色;Y 黄色;P 粉色。

用户还可轻松画出不同的形状:

- 按住“Shift”键可以画出直线;
- 按住“Ctrl”键可以画出长方形;
- 按住“Tab”键可以画出椭圆形;
- 按住“Shift+Ctrl”键可以画出箭头。

其他操作如下:

- Ctrl+Z:撤销最后的标注。
- E:擦除所有标注。
- W(白色)/K(黑色):将屏幕变成白板或黑板。
- Ctrl+S:保存标注或者放大后的画面。
- 屏幕打字:进入标注模式后,按“t”键可以进入打字模式;按“Esc 键”或鼠标左键退出;鼠标滚轮或上下箭头可以改变字体大小。缺点是不支持中文。
- 鼠标右键:退出标注模式。

(4)定时。通过快捷键(默认“Ctrl+3”键)或单击 ZoomIt 的托盘图标菜单,可以进入定时器模式。

用箭头键可以增加或减少时间。如果用户按“Alt+Tab”键从定时器窗口退出,可以单击 ZoomIt 的图标再激活定时器。用“Esc”键退出。

第 3 项功能是定时器,使用此功能时会暂时将桌面利用白色屏蔽覆盖,并在白色屏蔽上出现倒数计时的时间,用户可以选择倒数计时时间的长短、倒数计时结束后是否要播放警告音效、白色屏蔽透明度、倒数计时时间显示在屏幕上的哪个位置。

(5)ZoomIt 的实时放大(live Zoom)。ZoomIt V3.03 及更高版本,在 Vista 及后续 Windows 平台下支持实时放大(live zoom)。顾名思义,这是一种让用户在放大屏幕后仍可以保持正常工作的模式,相当于 Mac 系统下的“Ctrl+滚轮”缩放屏幕。进入 LiveZoom 模式后用户可以继续做任何事情,包括滚轮、各种快捷键、中/英文输入等,甚至可以通过快捷键启动其他截屏软件。

进入 LiveZoom 模式的默认快捷键是“Ctrl+4”(当然这个快捷键是可以定制),进入 LiveZoom 模式后,普通缩放/绘制模式下的画线、添加文字和滚轮缩放等功能就不再支持了,取而代之的是用户可以通过“Ctrl+Up”和“Ctrl+Down”控制缩放级别,它支持 5 级缩放,最小一级相当于把 1/4 屏幕放大到满屏,或者说分辨率增加一倍。

退出 LiveZoom 模式的默认快捷键也是“Ctrl+4”。

同时,LiveZoom 模式下除了放大的鼠标外还有个原始大小的鼠标,感觉这个原始大小的鼠标应该是故意保留的,因为它的坐标是 1∶1 的,用户可以通过它了解鼠标在屏幕上的真实位置。LiveZoom 模式下所有操作以大鼠标所在位置为准,也就是说大鼠标在控制这个模式下的所有内容。

LiveZoom 功能目前只支持 Windows Vista、Windows 7 和 Windows Server 2008 等高级别操作系统,XP 用户不支持。

3. ZoomIt 相关软件

除了 ZoomIt,还有 3 款同类软件:

· Pointofix;

· Screenmarker;

· ePointer。

专门放大的软件:

· Magical Glass;

· Windows 自带放大镜。

优点:自带功能,无须下载与安装;区域放大,不影响操作;实时放大。

缺点:无法进行全屏放大。

任务 6　备注演讲

如图 12-8 所示,大家之前心中是不是一直存有一个疑问,那就是 PPT 制作中的“备注”到底有何作用?“备注”写了是给谁看的?

常规给出的答案是:“备注”用来给演讲者回忆讲演思路,或者此 PPT 给别人的时

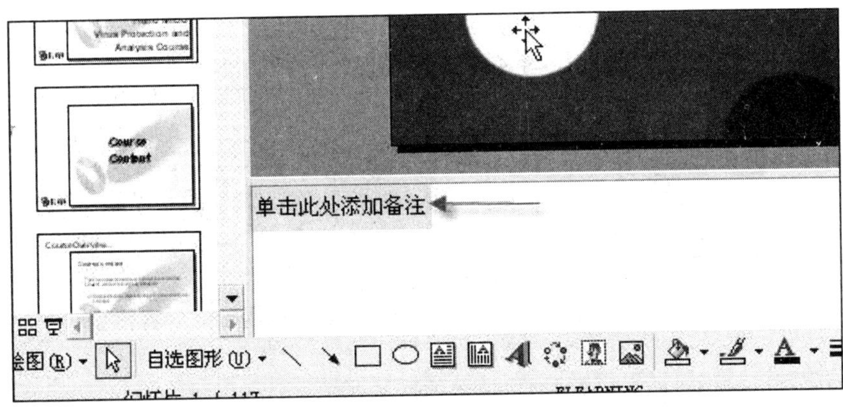

图 12-8

候别人讲演前可以先了解一下制作此 PPT 的作者的思路意图。

这些都是 PPT 的常规用法，或者说并不是完全正确的用法，下面介绍如何高效地使用 PPT 进行演讲，并且充分利用“备注”的作用，以期为受众做出最出色的讲解。

第一步，在用户的笔记本电脑的显示属性中进行设置。

如图 12-9 所示，在连接了外部显示器或者投影仪的情况下，单击“2”号屏幕，并按照图中高亮标注处选中“将 Windows 桌面扩展到该监视器上”同时设置适当的分辨率。

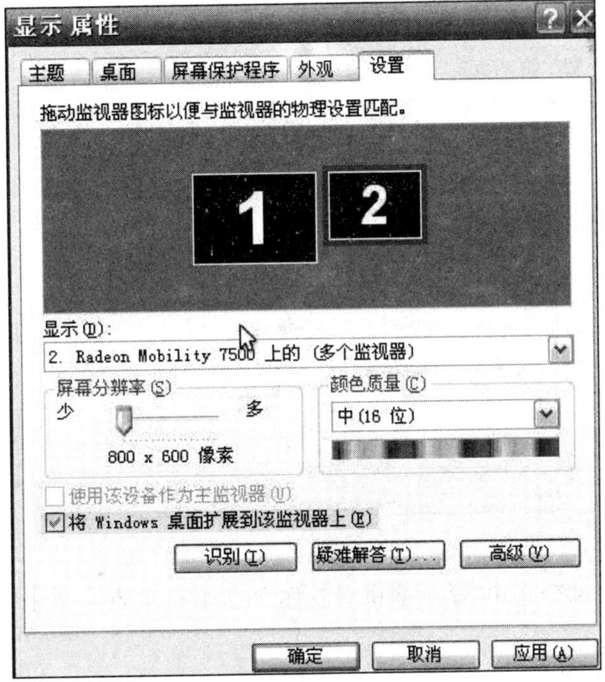

图 12-9

单击“应用”按钮就可以看到如图 12-10 所示的效果。

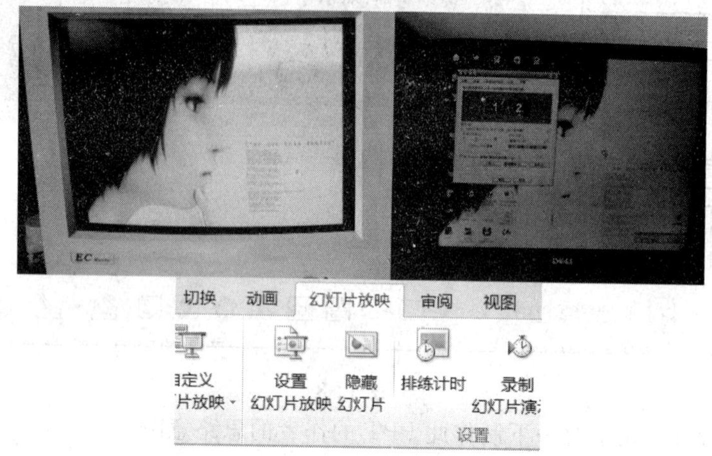

图 12-10

上面的截图是以一台 CRT 做示意,充当投影的角色。从两个屏幕可以看见不同的显示内容,左面的 CRT 的屏幕正是要给演讲受众看的。这样,下面的观众就不会看见演讲者的笔记本里面装了什么东西,演讲者可以根据自己的意愿把需要给观众看的放映出来,而不是把演讲者的所有操作都放映出来。

第二步,打开用户需要演讲的 PPT 进行放映前的准备工作。

选择放映的设置,如图 12-11 所示。

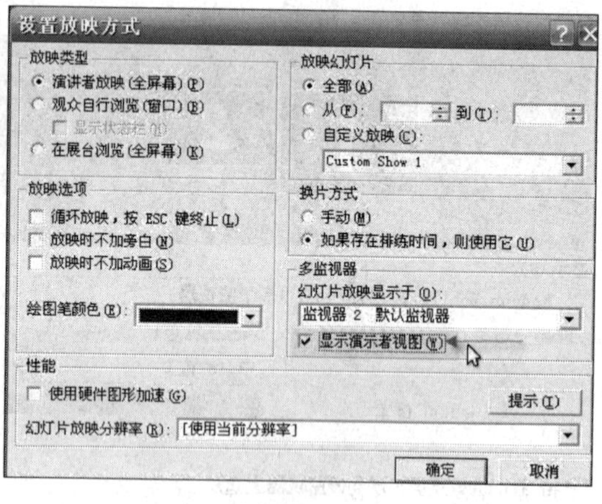

图 12-11

在图中高亮的部分选中“显示演讲者视图”(这个是重点),单击“确定”按钮后就完成了设置。

第三步,开始放映。

按“F5”键。两者的区别是,“F5”从头开始放映,而图示按钮是从当前 slide 开始往后放映。

最后,观看效果如图 12-12 所示,左边是投影仪上的效果,右边是用户笔记本电脑上

的效果。

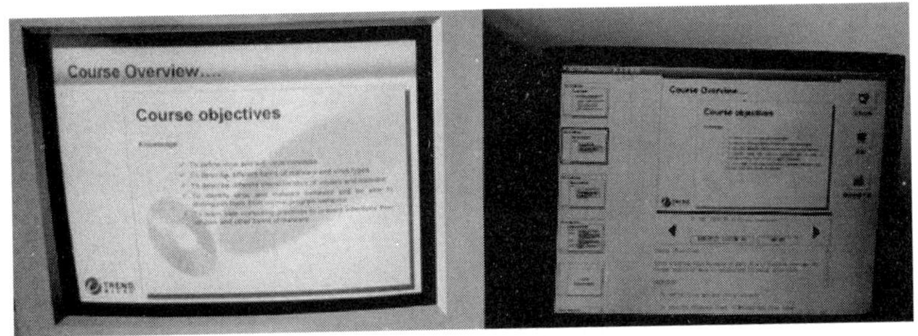

图 12-12

如图 12-13 所示为演讲者看到的画面，下面高亮的部分就是“备注”的内容。

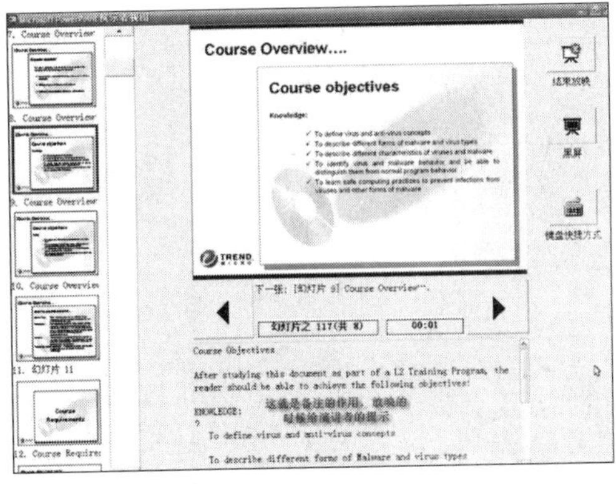

图 12-13

· 分析这个视图，演讲者不仅可以看见每张幻灯片的预览；

· 还可以知晓下一张 PPT 的大致内容(标题)；

· 可以直接看到“备注”的内容(对于新手和临场不知所措的演讲者比较适合)；

· 可以很好地控制演讲时间；

· 在进行幻灯片选择(非正常流程)的时候，可以单击“黑屏”，这样观众就看不到你在进行何种操作了。

第三篇 网络基础

任务导览

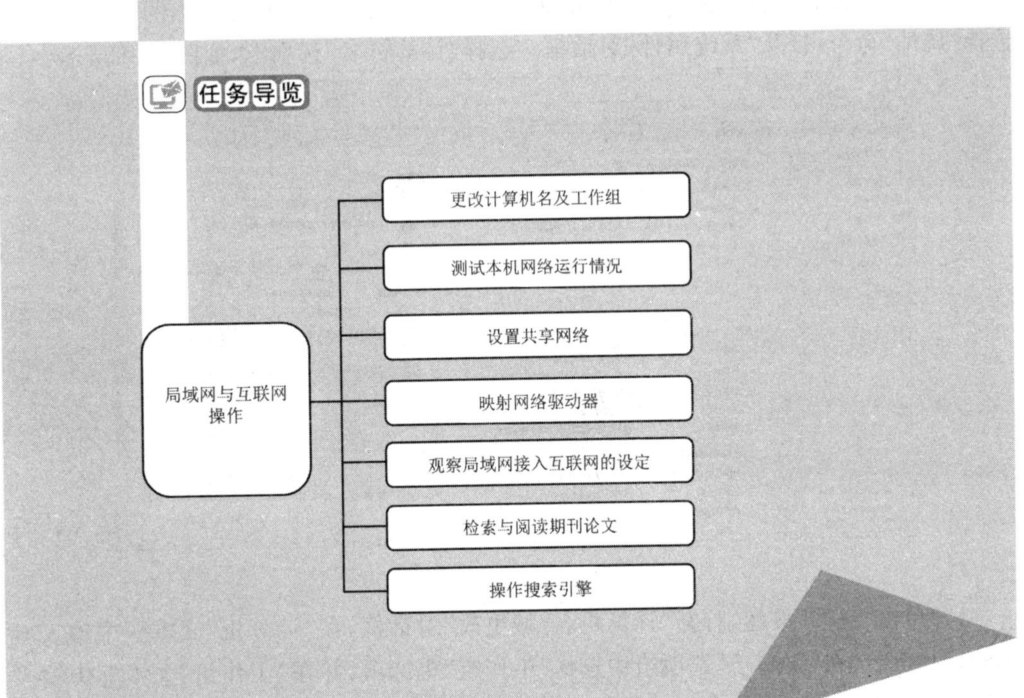

项目 13　局域网与互联网操作

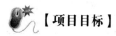

【项目目标】

(1)熟练掌握计算机资源共享设置。

(2)熟练掌握通过“网络”访问局域网中的共享资源。

(3)熟练掌握论文检索。

(4)熟练掌握搜索引擎操作。

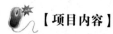

【项目内容】

(1)设置计算机名及工作组、测试本机网络运行情况。

(2)设置共享、映射网络驱动器。

任务 1　更改计算机名及工作组

(1)单击“开始”按钮,打开“开始”菜单,右击“计算机”菜单项,在弹出的快捷菜单中选择“属性”命令,打开“系统属性”对话框。选择“计算机名”选项卡,如图 13-1 所示。

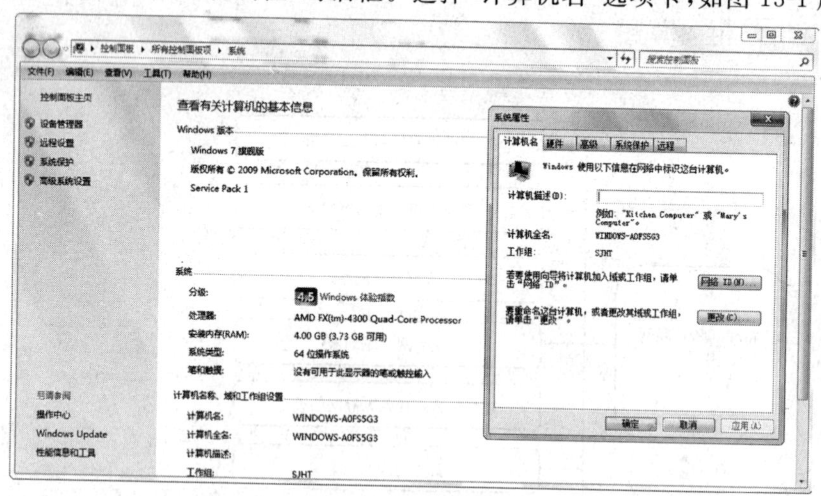

图 13-1

(2)单击“更改”按钮,打开“计算机名/域更改”对话框,在“计算机”文本框中输入本机的计算机名,在“隶属于”选项组中选择“工作组”单选项,并在“工作组”文本框中输入当前局域网设置的工作组名称,如图 13-2 所示。

(3)单击“确定”按钮,系统会弹出一个信息提示对话框:“欢迎加入××工作组”,单

击“确定”按钮后，系统还会弹出一个“要使更改生效，必须重新启动计算机”的信息提示对话框，单击“确定”按钮后返回“系统属性”对话框。

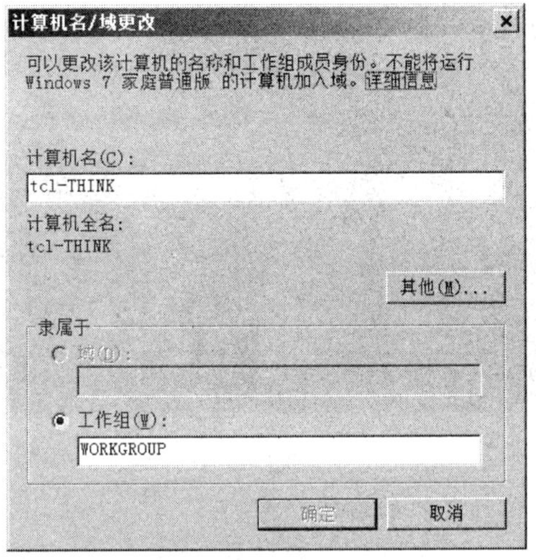

图 13-2

(4)单击“确定”按钮，关闭“系统属性”对话框。这时，系统会马上有一个“计算机名/域更改”提示对话框，如图 13-3 所示。

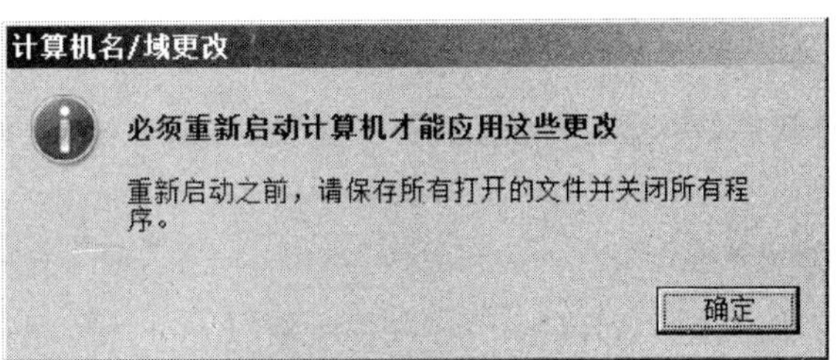

图 13-3

任务 2　测试本机网络运行情况

1. 测试本机 TCP/IP 的运行情况

(1)选择“开始”菜单中的“搜索程序和文件”文本框中，输入“cmd”命令，如图 13-4 所示。

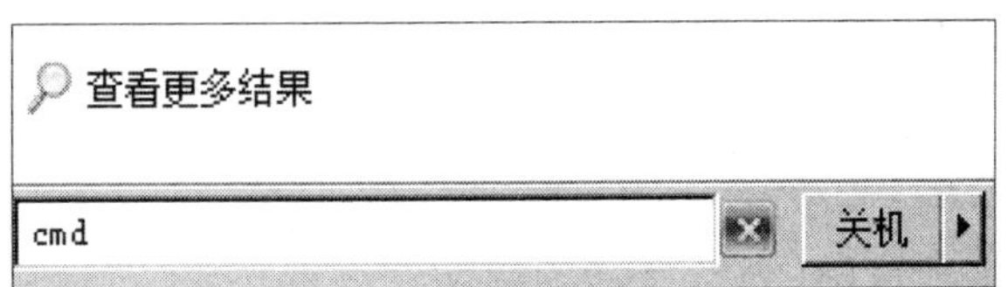

图 13-4

(2)按“Enter”键后，打开“控制台命令”窗口。在命令行提示符后输入 ping 127.0.

0.1,然后按"Enter"键。如果屏幕显示如图 13-5 所示的结果,表明本机 TCP/IP 的运行正常。

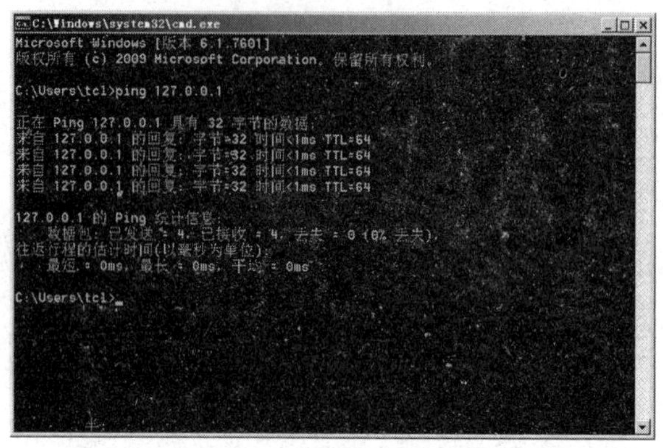

图 13-5

2. 测试和网络中其他计算机的通信情况

在"控制台命令"窗口的命令行提示符后输入"ping 某计算机 IP 地址或计算机名称",如"ping 172.16.8.14",如果屏幕显示被"ping"的计算机能正常应答,说明这两台计算机能通过 TCP/IP 进行正常通信。

3. 练习

(1)查看并记录网卡物理地址。

进行命令提示符状态,输入"IPConfig /All"后按"Enter"键,观察显示信息,并记录网卡物理地址。

(2)查看 TCP/IP 参数。

进行命令提示符状态,输入"IPConfig /All"后按"Enter"键,观察显示信息,并记录IP 地址、子网掩码、默认网关和 DNS 服务器设置的值。

(3)测试网络的连通性。

①在命令提示符下输入命令"ping 127.0.0.1",观察显示信息。

②在命令提示符下输入命令"ping 本机 IP 地址",观察显示信息。

③在命令提示符下输入命令"ping 相邻同学的 IP 地址",观察显示信息。

④在命令提示符下输入命令"ping 172.16.8.14",观察显示信息。

(4)查看局域网内其他机器(教师用机)的网卡物理地址。

Ping 172.16.8.14

Arp —a

记录内容

项　　目	记录内容
计算机名称	
工作组或域名称	
网卡的物理地址	
本机 IP 地址	
子网掩码	
默认网关	
DNS 服务器 1	
DNS 服务器 2	
本机网络号	
本机主机号	
Ping 172.16.8.14 的往返行程时间的平均值	ms
教师用机(172.16. 8.14)网卡的物理地址	

4. 物理地址

网卡的物理地址，即 Mac 地址，是在媒体接入层上使用的地址，现在的 Mac 地址一般都采用 6 字节 48 bit(在早期还有 2 字节 16 bit 的 Mac 地址)。

对于 MAC(Media Access Control)地址，由于我们不直接和它接触，所以大家不一定很熟悉。在 OSI(Open System Interconnection，开放系统互连)7 层网络协议(物理层、数据链路层、网络层、传输层、会话层、表示层、应用层)参考模型中，第二层为数据链路层(Data Link)。它包含两个子层，上一层是逻辑链路控制(LLC：Logical Link Control)，下一层即是我们前面所提到的 MAC(Media Access Control)层，即介质访问控制层。所谓介质(Media)，是指传输信号所通过的多种物理环境。常用网络介质包括电缆(如双绞线、同轴电缆、光纤)，还有微波、激光、红外线等，有时也称介质为物理介质。MAC 地址也叫物理地址、硬件地址或链路地址，由网络设备制造商生产时写在硬件内部。这个地址与网络无关，即无论将带有这个地址的硬件(如网卡、集线器、路由器等)接入到网络的何处，它都有相同的 MAC 地址，MAC 地址一般不可改变，不能由用户自己设定。

任务 3　设置共享资源

1. 多人共用一台计算机上的共享资源设置

Windows 7 不是网络操作系统，它所提供的“多用户”功能，是指当多个用户使用同一台计算机时，可以通过设置不同的账户，使不同的用户有各自的配置文件和存储空间。

如果 Windows 7 安装时,使用 NTFS 格式的硬盘分区,还可以对账户的私人目录进行加密,防止其他用户非法访问。

如果某账户要让本机其他账户共享自己的文档、音乐、图片或电影等文件资料,则要按如下操作。

(1)打开"计算机"窗口。

(2)单击"库"→"图片"→"公用"文件夹,进入"公用文件"窗口。然后把要共享的图片文件或文件夹用鼠标拖到"公用文件"的窗口内,如图 13-6 所示。

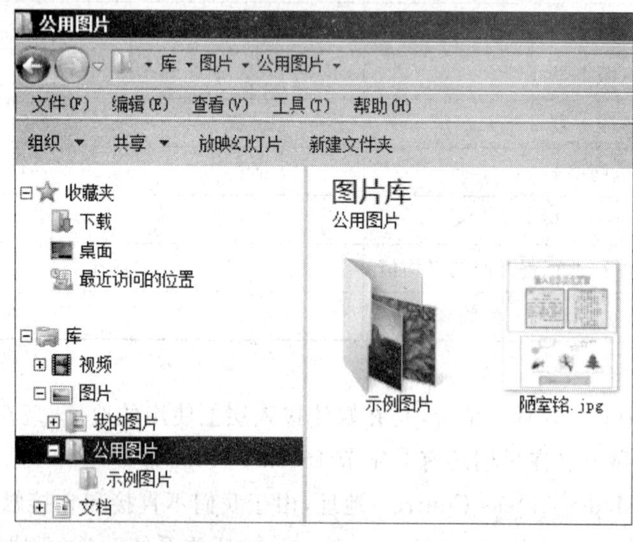

图 13-6

(3)此后,本机的任何一个账户登录系统后,打开"共享文档"文件夹都能看到前面共享的资源(注意:图 13-6 与图 13-7 图片的区别,图 13-6 选中的是公用图片文件夹,而图 13-7 选中的是图片文件夹)。

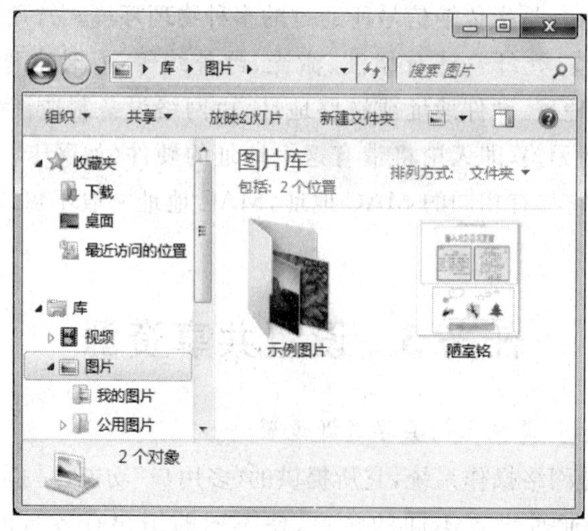

图 13-7

2. 局域网中的其他用户访问本机的共享资源

(1)右击要共享的文件夹，在弹出的快捷菜单中选择“属性”命令，打开“共享资料属性”对话框，并选择“共享”选项卡，如图 13-8 所示(或右击要共享的文件夹，在弹出的快捷菜单中选择“共享”→“特定用户”命令直接进入，如图 13-9 所示)。

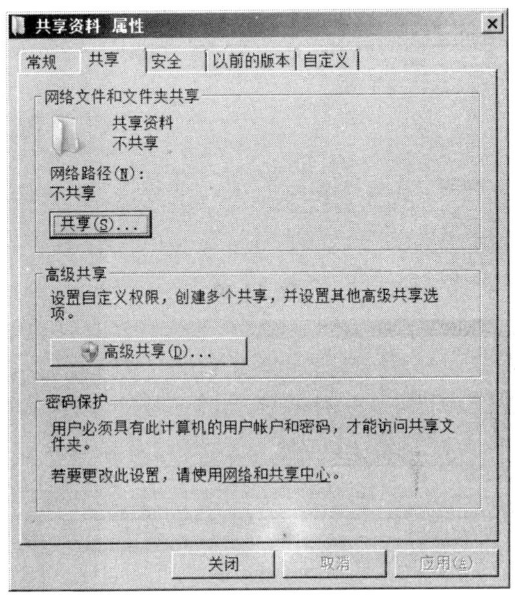

图 13-8

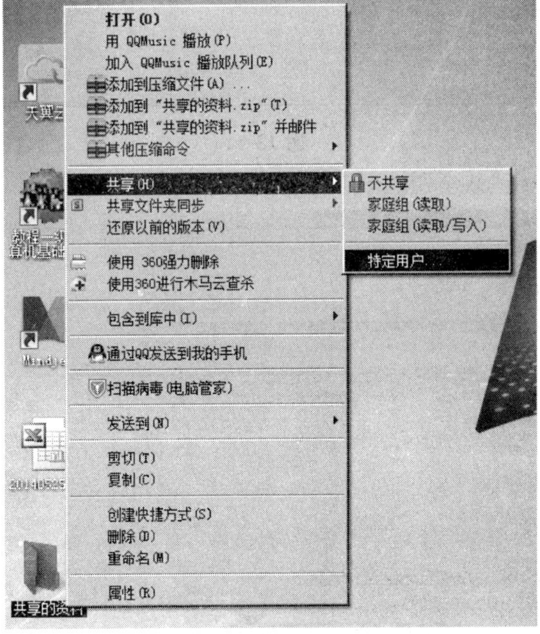

图 13-9

(2)单击“共享”按钮，选择要与其共享的用户，如图 13-10、图 13-11 所示。

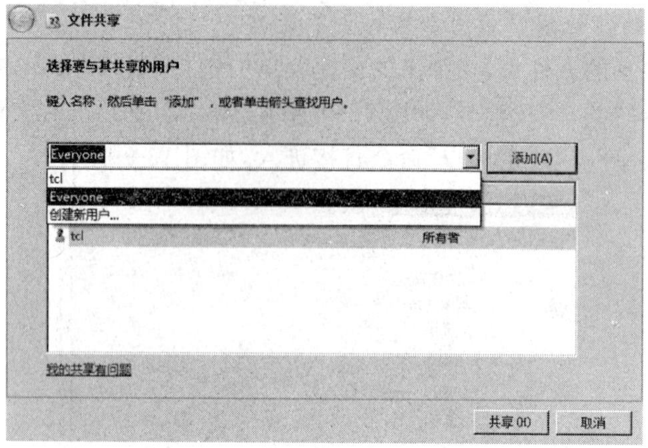

图 13-10

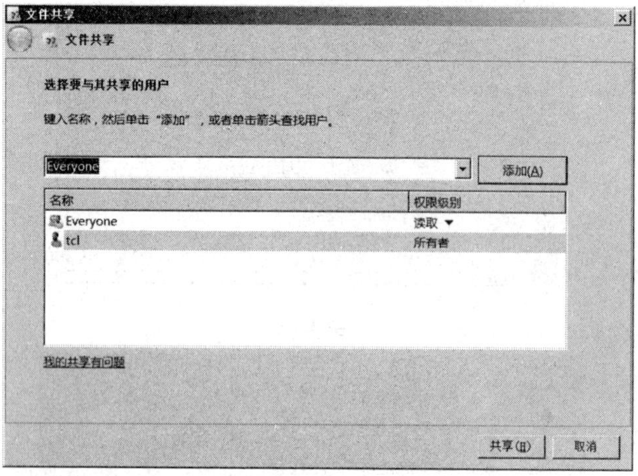

图 13-11

(3)设置完毕,单击“共享”按钮,显示如图 13-12 所示。

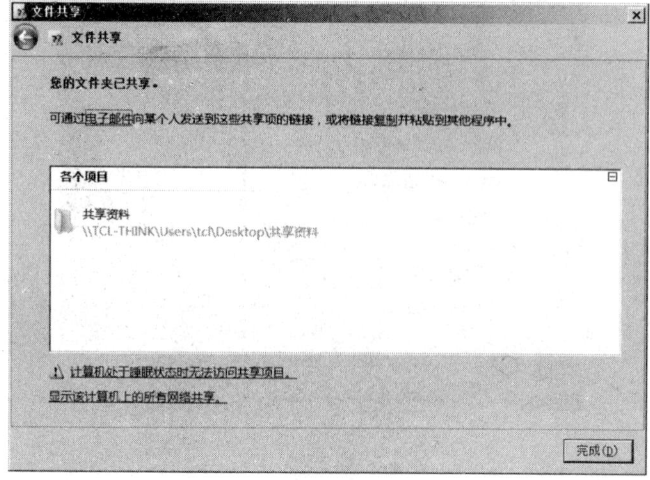

图 13-12

设置了共享文件夹后，表示该文件夹为共享文件夹，其他网络用户可以通过“计算机”→“网络”看到这个共享文件夹，如图 13-13 所示。

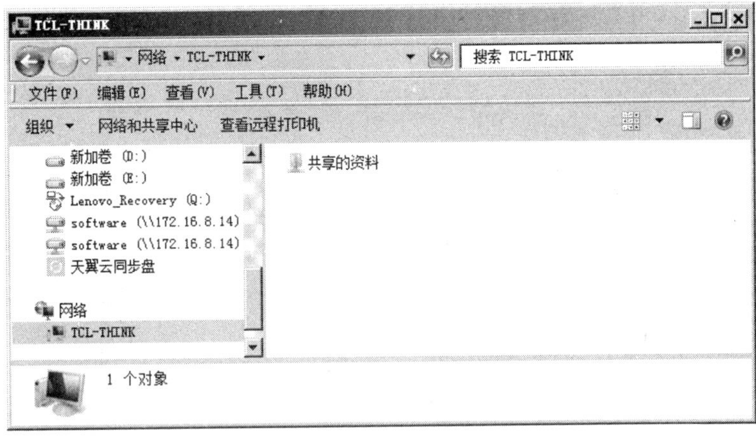

图 13-13

任务 4　映射网络驱动器

用户可能需要经常访问在网络中的某些特定的共享资源，若每次都通过“网络”访问该共享资源，操作比较麻烦。此时用户可以使用“映射网络驱动器”功能，将该网络共享资源映射为网络驱动器。这样，要访问访问该共享资源时，只需打开“计算机”窗口双击该网络驱动器图标即可。

具体操作步骤如下。

打开“网络”窗口，找到共享资源。右击共享资源，则弹出快捷菜单，如图 13-14 所示，选择“映射网络驱动器”命令。

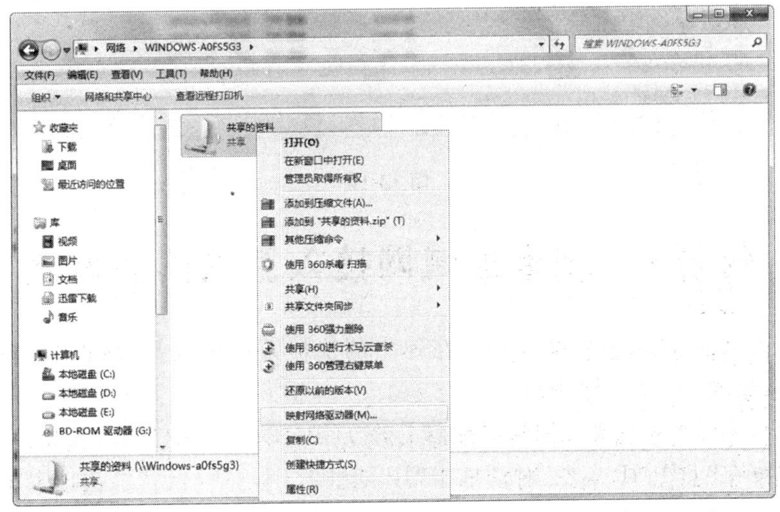

图 13-14

若选择“工具”菜单中的“映射网络驱动器”命令，则打开“映射网络驱动器”对话框。在此对话框中，可浏览网络中的其他共享文件，或直接在“文件夹”列表中直接输入格式为“\计算机名路径\共享文件夹名”，如图 13-15 所示。然后单击“完成”按钮，效果如图 13-16 所示。

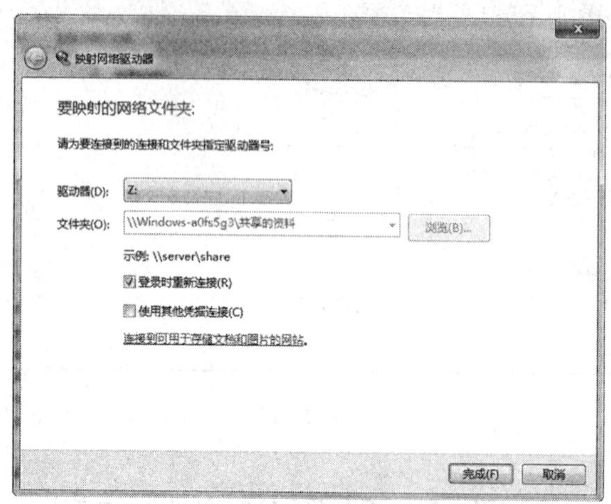

图 13-15

图 13-16

任务 5　观察局域网接入互联网的设定

(1)右击桌面的“本地连接”图标，在弹出的快捷菜单中选择“属性”命令，弹出“网络”对话框，如图 13-17 左图所示。

(2)在列表中选择加载在网络适配器上的 TCP/IP，并单击“属性”按钮。

(3)观察在“TCP/IP 属性”对话框中“IP 地址”“DNS”“网关”等选项卡中的地址设定，如图 13-17 右图所示。

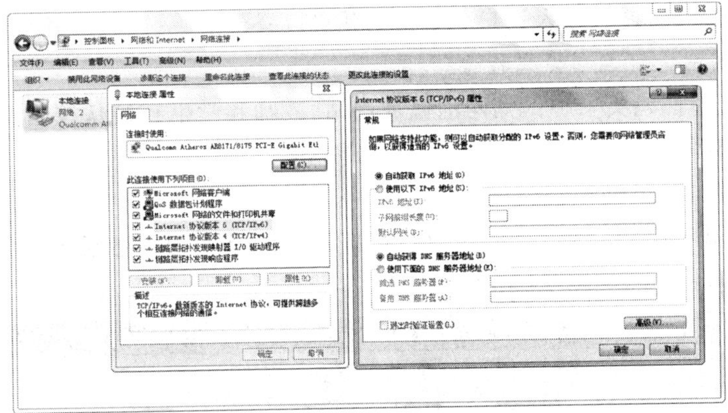

图 13-17

任务 6 检索与阅读期刊论文

1. 从互联网上进行期刊论文检索

中国知网(以前称为中国期刊网)是中国知识基础设施工程(CNKI)的一个重要组成部分,CNKI 是目前中文信息量规模较大的数字图书馆,内容涵盖了自然科学、工程技术、人文与社会科学期刊、博硕士论文、报纸、图书、会议论文等公共知识信息资源。

打开 IE 浏览器,在地址栏中键入:http://www.cnki.net/,即可进入中国知网(见图 13-18)。

图 13-18

由于中国知网是一个有偿服务网站,因此个人用户需要首先注册交费后才能提供期刊查找服务。有部分学校和企业采用团体付费的方法,网站会提供给这些团体用户一个用户名和密码,这时输入用户名和密码就可以登录了。

2. 从校园网进行期刊论文检索

大部分大学都购买了中国知网的镜像网站,教师和学生直接从校园网就可以登录,无须账号和密码。

操作步骤如下。

(1)从校园网登录,选择"图书馆"栏目,打开"CNKI知识网络服务平台"就可以进入中国知网的镜像站点,如图13-19所示。

图 13-19

(2)在中国知网镜像站点"初级检索"栏目的"检索项"下拉菜单中选择按论文"篇名"检索,如图13-20所示,然后在"检索词"栏目内输入"计算机",单击"检索"按钮,这时就可以检索到论文名称中带有"计算机"三个关键词的论文。

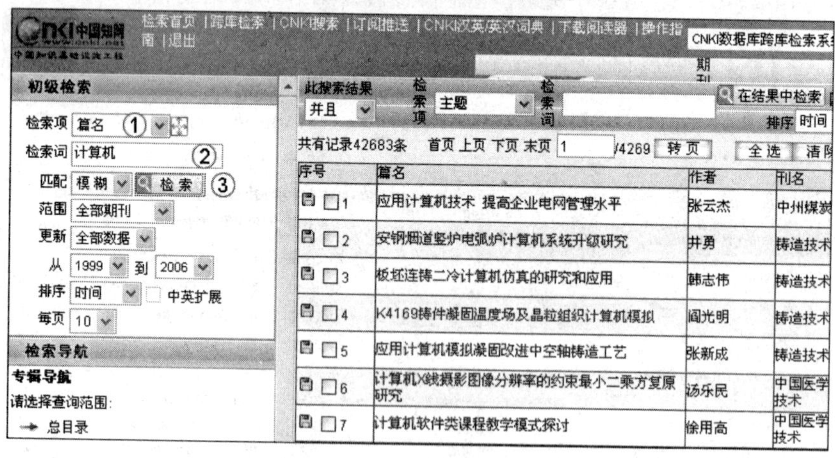

图 13-20

(3)单击鼠标选择需要下载的论文,如选择列表中的"计算机软件类课程教学模式探讨"一文,如图13-21所示。在下面的信息栏中会出现这篇论文的两种存储格式,我们在"PDF下载"上单击鼠标右键,在弹出的快捷菜单中选择"目标另存为"命令,在选择存储在硬盘中的位置,然后单击"保存",这时就开始了下载论文到本机中。

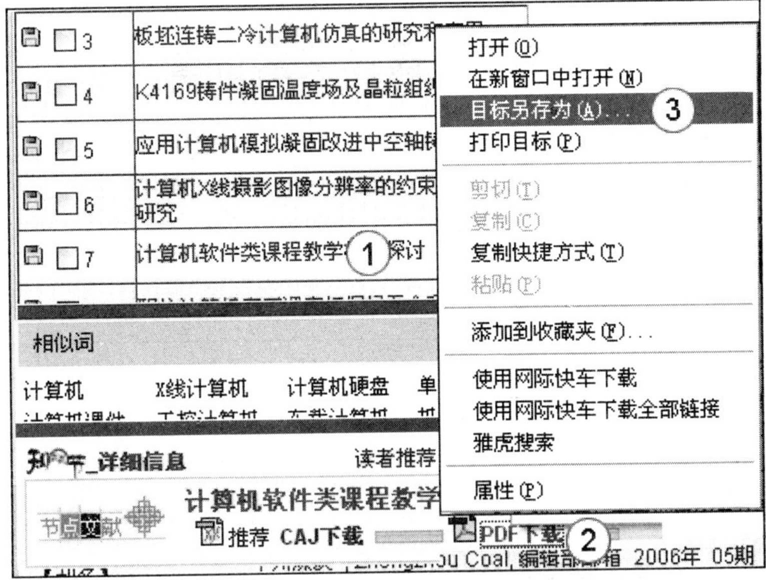

图 13-21

(4)中国知网的期刊论文主要以 CAJ 格式和 PDF 两种文件格式存储，因此，在用户计算机中需要预先安装好 Adobe Reader(读取 PDF 格式文件)或 CAJViewer 浏览器(读取 CAJ 格式文件)免费软件。

(5)下载完成后，找到已下载的论文，双击论文文件名就可以打开这篇论文了，如图 13-22 所示。

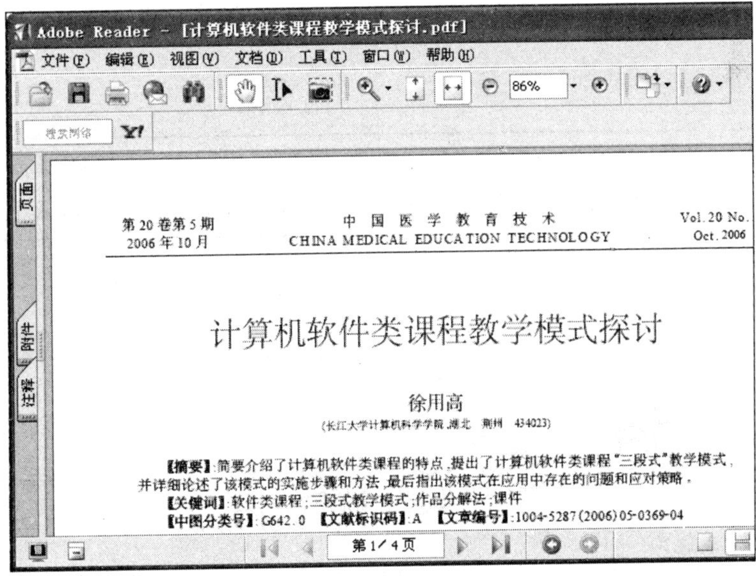

图 13-22

任务7 操作搜索引擎

(1)利用搜索引擎检索出中国哪些高等学校有读者所在专业的博士学位授予权，结果填写在下面的表格中。

<table>
<tr><td>搜索引擎网址</td><td>http://www.baidu.com/</td></tr>
<tr><td>检索词</td><td></td></tr>
<tr><td colspan="2">选择其中三所学校，将相关信息填在下表中</td></tr>
<tr><td>学　校</td><td>博士生导师姓名(每所学校填写三名)</td></tr>
<tr><td></td><td></td></tr>
<tr><td></td><td></td></tr>
<tr><td></td><td></td></tr>
</table>

(2)你所学专业在一些学校是被作为国家级重点学科建设的，你知道是哪些学校吗？利用搜索引擎检索出这些学校，选择其中两所学校填在下面的表格中。

<table>
<tr><td colspan="2">搜索引擎网址</td><td></td></tr>
<tr><td colspan="2">检索词</td><td></td></tr>
<tr><td rowspan="2">检索结果</td><td>1</td><td></td></tr>
<tr><td>2</td><td></td></tr>
</table>

(3)选择目前你正在学习的一门专业课程，利用搜索引擎，检索该课程的教学大纲(doc格式、docx格式)及教学课件(ppt格式、pptx格式)，将相关信息填入下表中。

<table>
<tr><td>课程名称</td><td></td></tr>
<tr><td>搜索引擎网址</td><td></td></tr>
<tr><td colspan="2">教学大纲检索</td></tr>
<tr><td>检索词(检索表达式)</td><td></td></tr>
<tr><td>教学大纲下载地址</td><td></td></tr>
<tr><td colspan="2">教学课件检索</td></tr>
<tr><td>检索词(检索表达式)</td><td></td></tr>
<tr><td>教学课件下载地址</td><td></td></tr>
</table>

(4)利用搜索引擎检索出你所在专业的相关中文网站2个，给出相应的站名、网址，并对检索出的专业网站做简要介绍。结果填写在下面的表格中。

所用搜索引擎网址：________________

检索式(检索词)：________________

站 名	网 址	简要介绍

(5)利用搜索引擎检索出你所在专业的相关外文网站 2 个，给出相应的站名、网址，并对检索出的专业网站做简要介绍。结果填写在下面的表格中。

所用搜索引擎网址：________________

检索式(检索词)：________________

站 名	网 址	简要介绍

(6)谷歌学术搜索。

在“Interne 发展”“网络安全”“网络应用”3 个主题中任选一个，并且以它为搜索关键字，检索相关方面信息。主要包括以下几部分：国内外现状、最新技术和发展前景等。

检索方式分为以下几种。

①利用 Google 和 Baidu 的一般关键字搜索进行检索。

②利用 Google 学术搜索(http://scholar.google.com/)，在 Internet 上快速查找文献，如图 13-23 所示。另外，还可以利用“学术高级搜索”中的选项，如图 13-24 所示。

图 13-23

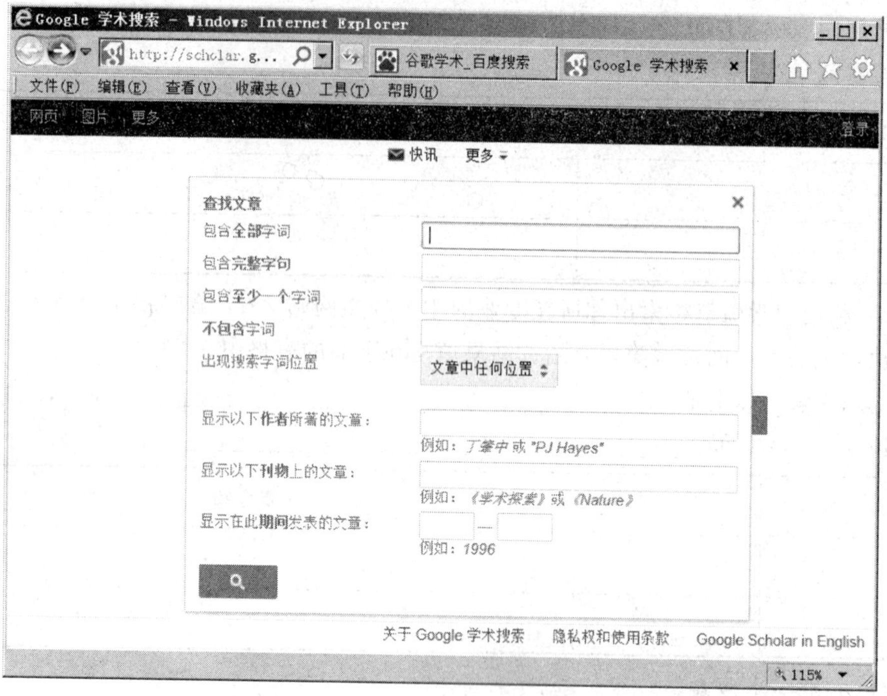
Google 学术搜索 - Windows Internet Explorer
http://scholar.g...
谷歌学术_百度搜索
Google 学术搜索
文件(F) 编辑(E) 查看(V) 收藏夹(A) 工具(T) 帮助(H)
网页 图片 更多
登录
快讯 更多
查找文章
包含全部字词
包含完整字句
包含至少一个字词
不包含字词
出现搜索字词位置
文章中任何位置
显示以下作者所著的文章：
例如：丁肇中 或 "PJ Hayes"
显示以下刊物上的文章：
例如：《学术探索》或《Nature》
显示在此期间发表的文章：
例如：1996
关于 Google 学术搜索 隐私权和使用条款 Google Scholar in English
115%

图 13-24

第四篇 使用常用软件

任务导览

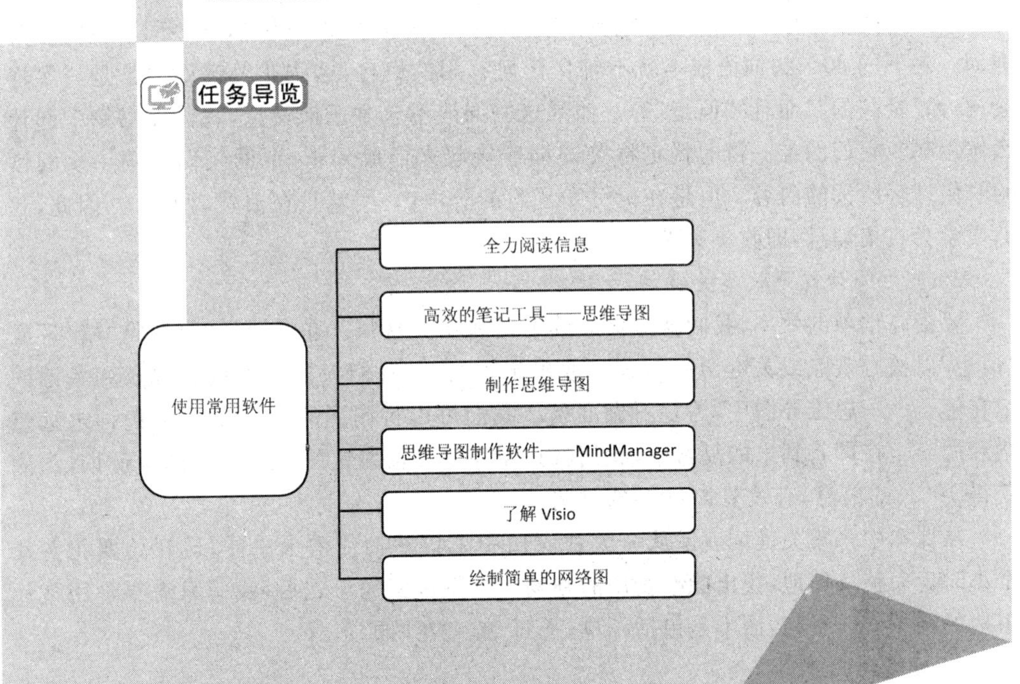

项目 14　绘制思维导图

【项目目标】

(1)了解思维导图。

(2)制作简单的思维导图。

(3)了解思维导图软件。

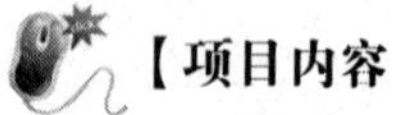

【项目内容】

(1)制作“物质的三种状态”的思维导图。

(2)用 MindManager 制作思维导图。

任务 1　全力阅读信息

1. 怎样缩短 80%的学习时间,却记住更多内容

在任何的书籍中,只有 20%的词语包含着我们真正需要的信息,这些词语被叫作关键词。剩下的 80%的词语根本就不包含任何有用的信息,这些非关键词通常是一些连接词,如“是”“的”“而且”“但是”等。如果这些词语不包含任何信息,它们在书籍中起什么作用呢?它们的唯一目的就是将关键词连接起来形成句子,帮助我们在第一次阅读的时候理解所读的内容。但是在记忆和复习的阶段,它们就是在浪费时间了。因此,我们要学会收集信息,即收集关键词。

2. 全力阅读就是收集关键词

要提高学习的效率,我们就应该通读书籍和相关材料。在通读的时候,将“精华”或“信息”以核心观点或关键词的形式提取出来。之后,我们只把这些核心观点和关键词记在笔记——思维导图中,为复习做准备。我们可以将剩下的 80%的非关键词永远忽略和抛弃。在即将到来的复习中,我们就只需要复习思维导图中的 20%的关键词,却能获得 100%的信息,有效节省 80%的时间。

从课本中采集关键词就像从一大片农田中采集谷物或稻米一样,最开始要花费几个小时走完整片田地,找出能够食用的谷物。一旦采集完毕之后,我们只需要食用整片田地的精华——谷物,而不是包括稻草、土石、蝗虫在内的东西。

3. 关键词的作用

我们展示一下关键词的力量。请阅读下面的段落(145 字)。

很长时间以来，人们已经知道人类大脑可以被分为两个部分：左脑和右脑。人们也知道左脑控制人的右半边身体，而右脑则控制着人的左半边身体。人们还发现当左脑受到损坏的时候，人的右半边身体就会瘫痪。同样的，如果右脑受到损坏，人的左半边身体就会瘫痪。换句话说，一边大脑受到损伤将会导致相对应的一边身体瘫痪。

再请阅读下面的关键词进行对比，我们是不是还能获得上面段落展示的所有信息呢？

人类大脑分为两部分：左脑和右脑。

左脑控制右半边身体，右脑控制左半边身体。

左脑受损坏，右半边身体会瘫痪。

右脑受损坏，左半边身体会瘫痪。

我们浓缩出了令人惊讶的 63 字的关键词。

可以说，仅仅阅读这些关键词，我们就能获得同样的信息，没有信息丢失。我们来阅读一下那些占大多数内容的非关键词所组成的段落吧。

很长时间以来，人们已经知道人类大脑可以被分为两个部分：左脑和右脑。人们也知道左脑控制人的右半边身体，而右脑则控制着人的左半边身体。人们还发现当左脑受到损坏的时候，人的右半边身体就会瘫痪。同样的，如果右脑受到损坏，人的左半边身体就会瘫痪。换句话说，一边大脑受到损伤将会导致相对应的一边身体瘫痪。

阅读这些非关键词我们会获得什么信息？答案是：什么都没有。但是就是这样的词语，构成了我们所有书籍 80%的原始段落。我们每次阅读书籍的时候，实际上都在无意地浪费 80%的时间。

下面我们来尝试着把关键词放到思维导图里去看看，看我们究竟可以把原始段落简略到多少个字。如图 14-1 所示为示范图片。

图 14-1

下面简单介绍一些全力阅读的技巧。

(1)用一支铅笔或彩笔引导我们的眼睛阅读，防止它们乱跳。笔运行的速度比平常的阅读速度快一些，这可以训练我们的阅读速度加快，注意力更集中。

(2)寻找核心观点并圈出关键词。在我们阅读课本或材料的时候,跳过那些非关键词,仅仅将关键词圈出来。同时找出每一段的中心思想,这可以使我们的注意力更集中。

(3)将每一章节从后向前读。我们可以在读每一章节之前先看本章节的最后部分,因为每一章节的最后内容通常都包含了本章节的总结以及与本章有关的问题,这时我们的大脑可以目的性地主动去寻找信息。另外,我们阅读前最好先浏览本章的各个标题和副标题。

任务2　高效的笔记工具——思维导图

1. 传统的记笔记方式——线性方式

线性笔记就是那些以句子为单位记录的笔记,通常是按照从左到右的顺序。线性笔记通常有两种形式:一是几乎与原文相似的只提取了知识块的笔记;二是以知识点形式出现的大纲式,有编排号码的笔记。

下面我们来测试一下传统的线性笔记的效果。

请先按照我们平常的方法阅读下面这篇文章"物质的三种状态"。

物质的三种状态

固体

固体中的分子按照规则的图案排列,并紧紧地连结在一起。分子之间的空隙很小,所以固体不能被压缩。分子之间的内部力量使得每一个分子都处在固定的位置上。因此,分子只能在固定的位置上振动。

这种分子的内部力量包括吸引力和排斥力。吸引力能够阻止分子的分离,从而保证了分子能够处在固定的位置上。排斥力则可以阻止分子之间相互碰撞。因此,固体都有一个固定的形状和固定的体积。

当固体被加热之后,分子能量就会增加,从而导致分子的振动更加激烈。分子之间的距离增大,固体开始膨胀。

液体

液体中的分子距离比固体大,但是,分子之间仍然很紧密,所以液体也不能被压缩。分子之间的力量没有固体分子那样强大。所以,分子可以在彼此之间移动。这就是为什么液体没有固定的形状,只能根据容器的形状变换。但是,液体有固定的体积,因为分子之间的吸引力阻止了分子的分离。

当液体被加热以后,分子振动和移动的能量加强。这就导致了分子之间的空隙加大,液体膨胀。

气体

气体分子比较分散,所以,分子之间的空间很大,气体可以被压缩。

分子高速地进行随意移动,彼此相撞或与容器壁相撞。分子之间的内部力量只存在于相撞点上。在大多数时间里,内部力量都是可以忽略不计的,所以气体没有固定的形状也没有固定的体积。

测试:刚才那篇文章,我们记住了多少内容?请在空白稿纸上写上我们的答案。

(1)写下"固体"部分我们所记下的所有要点。

(2)关于固体,我们需要知道多少知识?里面有多少个中心内容?

我们记录下所有的要点了吗?能写出这里面一共有多少要点了吗?我相信我们的答案是:无。

为什么呢?因为线性笔记是一种有很多缺陷的笔记。这个测试许多学生都做过,他们基本不能写出大多数与"固体"相关的知识点,或多或少总会丢掉一些要点。另外,他们所列出的要点也没有按照正确的顺序进行排列,因为线性笔记不能让我们以系统化的顺序记住要点。

2. 高效的笔记工具——思维导图

(1)思维导图的含义

思维导图又叫心智图,是表达发射性思维的有效的图形思维工具,它简单又极其有效,是一种革命性的思维工具。思维导图运用图文并重的技巧,把各级主题的关系用相互隶属与相关的层级图表现出来,把主题关键词与图像、颜色等建立记忆链接。思维导图充分运用左右脑的机能,利用记忆、阅读、思维的规律,协助人们在科学与艺术、逻辑与想象之间平衡发展,从而开启人类大脑的无限潜能。思维导图因此具有人类思维的强大功能。

思维导图是一种将放射性思考具体化的方法。我们知道放射性思考是人类大脑的自然思考方式,每一种进入大脑的资料,不论是感觉、记忆或是想法——包括文字、数字、符码、香气、食物、线条、颜色、意象、节奏、音符等,都可以成为一个思考中心,并由此中心向外发散出成千上万的关节点,每一个关节点代表与中心主题的一个连接,而每一个连接又可以成为另一个中心主题,再向外发散出成千上万的关节点,呈现出放射性立体结构,而这些关节的连接可以视为我们的记忆,也就是我们的个人数据库。

思维导图是终极的组织性思维工具,而且,它用起来非常简单。

如图 14-2 所示,这张最基本的思维导图是"今天的计划"。从图中心发散出来的每个分支代表今天需要做的不同的事情,如叫水暖工或去百货商店购物。

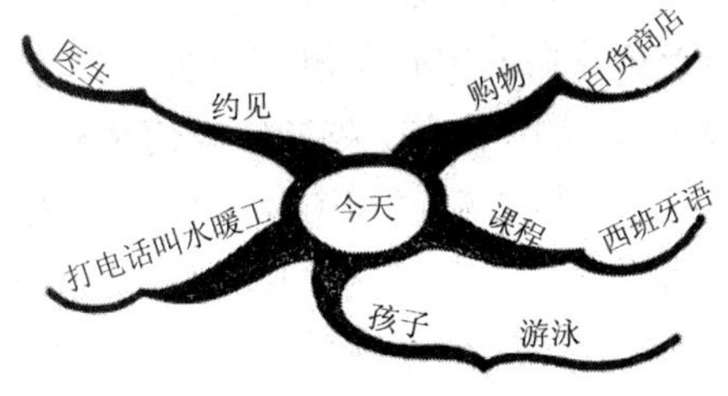

"今天的计划"的思维导图

图 14-2

要把信息"放进"我们的大脑,或是把信息从我们的大脑中"取出",思维导图是最简单的方法。它是一种创造性的、有效的记笔记的方法,能够用文字将我们的想法"画出来"。

所有的思维导图都有一些共同之处。它们都使用颜色,都有从中心发散出来的自然结构,都使用线条、符号、词汇和图像,都遵循一套简单、基本、自然、易被大脑接受的规则。使用思维导图,可以把一长串枯燥的信息变成彩色的、容易记忆的、有高度组织性的图,它与我们大脑处理事物的自然方式相吻合。

我们可以把思维导图和一幅城市地图相比较。我们的思维导图的中心就像城市的中心,它代表我们最重要的思想;从城市中心发散出来的主要街道代表我们思维过程中的主要想法;二级街道或分支街道代表我们次一级的想法,依此类推。特殊的图像或形状代表我们的兴趣点或特别有趣的想法。

就像一幅街道图一样,一幅思维导图将达到以下效果:

· 绘出一个大的主题或领域的全景图;

· 使我们对行走路线做出计划或选择,让我们知道正往何处去或去过哪里;

· 把大量数据集中到一起;

· 使我们能够看到新的、富有创造性的解决途径,从而有助于我们解决问题;

· 使我们乐于看它、读它、思考它并记住它。

思维导图也是极佳的记忆路线图,这种把事实与思想组织到一起的方式与我们大脑自然的工作方式相符。这意味着我们能够更容易地记住,过后也更容易回忆起来,这种方法比传统记笔记的方法更值得信赖。

(2)思维导图的优点。

①因为只使用关键词,所以能节省时间。通常情况下能把教材的内容浓缩成一张至多张的思维导图,复习起来比较方便,也节约时间。

②它应用了超级记忆原则。使用思维导图后,即用了图像,有了联系,有了颜色,重点突出,知识系统化思路清晰。

③同时利用了两边大脑。

(3)绘制思维导图的方法。

①从一张白纸的中心开始绘制,周围留出空白。从中心开始,可以使我们的思维向各个方向自由发散,能更自由、更自然地表达我们自己。

②用一幅图像或图画表达我们的中心思想。因为一幅图画抵得上许许多多的个词汇,它能帮助我们运用想象力。图画越有趣越能使我们精神贯注,也越能使大脑兴奋。

③在绘制过程中使用颜色。因为颜色和图像一样能让我们的大脑兴奋。颜色能够给我们的思维导图增添跳跃感和生命力,为我们的创造性思维增添巨大的能量。

④将中心图像和主要分支连接起来,然后把主要分支和二级分支连接起来,再把三级分支和二级分支连接起来,依此类推。

如我们所知,我们的大脑是通过联想来思维的。我们如果把分支连接起来,会更容易地理解和记住许多东西,把主要分支连接起来,同时也创建了我们思维的基本结构。这和自然界中大树的形状极为相似;树枝从主干生出,向四面八方发散。假如大树的主干和主要分支或主要分支和更小的分支以及分支末梢之间有断裂,那么它就会出现问题。

⑤让思维导图的分支自然弯曲而不是像一条直线。因为我们的大脑会对直线感到厌烦。曲线和分支，就像大树的枝杈一样更能吸引我们的眼球。

⑥在每条线上使用一个关键词。因为单个的词汇使思维导图更具有力量和灵活性。每一个词汇和图形都像一个母体，繁殖出与它自己相关的、互相联系的一系列“子代”。当我们使用单个关键词时，每一个词都更加自由，因此也更有助于新想法的产生，而短语和句子却容易禁锢这种火花。

⑦多使用图形。因为每一个图形，就像中心图形一样，相当于许许多多的词汇。

任务 3　制作思维导图

下面我们来绘制主题为“物质的三种状态”的思维导图。

第一步：获取关键词的全力阅读。

重新读一下文本，将关键词圈出来采集重要信息，如图 14-3 所示。

固　体

[固体]中的[分子]按照[规则]的[图案]排列，并[紧紧地连接]在一起。[分子]之间的[空隙很小]，所以[固体不能]被[压缩]。分子之间的很强的[内部力量]使得每一个分子都处在[固定]的[位置]上。因此，[分子]只能在[固定的位置上振动]。

这种[分子的内部力量]包括[吸引力]和[排斥力]。[吸引力]能够[阻止分子]的[分离]，从而保证了分子能够[处于固定的位置]上。[排斥力]则可以[阻止分子]之间[相互碰撞]。因此，[固体]都有一个[固定的形状]和[固定的体积]。

当[固体]被[加热]之后，[分子能量]就会[增加]，从而导致分子的[振动更加激烈]。分子之间的[距离增大]，[固体]开始[膨胀]。

图 14-3

第二步：在中心位置绘出主题。

如图 14-4 所示，在横放的白纸中间绘出主题。

图 14-4

第三步:加入小标题。

将第一个小标题“固体”连入中心,我们的思维导图绘制将把“固体”的内容展开,如图 14-5 所示。

图 14-5

第四步:将要点和细节填充进去。

我们要一边通读所圈出的关键词,一边将要点和细节添加在“固体”这个小标题下。同样,在填充“液体”和“气体”的要点和细节之前先把“固体”的各种内容填充完毕,以便更好地利用空间,避免分支之间互相纠缠。

第一段文字:

> 固体中的分子按照规则的图案排列,并紧紧地连接在一起。分子之间的空隙很小,所以固体不能被压缩。分子之间的很强的内部力量使得每一个分子都处在固定的位置上。因此,分子只能在固定的位置上振动。

转化为思维导图,如图 14-6 所示。

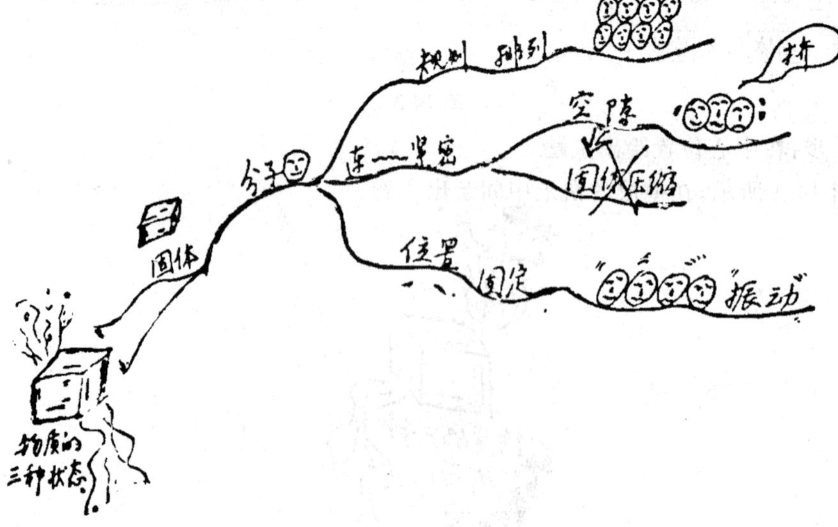

图 14-6

我们可以看到整个内容都是建立在“分子”这个概念之上的，而分子又包含了 3 个副点。注意使用大量的图画来帮助记忆。

第二段文字：

这种 分子的内部力量 包括 吸引力 和 排斥力。吸引力 能够 阻止分子 的 分离，从而保证了分子能够 处在固定的位置 上。排斥力 则可以 阻止分子 之间 相互碰撞。因此，固体 都有一个 固定的形状 和 固定的体积。

第二段是建立在一个新的要点“分子内部力量”之上的，所以我们可以创造一个新的分支，如图 14-7 所示。同样，“分子内部力量”有两个副点也被添加到思维导图中。

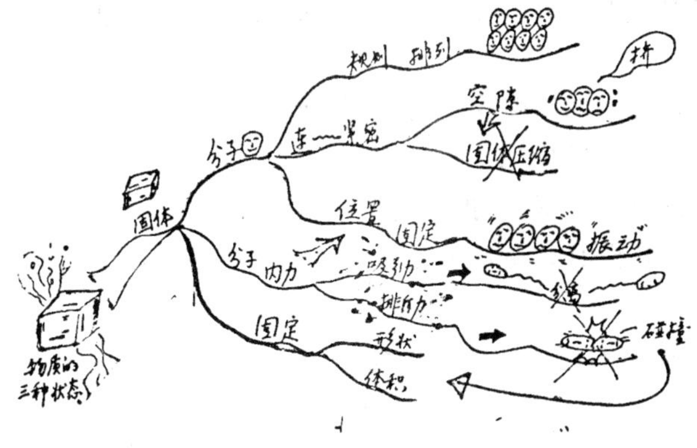

图 14-7

将来自于“固体”这一部分的所有要点、副点以及和各个细节都添加到思维导图中，我们就得到了图 14-8。

当 固体 被 加热 之后，分子能量 就会 增加，从而导致分子的 振动更加激烈。分子之间的 距离增大，固体 开始 膨胀。

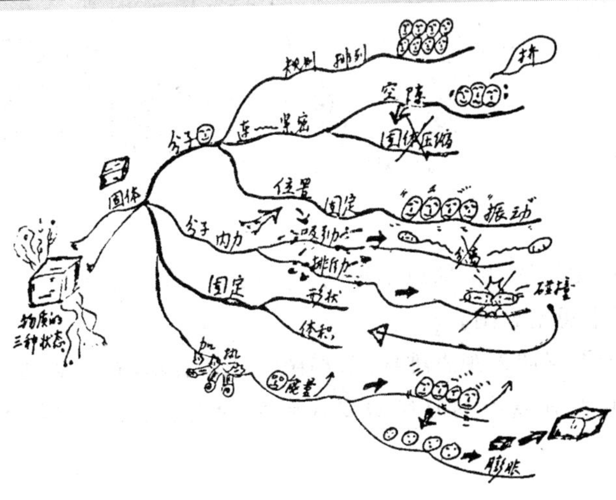

图 14-8

下面我们在上述制作思维导图基础上,来讨论一下思维导图与线性笔记之间的差别。

(1)思维导图为我们节省了时间。

我们发现:在做线性笔记时,我们需要阅读 231 个字,而在思维导图中,我们却把字数缩减到 47 个字。更主要的是,我们还掌握了所有的重要信息,我们已经有效地减少了 80%的学习时间。

(2)思维导图帮助我们加强了记忆。

从思维导图中我们可以看到,在“固体”这个小标题下,我们需要记住四个要点:“分子”“分子内部力量”“固定形状和体积”和“加热”。

在“分子”这个要点下,我们需要记住三个副点和支持性细节,即“规则排列”“连接紧密”“固定位置”。

通过这种方式回顾思维导图我们会发现,所有的信息都被系统化地组织起来,再加上显眼的图画,我们能更快记住要点。

现在我们来进行第二次测试:我们记住了多少内容?

写下“固体”部分我们所记下的所有要点。关于固体,我们需要知道多少知识?里面有多少个中心内容?

图 14-9 所示是物质的三种状态的思维导图。

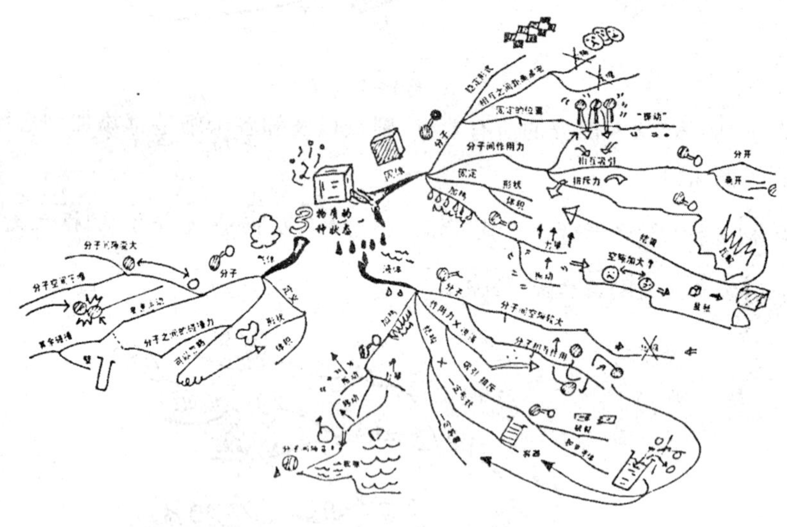

图 14-9

我们可以把用于学习上的思维导图分为以下三类。

第一类:提纲思维导图。

提纲思维导图又叫宏观思维导图,如图 14-10 所示,这种思维导图是根据目录绘制的。这可以使我们在复习的时候对要复习多少内容、复习侧重于哪些要点有清楚的了解。

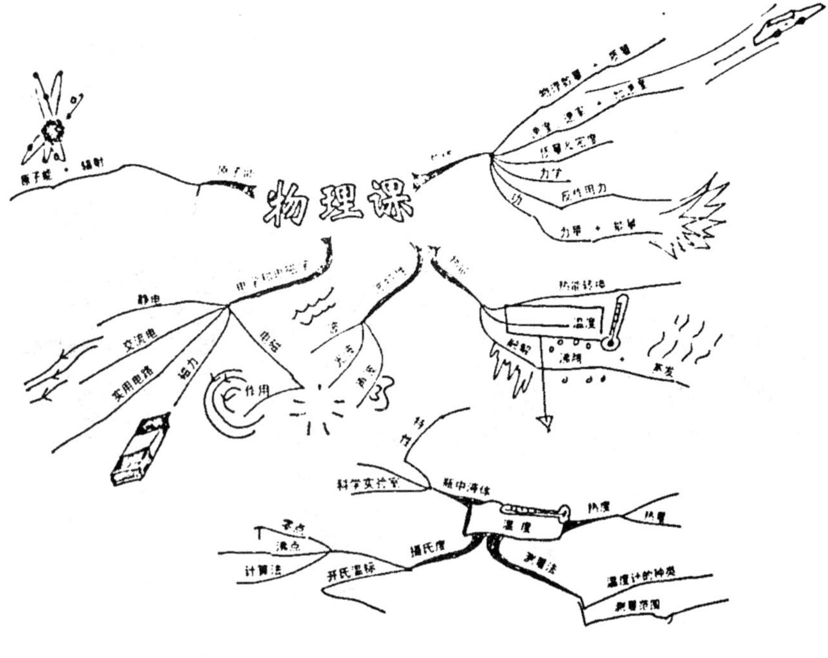

图 14-10

第二类：章节思维导图，如图 14-11 所示。

我们可以为每本书的每一个独立章节做一张思维导图。

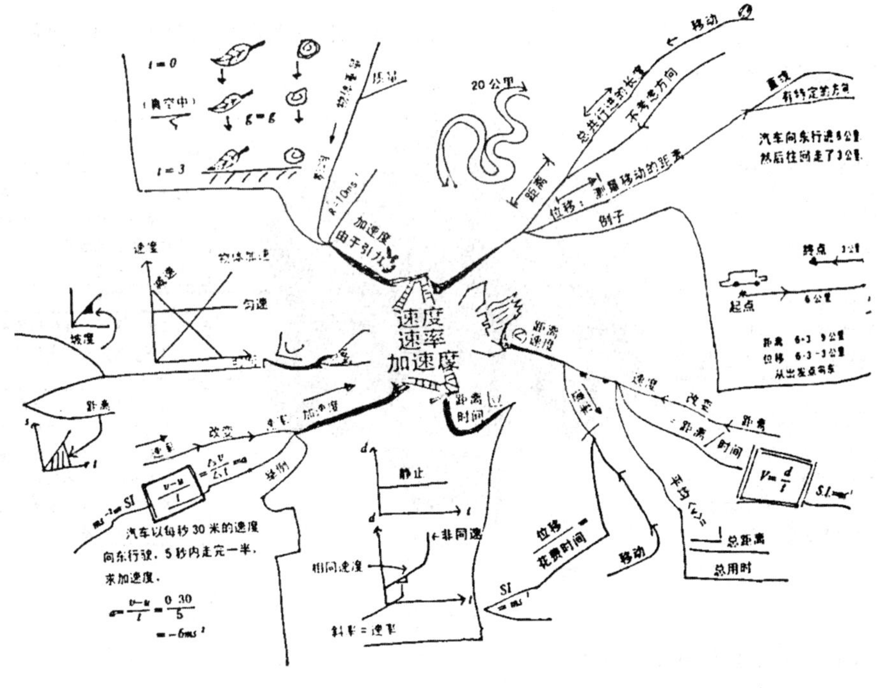

图 14-11

第三类:段落思维导图,如图 5-12 所示。

把书中的各个小段落绘制成思维导图,每一个思维导图将会帮我们总结一个段落或一个部分。当需要复习某个具体章节时,我们根本不需要浪费时间去看书本。这种段落思维导图还可以被画成便条贴在书本里。

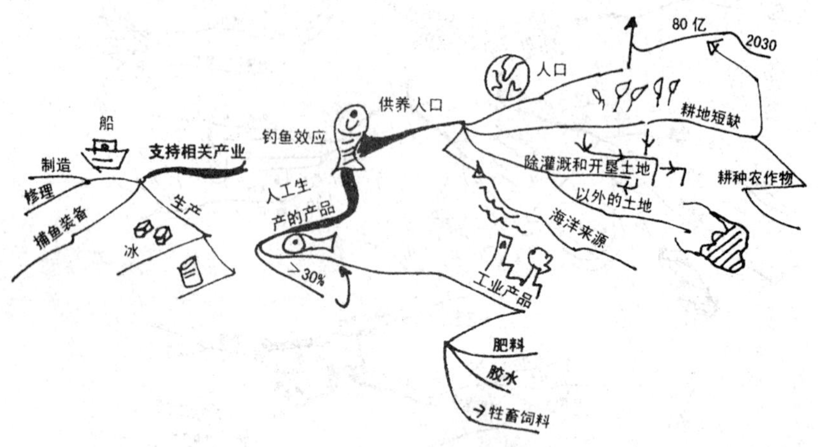

图 14-12

任务 4　思维导图制作软件——MindManager

MindManager 是一款用于制作思维导图、进行知识管理的可视化通用软件。其主要特点如图 14-13 所示。

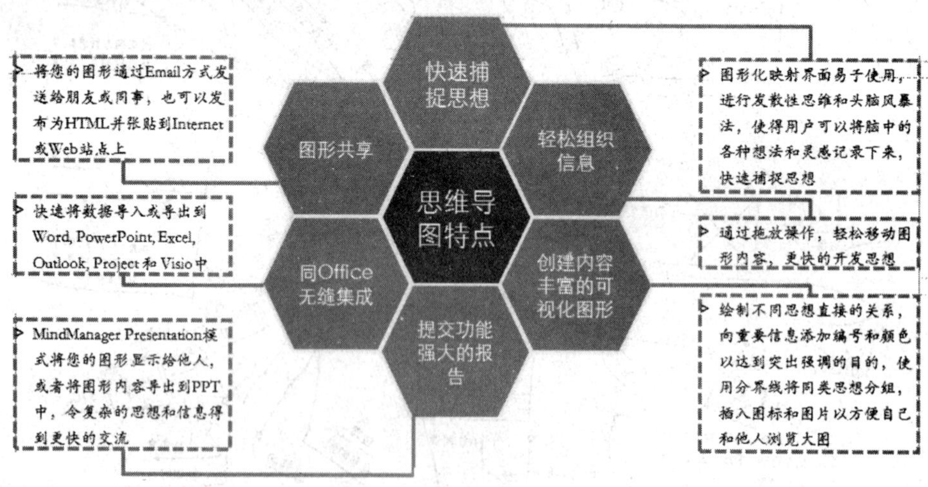

图 14-13

1. MindManager 的基本操作

(1)打开主程序,双击模板或者单击右下的“创建”即可创建新图表,如图 14-14 所示。

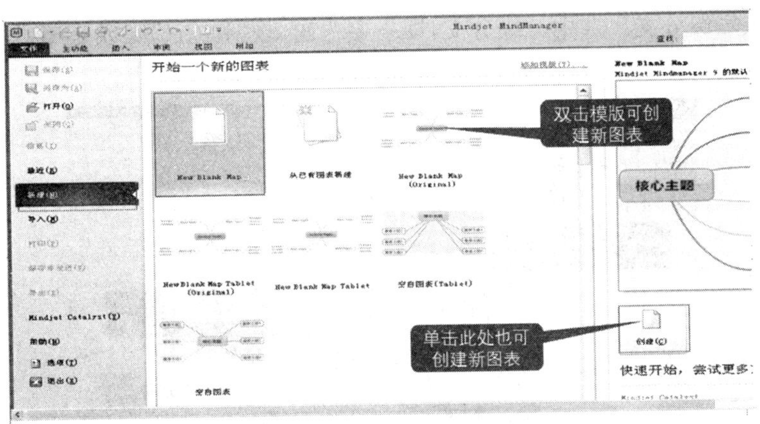

图 14-14

(2)填写中心词。在核心主题上填上中心词，其他子主题可以按“Delete”键删除，如图 14-15 所示。

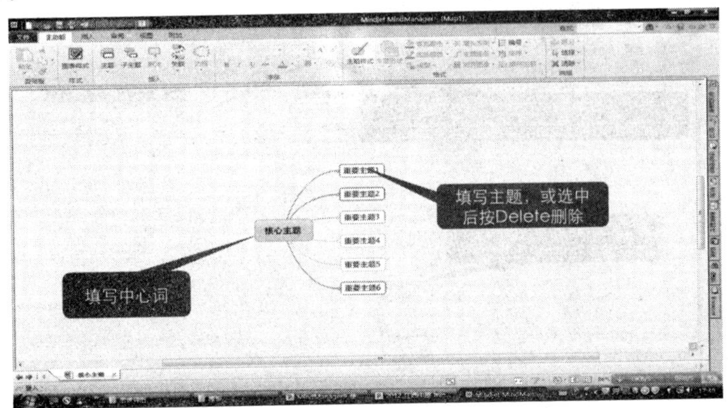

图 14-15

(3)插入一级分支，也就是核心主题后面的重要主题。选中核心主题，按“Enter”键或是单击工具栏的子主题，即生成一个一级分支，选中分支，按“Delete”键即可删除分支，如图 14-16 所示。

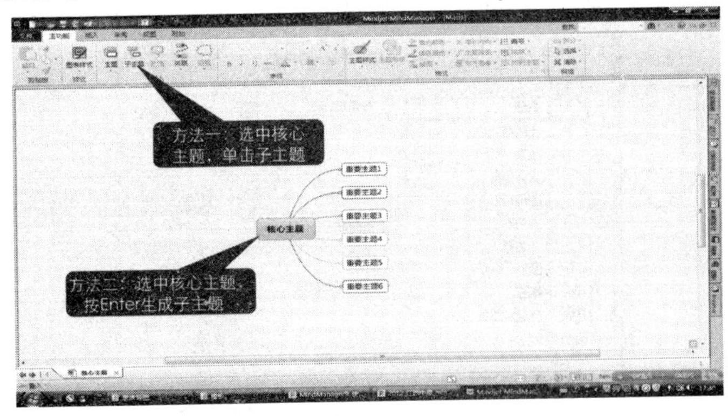

图 14-16

(4)插入二级分支。选中一级分支,即重要主题,按“Insert”键或是单击工具栏的子主题,即可生成一个二级分支,如图 14-17 所示。

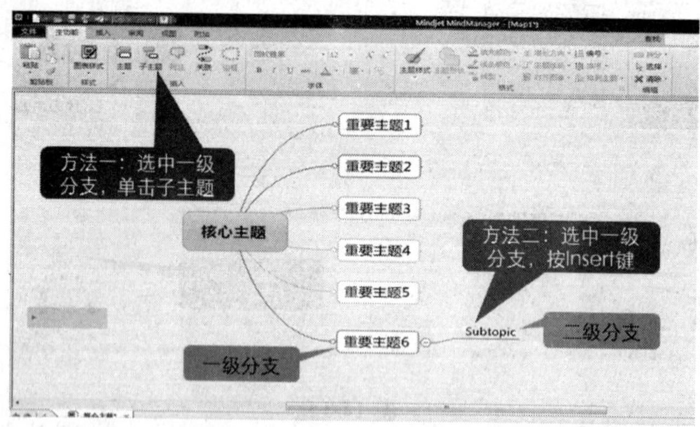

图 14-17

(5)格式化核心主题,如图 14-18 所示。

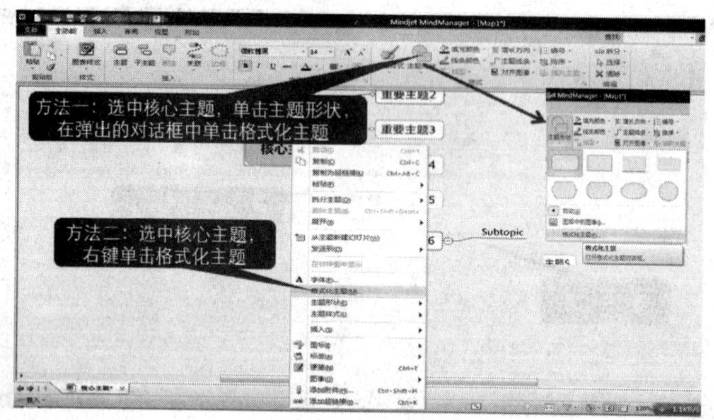

图 14-18

通过上面两种方法进入“格式化主题”对话框,就可以对主线条及填充颜色、图片与文字排列、尺寸、线条弧度样式及子主题布局、线条粗细及阴影效果进行设置,如图 14-19所示。

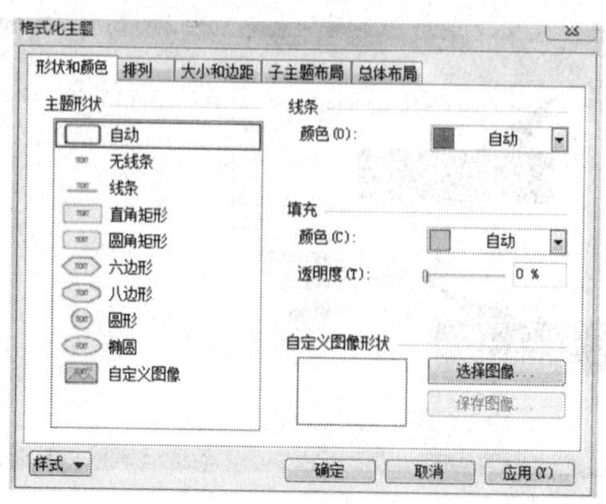

图 14-19

(6)格式化子主题。设置方法和核心主题的设置一样，也是通过以上两种方法进入“格式化主题”对话框，不过这些设置都是相对于现在的子主题而言的了，如图 14-20 所示。

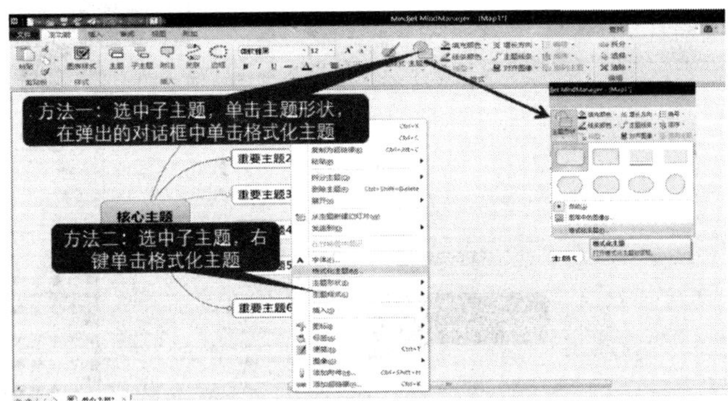

图 14-20

2. 其他功能及操作

(1)插入功能。右击子主题，单击“插入”命令，会出现一个下拉框，即可进行插入操作。插入功能可以插入附注、关联线、边框等，如图 14-21 所示。这里主要讲解如何插入关联线的图标标记。

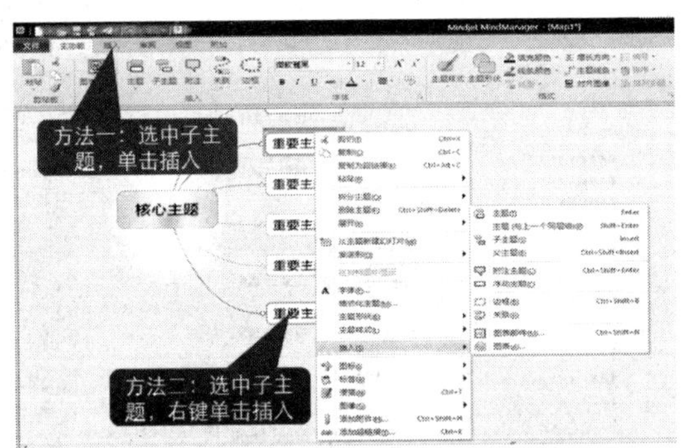

图 14-21

①插入关联线是将鼠标移到该子主题拖住左键到目的子主题，松开即可完成。双击关联线就可以对关联线进行修饰，如图 14-22 所示。

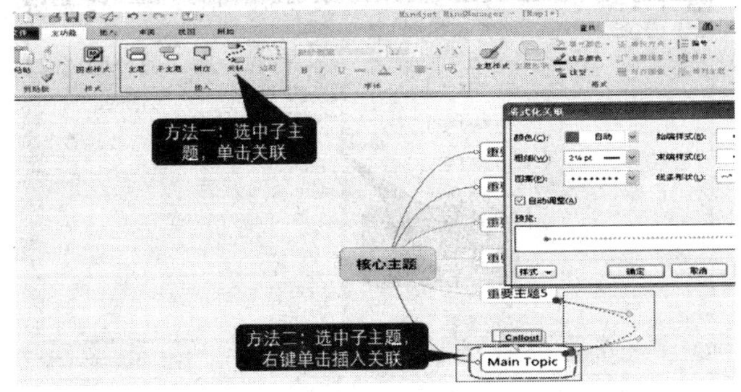

图 14-22

②插入图标标记。右击主题,单击"图标"命令,即可进行选择;亦可在右边的图库中选择,如图 14-23 所示。

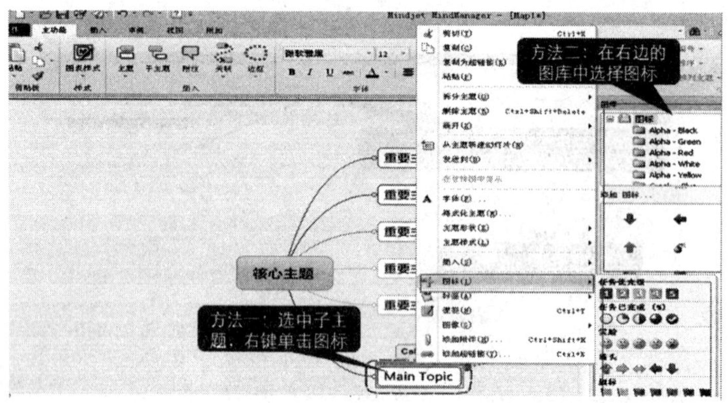

图 14-23

(2)修改背景。在空白处右击,选择"背景"命令,即可进行背景选择,如图 14-24 所示。

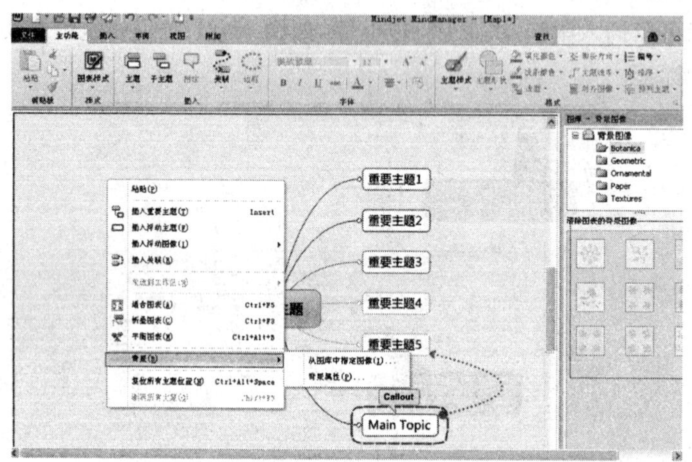

图 14-24

(3)添加便笺。右击主题,选择"便笺"命令,即可插入便笺,如图 14-25 所示。

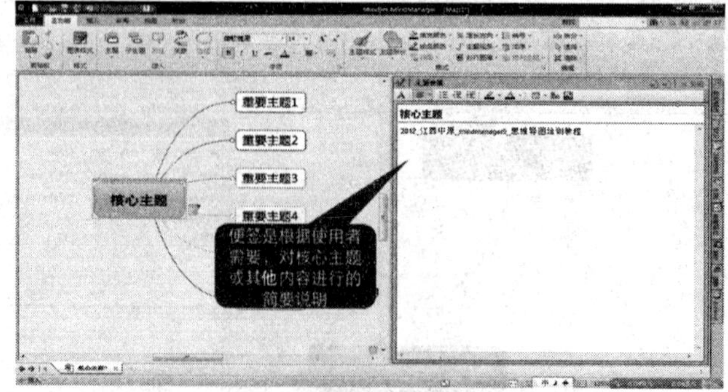

图 14-25

(4)添加附件、超链接、图片。与添加便笺的操作相同,如图 14-26 所示。

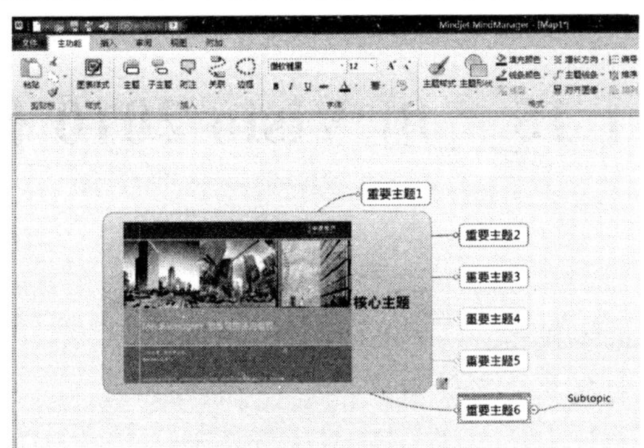

图 14-26

(5)快速插入文件夹和文件。只需复制所需的文件或文件夹,想放在哪个主题下,选中那个主题,粘贴即可,如图 14-27 所示。

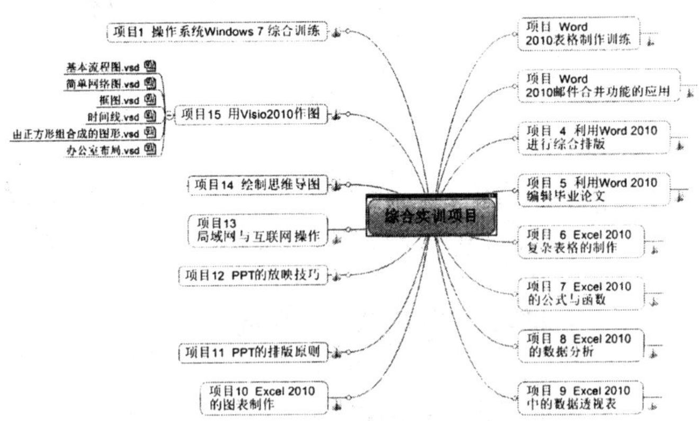

图 14-27

(6)保存、导入、导出。单击工具栏左上角文件选项,在弹出的对话框中选择相应的操作即可,如图 14-28 所示。

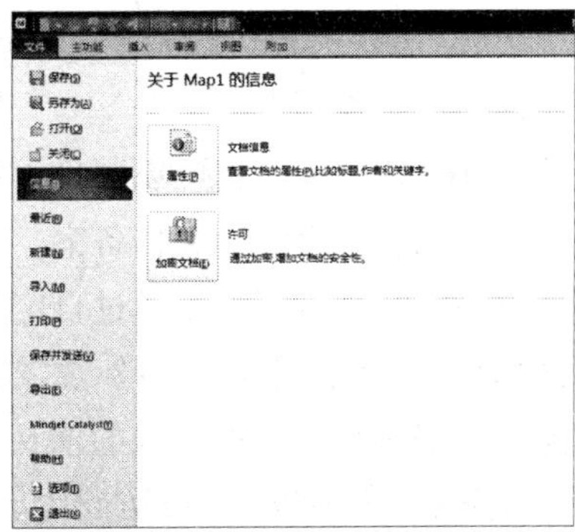

图 14-28

项目 15　用 Visio 2010 作图

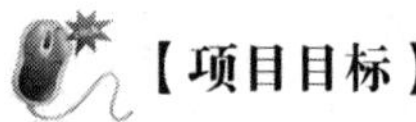

【项目目标】

(1)熟悉 Visio 的基本操作。

(2)使用 Visio 绘制简单的网络图。

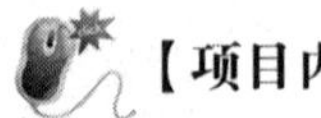

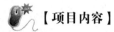

【项目内容】

使用 Visio 绘制简单的网络图,如图 15-1 所示。

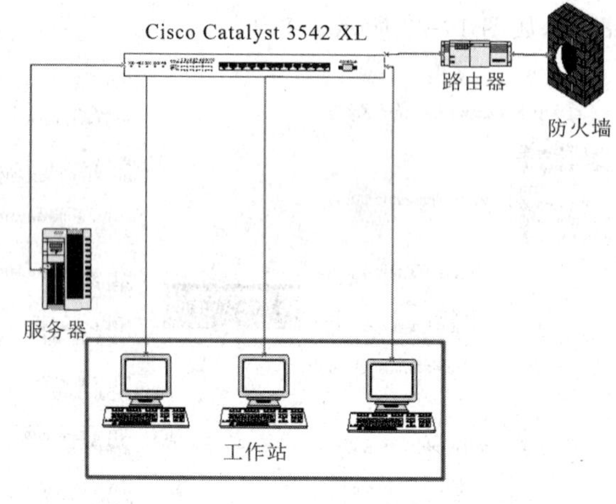

图 15-1

任务 1　了解 Visio

Visio 软件是微软公司开发的高级绘图软件,属于 Office 系列,可以绘制流程图、网络拓扑图、组织结构图、机械工程图、流程图等。

它功能强大,易于使用,就像 Word 一样。它可以帮助网络工程师创建商业和技术方面的图形,对复杂的概念、过程及系统进行组织和文档备案。Visio 还可以通过直接与数据资源同步自动化数据图形,提供最新的图形,还可以通过自定制来满足特定需求。

在 Visio 这些专业的绘图软件中,不仅会有许多外观漂亮、型号多样的产品外观图,而且还提供了圆滑的曲线、斜向文字标注、各种特殊的箭头和线条绘制工具。例如,网络设备形状(集线器、路由器、服务器、防火墙、无线访问点、Modem 和大型机等),这些设备形状外观都非常漂亮。当然实际操作中可以从软件中直接提取的形状远不止这些,这些都可以从其左边模具中直接得到。

1. 关于 Visio 形状、模具和模板

(1)形状。Visio 形状是指用户拖至绘图页上的现成图像,它们是图表的构建基块。

当用户将形状从模具拖至绘图页上时,原始形状仍保留在模具上,该原始形状称为主控形状。放置在绘图上的形状是该主控形状的副本,也称为实例。用户可以根据需要从中将同一形状的任意数量的实例拖至绘图上。

①旋转形状和调整形状的大小。人们对形状进行的最常见的处理涉及形状中内置的功能,可视线索有助于用户快速查找和使用这些功能。

• 旋转手柄:位于形状上方的圆形手柄称为旋转手柄,将旋转手柄向右或向左拖动可旋转形状。

• 自动连接功能的蓝色连接箭头:借助于浅蓝色连接箭头,可以轻松地将形状相互连接起来。

• 用于调整形状大小的选择手柄:用户可以使用正方形选择手柄更改形状的高度和宽度。单击并拖动形状一角上的选择手柄可放大该形状,而不更改它的比例;也可以单击并拖动形状一侧上的选择手柄以使形状变高或变宽。

②形状可以包含数据。通过在“形状数据”窗口中键入数据可以向每个形状添加数据,访问该窗口的方法:在“视图”选项卡上的“显示”组中,单击“任务窗格”,然后单击“形状数据”;也可以从外部数据源导入数据。

默认情况下,数据不会显示在绘图中。用户可以通过打开“形状数据”窗口并选择单个形状来查看该形状的数据。如果要一次显示许多形状的数据,可以使用一项名为数据图形的功能。如图 15-2 所示为一次性显示了两个树的数据。

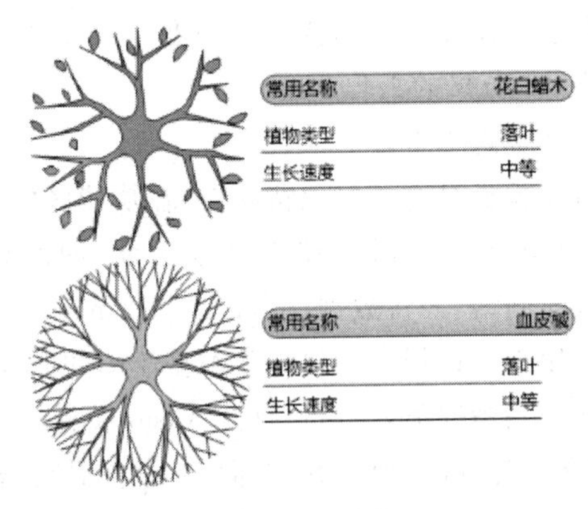

图 15-2

③具有特殊行为的形状。许多 Visio 形状都具有特殊行为,拉伸、右击或移动形状上的黄色控制手柄时就会看到这些行为。

例如,拉伸“人员”形状可显示更多人员,拉伸“成长的花朵”形状可指示成长情况,如图 15-3 所示。

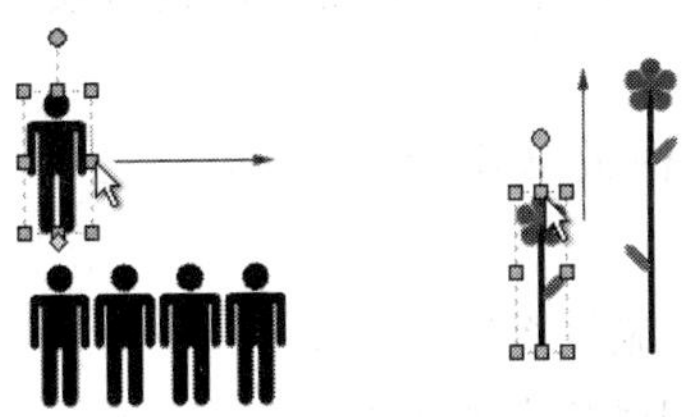

图 15-3

提示:若要了解某个形状可以执行的任务,比较好的方法是右击它以查看其快捷菜单上是否有一些特殊命令。

(2)模具。Visio 模具包含形状的集合。每个模具中的形状都有一些共同点。这些形状可以是创建特定种类图表所需的形状的集合,也可以是同一形状的几个不同的版本。

例如,"基本流程图形状"模具仅包含常见的流程图形状,其他专用流程图形状位于其他模具中,如 BPMN 和 TQM 模具。

模具显示在"形状"窗口中。若要查看特定模具上的形状,请单击它的标题栏。

每个模板打开时都会显示一些模具,这些模具是创建特定种类的绘图所需的,但用户也可以根据需要随时打开其他模具。方法:在"形状"窗口中,单击"更多形状",指向所需的类别,然后单击要使用的模具的名称。

(3)模板。如果要创建某图表,请使用该图表类型(如果没有完全匹配的类型,则从最接近的类型)的模板创建此图表。Visio 模板可帮助用户正确设置创建图表。

• 包含创建特殊种类图形所需形状的模具。

例如,"家居规划"模板打开时会显示一些模具,这些模具中满是各种形状,如墙壁、家具、家电、柜子等。

• 适当的网格大小和标尺度量单位。

有些绘图需要使用特殊的刻度。例如,"现场平面图"模板打开时会显示一个 1 英寸代表 10 英尺的工程刻度。

• 特殊选项卡。

有些模板具有一些独特功能,在功能区的特殊选项卡上可以找到这些功能。例如,打开"时间线"模板时,功能区上会显示"时间线"选项卡。用户可以使用"时间线"选项卡配置时间线,并将数据在 Visio 和 Microsoft Project 之间导入和导出。

• 用于帮助用户创建特殊类型绘图的向导。

在一些情况下,当用户打开 Visio 模板时,将会有一个向导帮助入门。例如,"空间规划"模板打开时会显示一个向导,该向导可帮助用户设置空间和房间信息。

若要弄清哪些模板可用,请执行下列操作。

①单击"文件"选项卡。

②单击"新建"。

③单击各种模板类别,然后单击模板缩略图以查看模板的简短说明。

2. 创建简单的流程图

第 1 步:选择并打开一个模板,如图 15-4 所示。

(1)启动 Visio。

(2)在"模板类别"下单击"流程图"。

(3)在"流程图"窗口中双击"基本流程图"。

模板将相关形状包括在名为模具的集合中。例如,在"基本流程图"模板打开的任

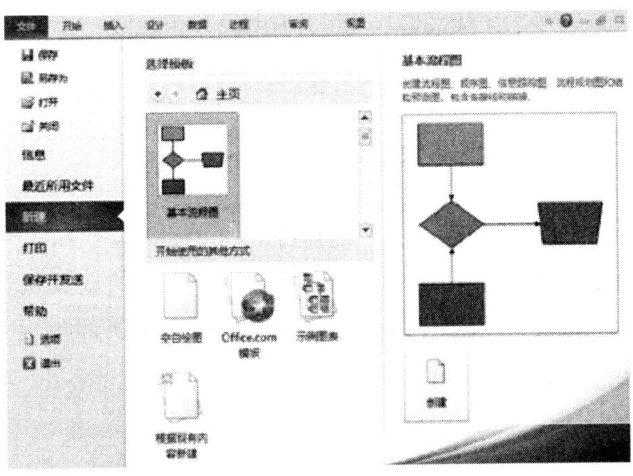

图 15-4

何一种模具即“基本流程图形状”，如图 15-5 所示。

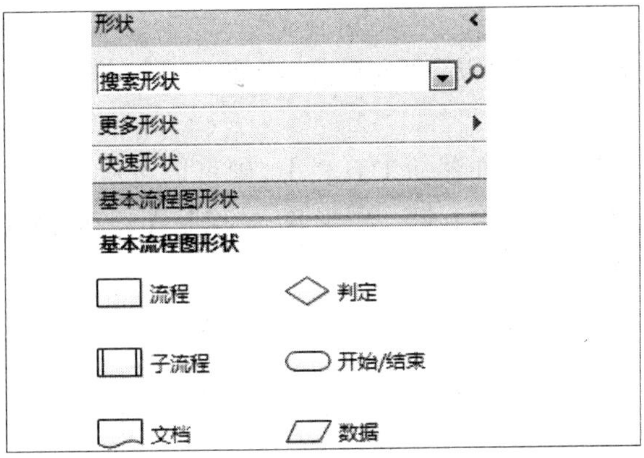

形状
搜索形状
更多形状
快速形状
基本流程图形状
基本流程图形状
流程　判定
子流程　开始/结束
文档　数据

图 15-5

第 2 步：拖动并连接形状。

若要创建图表，请将形状从模具拖至空白页上并将它们相互连接起来。用于连接形状的方法有多种，但是现在使用自动连接功能。

(1)将“开始/结束”形状从“基本流程图形状”模具拖至绘图页上，然后松开鼠标，如图 15-6 所示。

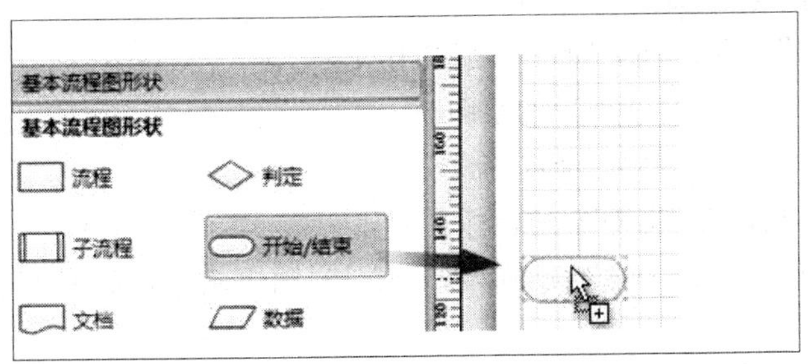

图 15-6

(2)将指针放在形状上,以显示蓝色箭头,如图 15-7 所示。

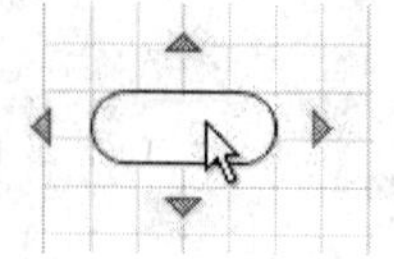

图 15-7

(3)将指针移到蓝色箭头上,蓝色箭头指向第二个形状的放置位置。

此时将会显示一个浮动工具栏,该工具栏包含模具顶部的一些形状,如图 15-8 所示。

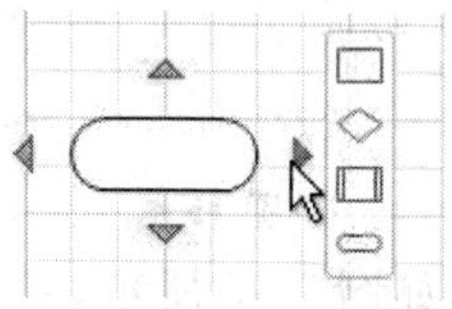

图 15-8

(4)单击正方形的“流程”形状。“流程”形状即会添加到图表中,并自动连接到“开始/结束”形状。

如果要添加的形状未出现在浮动工具栏上,则可以将所需形状从“形状”窗口拖放到蓝色箭头上。新形状即会连接到第一个形状,就像是在浮动工具栏上单击它一样。

第 3 步:向形状添加文本。

单击相应的形状并开始键入文本,如图 15-9 所示。

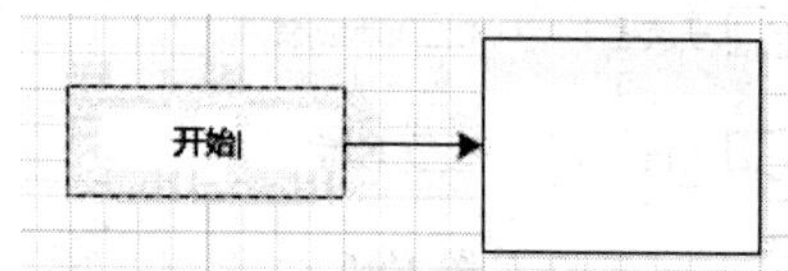

图 15-9

键入完毕后,单击绘图页的空白区域或按“Esc”键。

3. 将 Visio 绘图粘贴或插入到其他 Office 程序

若要将 Visio 中的对象复制到其他程序,主要有以下方法。

方法 1:使用“全选”命令。

要使用“全选”命令,请按照下列步骤操作。

(1)启动 Visio,然后打开用户的绘图。

(2)在“编辑”菜单上,单击“全选”命令。

(3)切换到要粘贴 Visio 对象的目标文件。

例如,如果要将 Visio 对象粘贴到 Word 文档,则启动 Word 并打开要粘贴 Visio 对象的文档。

(4)在“编辑”菜单上单击“粘贴”或“选择性粘贴”命令插入 Visio 对象。

方法 2:使用“复制绘图”命令。

要使用“复制绘图”命令，请按照下列步骤操作。

(1)启动 Visio，然后打开用户的绘图。

(2)确保在 Visio 中未选择任何内容。

(3)在“编辑”菜单上，单击“复制绘图”命令。

(4)切换到要粘贴 Visio 对象的目标文件。

例如，如果要将 Visio 对象粘贴到 Word 文档，则启动 Word 并打开要粘贴 Visio 对象的文档。

(5)在“编辑”菜单上单击“粘贴”或“选择性粘贴”命令插入 Visio 对象。

方法 3：将 Visio 绘图另存为图形文件。

要将 Visio 绘图另存为图形文件，请按照下列步骤操作。

(1)启动 Visio，然后打开用户的绘图。

(2)选择要复制的对象(注意：如果想复制整个绘图页，请确保未选择 Visio 绘图中的任何对象。如果选择绘图中的对象，则只有选择的对象会出现在最终的图形文件中)。

(3)在“文件”菜单上，单击“另存为”命令。

(4)在“保存类型”列表中，单击所需的图形文件类型，然后单击“保存”按钮(下面所列是一些主要的图形文件类型)。

- 增强型图元文件 (*. emf)；
- 图形交换格式 (*. gif)；
- JPEG 文件交换格式 (*. jpg)；
- 可移植网络图形 (*. png)；
- Tag 图像文件格式 (*. tif)；
- 压缩的增强型图元文件 (*. emz)；
- Windows 位图 (*. bmp；*. dib)；
- Windows 图元文件 (*. wmf)。

(5)当用户使用“另存为”对话框导出形状或绘图时，可能会显示“输出选项”对话框，用户可以在其中为导出文件指定所需的设置。“输出选项”对话框中显示的选项取决于用户使用的图形文件格式。

任务 2 绘制简单的网络图

(1)运行 Visio 2010 软件，在打开的如图 15-10 所示窗口中间的“选择模板”中的“模板类别”中选择“网络”选项，然后在右边窗口中选择一个对应的选项，或者在 Visio 2010 主界面中执行“文件”→“新建”菜单下的某项菜项操作，都可打开如图 15-11 所示界面(在此仅以选择“详细网络图”选项为例)。

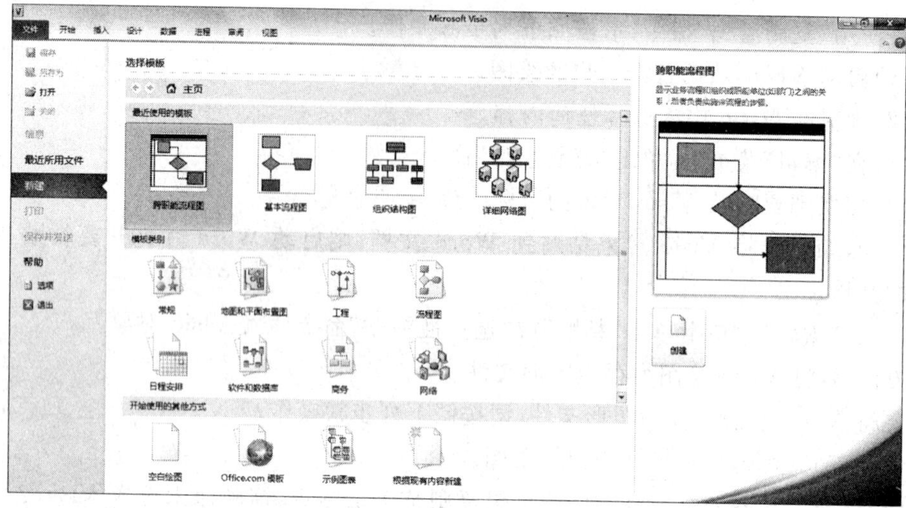

图 15-10

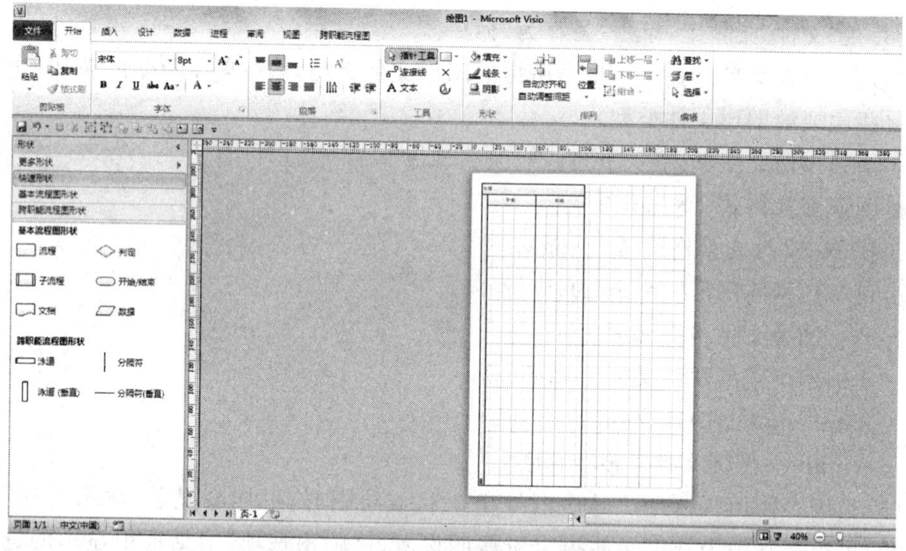

图 15-11

(2)在左边形状列表中选择“网络和外设”选项，在其中的形状列表中选择“交换机”项(因为交换机通常是网络的中心，首先确定好交换机的位置)，按住鼠标左键，把交换机形状拖到右边窗口中的相应位置，然后松开鼠标左键，得到一个交换机形状，如图 15-12所示。用户还可以在按住鼠标左键的同时拖动四周的绿色方格来调整形状大小;通过按住鼠标左键的同时旋转形状顶部的绿色小圆圈改变形状的摆放方向;再通过把鼠标放在形状上，然后在出现 4 个方向箭头时按住鼠标左键可以调整形状的位置。如图 15-13 所示是调整后的一个交换机形状，通过双击形状可以查看它的放大图。

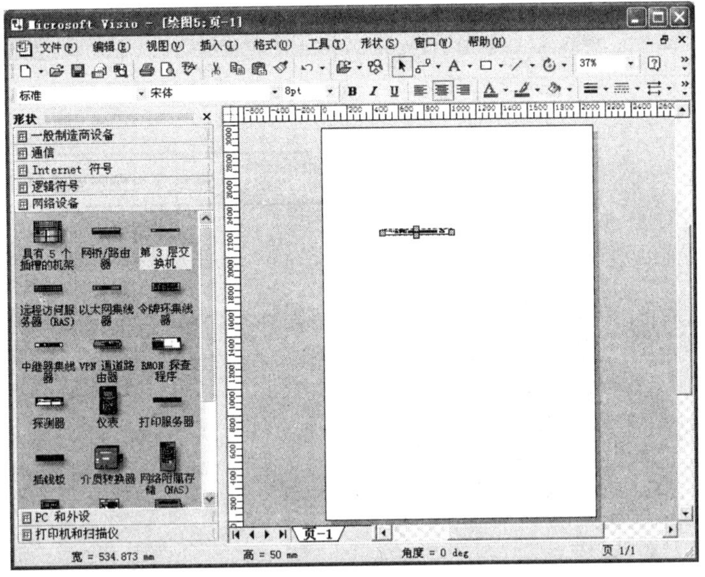

图 15-12

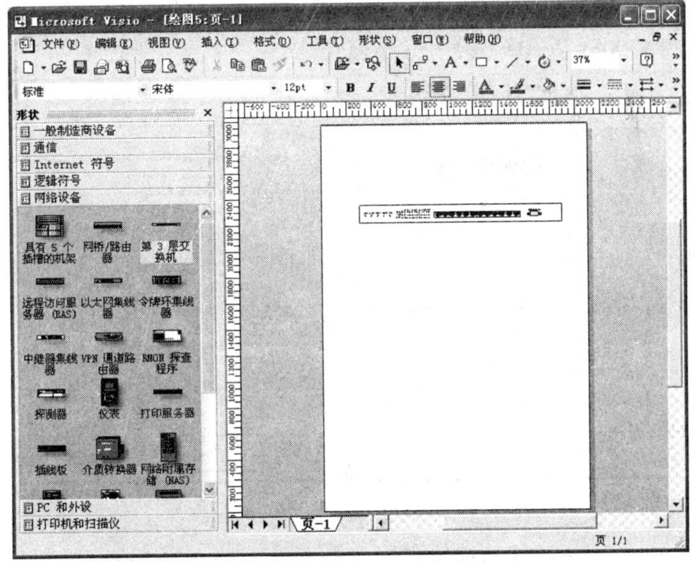

图 15-13

(3)要为交换机标注型号可单击工具栏中相应的按钮,即可在形状下方显示一个小的文本框,此时用户可以输入交换机型号或其他标注,如图 15-14 所示。输入完后在空白处单击即可完成输入,形状又恢复原来调整后的大小。

标注文本的字体、字号和格式等都可以通过功能选项卡来调整,如果要使调整适用于所有标注,则可在形状上单击鼠标右键,在弹出快捷菜单中选择“格式”下的“文本”菜单项,打开如图 15-15 所示的对话框,在此可以进行详细的配置。标注的输入文本框位置也可通过按住鼠标左键移动。

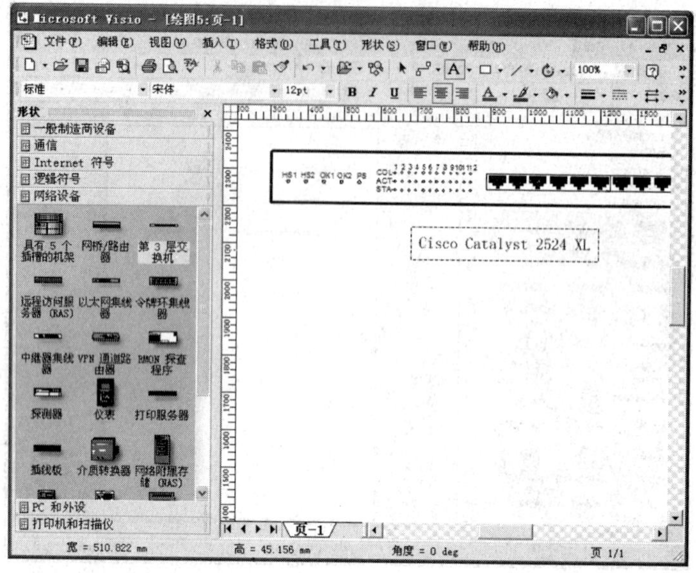

图 15-14

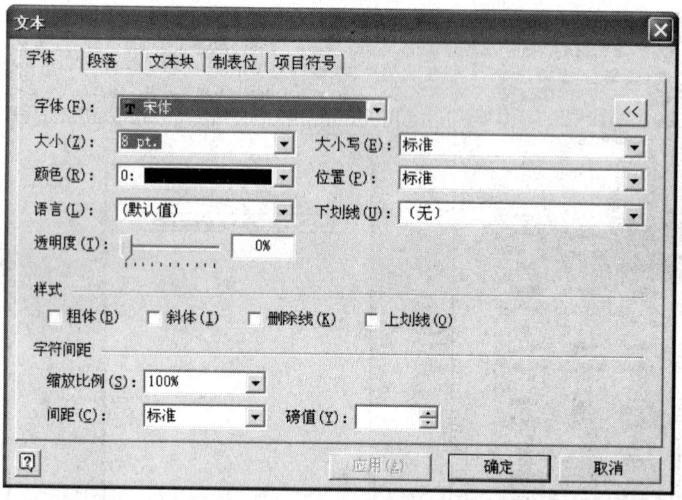

文本
字体 | 段落 | 文本块 | 制表位 | 项目符号
字体(F): 宋体
大小(Z): 8 pt.　大小写(E): 标准
颜色(R): 0:　位置(P): 标准
语言(L): (默认值)　下划线(U): (无)
透明度(T): 0%
样式
粗体(B)　斜体(I)　删除线(K)　上划线(O)
字符间距
缩放比例(S): 100%
间距(C): 标准　磅值(Y):
应用(A)　确定　取消

图 15-15

(4)以同样的方法添加一台服务器,并把它与交换机连接起来。

服务器的添加方法与交换机一样,在此只介绍交换机与服务器的连接方法。只需使用工具栏中的连接线工具进行连接即可。在选择了该工具后,单击要连接的两个形状之一,此时会有一个红色的方框,移动鼠标选择相应的位置,当出现紫色星状点时按住鼠标左键,把连接线拖到另一形状,注意此时如果出现一个大的红方框则表示不宜选择此连接点,只有当出现小的红色星状点才可松开鼠标,即连接成功。如图 15-16 所示就是交换机与服务器的连接。

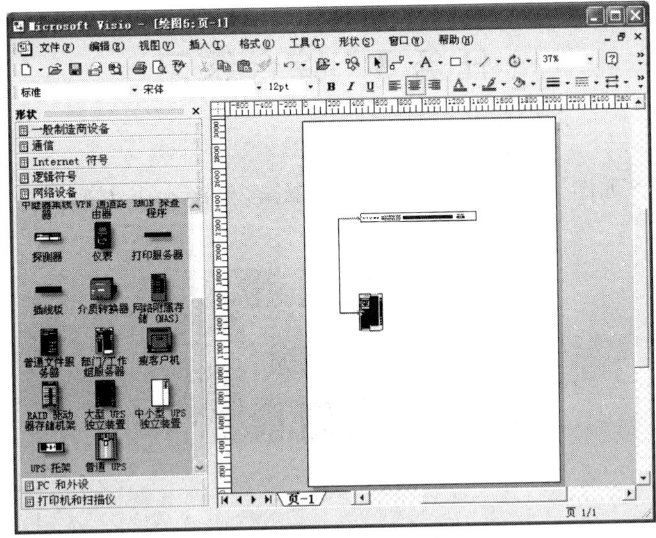

图 15-16

提示：在更改形状大小、方向和位置时，一定在工具栏中选择“选取”工具，否则不会出现形状大小、方向和位置的方点和圆点，无法调整。要整体移动多个形状的位置，可在同时按住“Ctrl”和“Shift”两键的情况下，按住鼠标左键拖动选取整个要移动的形状，当出现一个矩形框，并且鼠标呈 4 个方向箭头时，即可通过拖动鼠标移动多个形状了。要删除连接线，只需先选取相应连接线，然后再按“Delete”键即可。

(5)把其他网络设备形状一一添加并与网络中的相应设备形状连接起来，当然这些设备形状可能会在左边窗口中的不同类别选项窗格下面。如果左边已显示的类别中没有包括，则可通过单击工具栏中的按钮，打开一个类别选择列表，从中可以添加其他类别显示在左边窗口中。图 15-17 是通过 Visio 绘制的一个简单网络拓扑结构示意图。

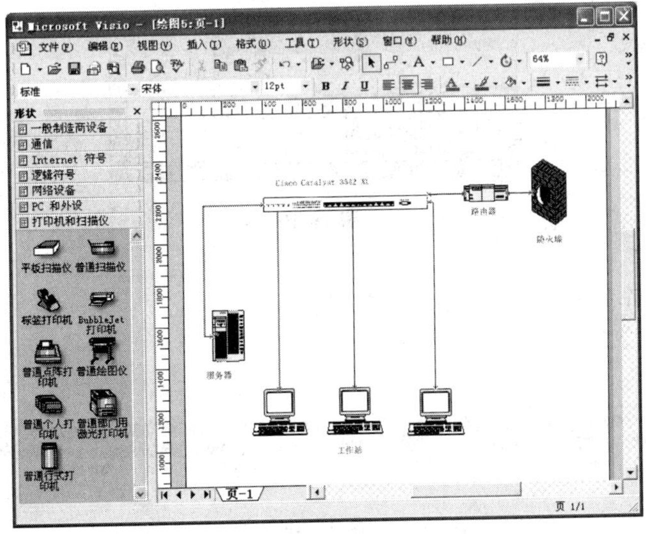

图 15-17

任务3　综合练习

1. 练习 1

用 Visio 制作如图 15-18 所示的图形。(提示:用两个正方形拆分后组成上面的图形格)

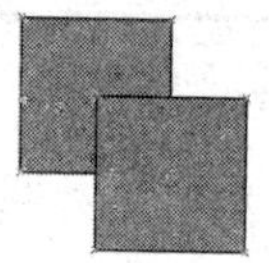

图 15-18

2. 练习 2

用 Visio 制作如图 15-19 所示的办公室布局图。

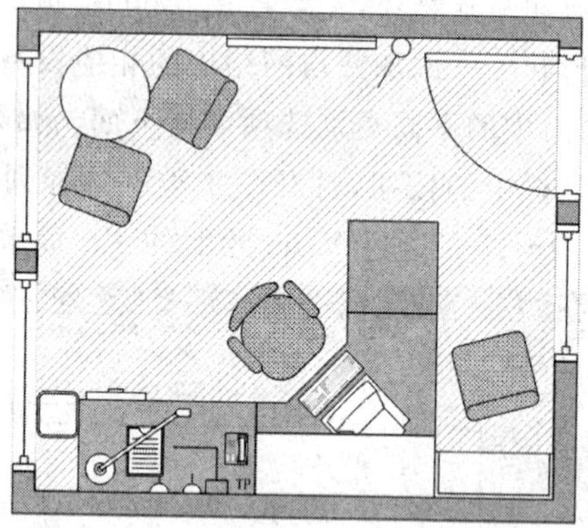

图 15-19

3. 练习 3

用 Visio 制作如图 15-20 所示的时间线。

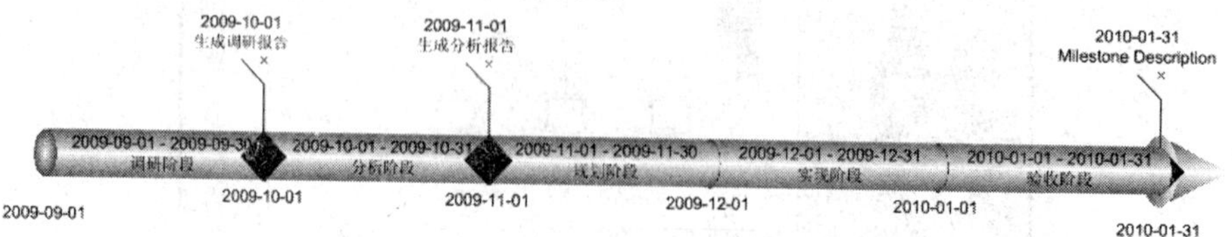

图 15-20

4. **练习** 4

用 Visio 制作如图 15-21 所示的基本框图。

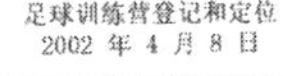

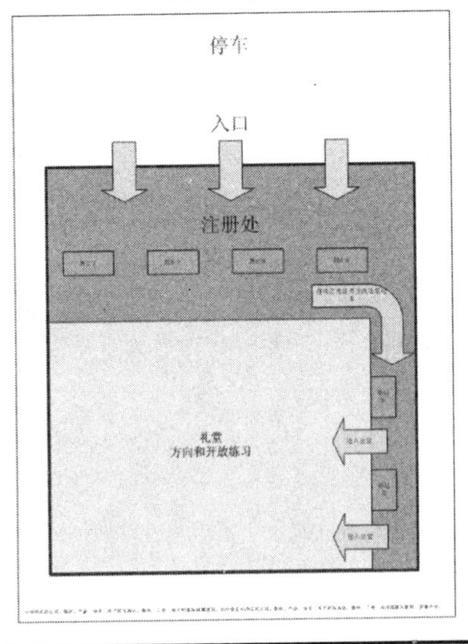

图 15-21

5. **练习** 5

用 Visio 制作如图 15-22 所示的基本流程图。方框中的文字可任意输入文字即可，不一定要求与下图中的文字一样，但图的形式要一样。

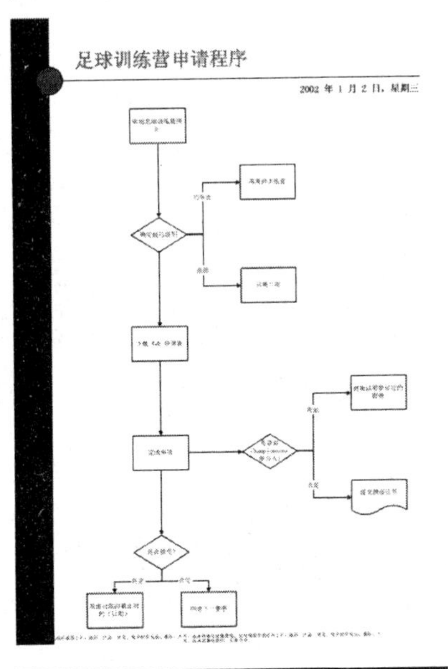

图 15-22